W0258243

ISBN 978-3-662-40607-6   ISBN 978-3-662-41085-1 (eBook)
DOI 10.1007/978-3-662-41085-1

Neue Gesichtspunkte zum 5. Buch Euklids

FRIEDHELM BECKMANN

Vorgelegt von J. E. HOFMANN

Summary

The author's purpose is to read the main work of EUCLID "with modern eyes" and to find out what knowledge a mathematician of today, familiar with the works of v. D. WAERDEN and BOURBAKI, can gain by studying EUCLID's "theory of magnitudes", and what new insight into Greek mathematics occupation with this subject can provide.

The task is to analyse and to axiomatize by modern means (i) in a narrower sense Book V. of the Elements, *i.e.* the theory of proportion of EUDOXUS, (ii) in a wider sense the whole sphere of magnitudes which EUCLID applies in his Elements. This procedure furnishes a clear picture of the inherent structure of his work, thereby making visible specific characteristics of Greek mathematics.

After a clarification of the preconditions and a short survey of the historical development of the theory of proportions (Part I of this work), an exact analysis of the definitions and propositions of Book V. of the Elements is carried out in Part II. This is done "word by word". The author applies his own system of axioms, set up in close accordance with EUCLID, which permits one to deduce all definitions and propositions of EUCLID's theory of magnitudes (especially those of Books V. and VI.).

In this way gaps and "tacit assumptions" in the work become clearly visible; above all, the logical structure of the system of magnitudes given by EUCLID becomes evident: not "ratio" — like something *sui generis* — is the governing concept of Book V., but magnitudes and their relation "of having a ratio" form the base of the theory of proportions. These magnitudes represent a well defined structure, a so-called "Eudoxic Semigroup" with the numbers as operators; it can easily be imbedded in a general theory of magnitudes equally applicable to geometry and physics.

The transition to ratios — a step not executed by EUCLID — is examined in Part III; it turns out to be particularly unwieldy. An elegant way opens up by interpreting proportion as a mapping of totally ordered semigroups. When closely examined, this mapping proves to be an isomorphism, thus suggesting the application of the modern theory of homomorphism. This theory permits a treatment of the theory of proportions as developed by EUDOXUS and EUCLID which is hardly surpassable in brevity and elegance in spite of its close affinity to EUCLID. The generalization to a "classically" founded theory of magnitudes is now self-evident.

Inhaltsverzeichnis

I. Teil: Einführung 2

    1. Die Aufgabe 2

    2. Die Voraussetzungen 4

    3. Die Entwicklung der Proportionenlehre 8

II. Teil: Kritische Untersuchung des V. Buches der Elemente 12
   1. Buch V im Rahmen der Elemente 12
   2. Zu den Definitionen von Buch V 21
   3. Grundlagen der Analyse 47
   4. Zu den Sätzen von Buch V 54
     a) Die Größensätze (1—6) 54
     b) Die Proportionalsätze (7—16) 64
     c) Die Kompositionssätze (17—25) 81
   5. Zusammenfassung und Folgerungen 104

III. Teil: Die Proportion als Gleichheit von Verhältnissen oder als Abbildung von
   Größen? 108
   1. Die Menge der Verhältnisklassen 108
   2. Die Proportion als Homomorphismus 123
   3. Schluß 138

Literatur 139
Namenregister 142

> "Euclid can never at any time be more than apparently in abeyance; he is immortal." (Th. L. Heath, Euclid in Greek, Book I, Intr.)

I. Teil: Einführung

1. Die Aufgabe

Welche Bedeutung hat Euklid für die heutige Mathematik? Erschöpft sich diese in der Anerkennung, daß sein um 300 v. Chr. erschienenes Sammelwerk „Die Elemente" eine der Wurzeln unserer Wissenschaft ist und jahrhundertelang das Standardlehrbuch der Geometrie war, oder vermag der große griechische Didaktiker auch die moderne Mathematik, die sich scheinbar so weit von seinen Gedanken entfernt hat, noch zu befruchten?

Diese Frage wollen wir am Problem der Euklidischen „Größenlehre" untersuchen, und wir werden sehen, daß das Werk Euklids auch und gerade dem heutigen, durch die Schule v. d. Waerdens und Bourbakis gegangenen Mathematiker eine Fülle neuer Aspekte und wertvoller Anregungen liefert, deren Ausschöpfung nicht nur zu neuen Erkenntnissen, sondern auch zurückwirkend zu vertiefter Einsicht in die griechische Mathematik und zu besserem Verständnis ihrer Zusammenhänge führt.

Im Grunde genommen ist das Problem, klassische Werke der Wissenschaft „mit modernen Augen" zu lesen, nicht neu. Schon die Erfolge früherer Generationen auf diesem Gebiet — ich erinnere nur an die Auseinandersetzung zwischen Dedekind und Lipschitz — rechtfertigen ein solches Unterfangen in vollem Umfang. Es ist doch nur natürlich, daß gerade ein so bedeutungsvolles und inhaltsreiches Werk wie die Elemente in jeder Epoche anders gesehen werden kann (z.B. vom Standpunkte Cantors oder Dedekinds oder Weierstrasz' usw.), wird doch jedes Zeitalter letztlich mit der ihm gemäßen Auffassung an die Gedanken Euklids herangehen. Dabei ist es müßig, darüber zu streiten, ob der Verfasser selbst dies oder jenes „wirklich" so oder so gemeint hat, entscheidend ist für uns das Werk, wie es hic et nunc als ganzes vorliegt.

Das Verfahren, das wir bei der Analyse anwenden wollen, ist nicht eigentlich historisch zu nennen. Es werden primär keine Quellen diskutiert, etwa philologisch oder im Hinblick auf Vollständigkeit, Echtheit usw., sondern der Text, genauer gesagt: sein sachlicher Gehalt, wird als gesichert angenommen und als solcher rein mathematisch analysiert und interpretiert. Daß sich dabei u. U. auch für das historische Verständnis wichtige Erkenntnisse ergeben, liegt in der Natur der Sache.

Worum geht es uns dabei im einzelnen? Es handelt sich um die Aufgabe, im engeren Sinne das V. Buch der Elemente, d. h. die Proportionenlehre des EUDOXOS, im weiteren Sinne den gesamten Größenbereich, mit dem EUKLID in seinem Sammelwerk arbeitet, mit modernen Mitteln zu analysieren und zu axiomatisieren, um auf diese Weise ein genaues Bild von seiner Struktur zu gewinnen. Daß sich bei einer solchen kritischen Untersuchung nicht nur Erkenntnisse über EUKLIDs „Größen" ergeben, sondern auch tiefere Einsichten in den Aufbau der „Elemente", wobei allerdings auch ihre Grenzen und Unvollkommenheiten deutlich werden, das kann uns im oben dargelegten Sinne nur recht sein.

Dabei zeigt sich, daß gewisse traditionelle Vorstellungen von der griechischen Mathematik nicht aufrechterhalten werden können. Es fehlt jede Universalstruktur im Sinne von „alle", und man kann nicht behaupten, die Griechen hätten etwa das System der reellen Zahlen, den Begriff des Dedekindschen Schnittes oder auch nur den Körper der rationalen Zahlen „besessen". Man muß bei dem, was man einem antiken Autor über den Wortlaut des Textes hinaus an weiterführenden Gedanken und Begriffsbildungen der modernen Mathematik unterstellt, überhaupt sehr vorsichtig sein, um nicht der Gefahr zu erliegen, Dinge in den Text „hineinzuinterpretieren", die dem Autor völlig fern liegen.

Hält man sich dagegen ganz an die Elemente und präpariert man das dort benutzte, aber (im Gegensatz zur gängigen Meinung) keineswegs mit „euklidischer Exaktheit" formulierte Axiomensystem mit aller Schärfe heraus, so werden die Einzelheiten wesentlich klarer, und es zeigt sich die Struktur eines bestimmten „Größensystems" (s. Ende von Teil II), in dem algebraische Gesichtspunkte eine wesentlich stärkere Rolle spielen als etwa analytische.

Doch werden wir bei den Größen nicht stehenbleiben! Wir wollen insbesondere näher untersuchen, was es heißt, wenn Größen „im Verhältnis stehen" oder „ein Verhältnis zueinander haben", sei es gleiches (*V, Def. 5*) oder größeres (*V, Def. 7*). Dabei wird der moderne Relationsbegriff eine entscheidende Rolle spielen, und es wird sich zeigen, daß er und nicht der Begriff des „Verhältnisses", sei es als Größe, sei es als Individuum sonstiger Art, der wesentliche Begriff für das Verständnis des V. Buches, d. h. der Euklidisch-Eudoxischen Proportionenlehre, ist.

Von der Relation zur Abbildung ist es dann nur noch ein Schritt, und EUKLID selbst legt ihn nahe, wenn er in seiner Definition *V, Def. 11* von „entsprechenden Größen" handelt. Wie fruchtbar dieser Ansatz ist, wird sich im III. Teil unserer Ausführungen zeigen: Es ergibt sich nämlich, daß geeignete Homomorphismen die besten Hilfsmittel zum Verständnis der Proportionenlehre sind, ja, daß mit ihnen die Aussagen und vor allem ihre Beweise eine so kurze, straffe und elegante Form bekommen, daß man ohne Übertreibung behaupten kann, daß die Eigenart und Schönheit der Proportionenlehre des Eudoxos, die im V. Buch von Euklids Elementen dargestellt ist, dem modernen Leser erst dann richtig aufgeht, wenn er die Eudoxische Theorie mit der modernen Theorie der Homomorphismen von total geordneten, Archimedischen, Abelschen (Halb-)Gruppen in Zusammenhang bringt.

Ja, noch mehr: Sieht man eine Grundaufgabe der Mathematik darin, die theoretische Grundlage für die Behandlung geometrischer und physikalischer Größensysteme zu entwickeln, so liefern die Eudoxischen Halbgruppen mit ihren Homomorphismen in engem Anschluß an die Griechen eine Basis für eine solche Größenlehre, die dem „klassischen" Weg von der Analysis her zumindest ebenbürtig ist.

2. Die Voraussetzungen

Bevor wir mit der sachlichen Auseinandersetzung beginnen, erscheint es geboten, den Leser kurz über die für das Verständnis nötigen Voraussetzungen ins Bild zu setzen: Grundlagen unserer Euklid-Studien sind die modernen Übersetzungen der Elemente von Thaer (1933—1937) in deutscher, Heath (1920 bis 1926) in englischer und Dijksterhuis (1929/30) in holländischer Sprache, die alle auf die auch heute noch als philologisch beste geltende und maßgebende Gesamtausgabe der Elemente (griech. u. lat.) von Heiberg (1883—1916) zurückgehen und neben dem Text zahlreiche Erläuterungen und Hinweise enthalten. Am umfangreichsten ist der kritische Apparat bei Heath[1], dem wohl besten Euklid-Kenner unseres Jahrhunderts.

Dazu kommen die zahlreichen mathematik-historischen Werke (s. Lit.-Verz. pag. 140), und zwar im wesentlichen ab Bretschneider, der sein Werk[2] mit der Feststellung beginnt: „Eine Geschichte der Geometrie, welche in ausführlicher Weise die Entstehung dieser Wissenschaft und die ersten und frühesten Entdeckungen in derselben schilderte, besitzen wir bis auf den heutigen Tag (1870 d. Verf.) nicht". — Von den benutzten Einzelschriften (s. Lit.-Verz. III pag. 141) verdienen besonders die Eudoxos-Studien (1932/33) von Becker Erwähnung, die eine wesentliche Grundlage dieser Arbeit bilden, sowie die „Scholien zu Euclid's Elementen" aus den Akademischen Schriften Pfleiderers von 1827, die gerade auch zum V. Buche der Elemente ausführliche Erläuterungen und Ergänzungen bringen.

Es mag vielleicht überraschen, daß keine griechische Ausgabe angeführt ist. Ein Grund dafür wurde bereits genannt (pag. 3); zum anderen setzt bei den vorhandenen vorzüglichen Übersetzungen ein Rückgriff auf das Original mindestens eine solche Kenntnis des Griechischen voraus, wie sie die Übersetzer aufzuweisen haben. Da es sich jedoch im folgenden allein um eine kritische Diskussion des Aussagenmaterials handelt, wie es uns heute vorliegt, treten sprachliche Erörterungen völlig in den Hintergrund. Des Interesses wegen wird hier und da der griechische Term eines wichtigen Begriffs genannt werden, ist aber für unser eigentliches Anliegen nicht von entscheidender Bedeutung.

Wenn auch das V. Buch mit seinen in Proportion stehenden Größen im Mittelpunkt unserer Betrachtungen steht, so werden wir doch für die Erörterung des

---

[1] Th. L. Heath, The Thirteen Books of Euclid's Elements. 3 Volumes. 2nd ed. Cambridge 1926.

[2] C. Bretschneider, Die Geometrie und die Geometer vor Euklides. Leipzig 1870.

benutzten Größensystems auch die übrigen Bücher der Elemente (einschließlich der „zahlentheoretischen" Bände VII—IX) gebührend berücksichtigen. Durch den besonderen Charakter der Elemente als Sammelwerk[1] beziehen wir damit praktisch die gesamte „wissenschaftliche Mathematik" der damaligen Zeit in unsere Betrachtungen ein.

Traditionell unterscheidet man die dreizehn Bücher der Elemente nach solchen der „Arithmetik" (VII—IX) und solchen der Geometrie (die übrigen). Dabei ist einem jedoch nicht recht wohl. Während man die Zugehörigkeit der Bücher I, III, IV und VI zur Geometrie ohne weiteres zugestehen kann, fällt einem dies bei den Büchern II („geometrische Algebra"), V (Proportionenlehre) und X (Lehre von den Irrationalen) schwer. Ebenso behagt die Subsummierung der Gedanken der sog. zahlentheoretischen Bücher unter der Überschrift „Arithmetik" wenig. Vom modernen Standpunkt gesehen würde man besser daran tun, einen Teil der Bücher den „Zahlen" (und zwar den natürlichen Zahlen) zuzuweisen, den anderen den „Größen" (im später zu präzisierenden Sinne). Wer von den letzteren noch die „rein geometrischen" Bücher absetzen möchte, mag das tun; eine Notwendigkeit dazu besteht nicht.

Die nähere Beschäftigung mit den Größen EUKLIDs, wie wir sie im folgenden betreiben, legt das nicht nur nahe, sondern hat noch wesentlich weitergehende Konsequenzen: Wir müssen dazu zunächst REIDEMEISTER[2] zitieren: „Sie bemerken sogleich die merkwürdige Spannung in der Überlieferung, die es zu verstehen gilt — deren Auflösung getrost das Kernproblem der Geschichte der griechischen Mathematik genannt werden darf: Wie ist es zu erklären, daß eine Entwicklung, welche so nachdrücklich die Zahlen in den Mittelpunkt der wissenschaftlichen Aufmerksamkeit rückte, ihren endgültigen mathematischen Niederschlag in einem Werk findet, das vorwiegend der Geometrie angehört und die Griechen viel eher als anschauungsfreudige Geometer denn als Arithmetiker erscheinen läßt?"

Die „Erklärung" und damit die „Auflösung" stellt sich nach unseren EUKLID-Studien so dar: Es ist ein Irrtum der Interpretation, daß die Zahlen bei den Griechen die entscheidende Rolle spielen. Wir werden sehen, daß es die Größen sind, die „in den Mittelpunkt der wissenschaftlichen Aufmerksamkeit" gerückt werden müssen. Dann aber ist die Konsequenz klar: Da das isomorphe Bild, das naheliegende „Modell", dieser Größen für die Griechen vor allem die Strecken neben anderen geometrischen Gebilden (s. pag. 32) sind, so ist es nur natürlich, daß der „mathematische Niederschlag" dieser Größenlehre „vorwiegend der Geometrie angehört". Das wird gestützt von ZEUTHEN[3]: „Die Arithmetik der Alten

---

[1] Die Elemente sind die „Zusammenfassung der ganzen Mathematik, wie sie in der Schule PLATONs betrieben wurde" (v. D. WAERDEN, Erw. Wissenschaft S. 321); sie geben etwa „den Stand der Mathematik um das Jahr 350 v. Chr. zur Zeit des Todes von EUDOXOS wieder" (SPEISER, Klass. Stücke der Math. S. 39); denn „bis gegen Ende des 4. Jahrhunderts war das mathematische Gedankengut schon derart angewachsen, daß jetzt erst recht das Bedürfnis entstand, alles, was die vorangehenden Jahrhunderte an mathematischen Leistungen hervorgebracht hatten, zu sammeln und in ein einheitliches wissenschaftliches System zu ordnen. Unter dem Einfluß und durch die Anregungen des ARISTOTELES waren ja solche Sammlungen zur Mode geworden" (HAUSER, Geometrie der Griechen S. 160), und EUKLID sah die „systematische Zusammenfassung und methodische Abklärung des vor ihm Geleisteten als Hauptaufgabe" (TIMERDING, Die Verbreitung mathematischen Wissens S. 73).

[2] K. REIDEMEISTER, Die Arithmetik der Griechen. Leipzig/Berlin 1940.

[3] H. G. ZEUTHEN, Die Mathematik im Altertum und Mittelalter. Leipzig 1912.

handelt von den diskreten (von den nat. Zahlen — d. Verf.), die Geometrie von den kontinuierlichen Größen. — Daher ist die ganze geometrische Algebra, darunter die Lösung der Gleichungen 2. Grades, Geometrie, ebenso die Lehre von den Proportionen im V. Buche, und nur die Sätze in den Büchern VII—IX über ganze Zahlen, ihre Verhältnisse und ihre Zusammensetzung aus Faktoren ist Arithmetik."

Die „geometrische Einkleidung" der Größenlehre führt wegen des häufigen Rückgriffs auf die damit verbundene Anschauung unmittelbar auf das Problem der Strenge, für die EUKLID immer als Muster galt[1]. Auch heute noch ist die Überzeugung des nicht genau mit der Materie Vertrauten doch die, Hauptleistung EUKLIDs sei der systematische und streng logische Aufbau der gesamten Grundlagen der antiken Mathematik auf der Basis von Axiomen und Postulaten. Gewiß, EUKLID hat hohe und für seine Zeit sicher sehr hohe Maßstäbe gesetzt, doch nach den Arbeiten eines HILBERT und erst recht nach dem Aufbau des Logikkalküls genügen diese heute nicht mehr[2], wie sich gerade bei unseren kritischen Betrachtungen immer wieder zeigen wird.

Wir meinen damit nicht die Mängel, die durch Unverständnis beim Übertragen des Textes und durch Interpolationen, wie sie „hauptsächlich etwa im 3. Jahrhundert" eingefügt wurden[3], entstanden sind. Uns geht es um logische Verstöße, die auch in dem — so weit wie heute möglich — revidierten Text enthalten sind. Unter diesen gilt den „stillschweigenden Voraussetzungen" unser Hauptaugenmerk. Diese „tacit assumptions" (i. f. abgekürzt als t. a.) sind nach HEATH[4] „weitere Annahmen, die EUKLID in gewissen Sätzen stillschweigend macht, offensichtlich zufrieden, daß sich ihre Geltung aus der Anschauung der beigefügten Figuren folgern läßt". Der erste, der sich unseren Untersuchungen nach näher mit diesem Problem beschäftigte, war SAVILE. Er kommt in seinen EUKLID-Lektionen von 1621 nur bis Satz *I, 8*, beschäftigt sich aber eingehend mit den Schwierigkeiten der Einleitung (Definitionen usw.) und den t. a.'s in den ersten Sätzen.

Solche stillschweigenden Voraussetzungen, „die EUKLID als unmittelbar einleuchtend benutzt, aber auszusprechen versäumt"[5], gibt es auch in den übrigen Büchern in größerer Zahl. Uns interessiert weniger ihre Bedeutung für das „Gestaltproblem", für die „Sinnerfüllung des Formalen"[6]; hier steht der logische Aspekt im Vordergrund: wieweit nämlich bei einer Aufdeckung der Struktur des Euklidischen Größenbereichs auch das stillschweigend Vorausgesetzte mit in die

---

[1] „Die Euklidischen ‚Elemente' haben als ein Muster an Strenge durch alle Jahrhunderte gegolten" schreibt BECKER (Geschichte der Math. S. 70) und auch v. D. WAERDEN (Erw. Wissenschaft S. 321) betont ausdrücklich, daß EUKLID die Mathematik in einer Weise zusammengefaßt habe, „die durch Jahrtausende hindurch als mustergültig betrachtet wurde". SPEISER (Klass. Stücke S. 39) spricht von „einem logisch so geschlossen aufgebauten Werk" und TIMERDING (Die Verbreitung math. Wissens S. 73) hebt hervor, daß man selbst die „Mängel ohne Widerspruch hingenommen" habe und daß „EUKLID immer für das Muster einer streng logischen Darstellung galt".

[2] Vgl. BECKER, Gesch. der Math. S. 70 und Das math. Denken der Antike S. 19.

[3] Lt. HEIBERG; nach HEATH, 13 Books S. 63.

[4] Vorwort zu 13 Books S. V.

[5] H. G. ZEUTHEN, Die Mathematik im Altertum und Mittelalter. Leipzig 1912. S. 45.

[6] Vgl. M. STECK, Das Hauptproblem der Math. Berlin 1942.

Axiomatisierung einbezogen werden muß. Dazu wollen wir nicht nur die bei unseren Untersuchungen des V. Buches auftretenden t. a.'s von Fall zu Fall kritisch mustern, sondern sie systematisch zusammenstellen (s. pag. 106) und in ihrer Gesamtheit betrachten. Eine auf diesen Punkt ihr Augenmerk richtende Arbeit gibt es meines Wissens bisher nicht, sicher nicht für die Größenlehre des V. Buches.

Diese t. a.'s betreffen die Existenz gewisser Gebilde oder Größen oder bestimmte grundlegende Gesetzmäßigkeiten im betrachteten Bereich. Das legt die Frage nahe, wie diese Existenz denn „in der Regel" nachgewiesen wird, d.h. in den Fällen, in denen sie nicht stillschweigend angenommen, sondern „euklidisch-exakt" eingeführt wird. EUKLID hat dazu zwei Methoden: Einmal stellt er Postulate (aitemata) seinen Sätzen vorauf, die die Bedeutung haben, die Existenz gewisser mathematischer Gebilde wie Geraden, Kreise und Schnittpunkte zu gewährleisten (hierher gehört z.B. das berühmte Parallelenaxiom *I, Post. 5*, das den Schnittpunkt konvergierender Geraden sichert). Zum zweiten stellt er die Existenz weiterhin benötigter Gebilde dadurch sicher, daß er sie vor Gebrauch in den sog. „Problemen" (THAER spricht von „Aufgaben") geometrisch konstruiert. Als Beispiel sei die für unseren Größenbereich wichtige Existenz des n-ten Teils einer Strecke erwähnt, die als gesichert angesehen wird, sobald in Satz *VI, 9* „von einer gegebenen Strecke einen vorgeschriebenen Teil abzuschneiden" gelehrt wurde. Diese „Existenz durch Konstruktion" wird uns später noch mehrfach beschäftigen, vor allem beim wichtigsten Existenzproblem unserer Untersuchungen: dem der 4. Proportionale.

Neben den stillschweigend benutzten wollen wir auch die bewußt gebrauchten Voraussetzungen zusammenstellen. Dabei wird sich zeigen, daß die Größenlehre des V. Buches nur ihre eigenen vorangestellten „Definitionen", dagegen so gut wie keine Rückgriffe auf die vorhergehenden Bücher erfordert. Das unterstreicht die schon von BRETSCHNEIDER[1] geäußerte Überzeugung, „wie irrig die bis auf den heutigen Tag von so vielen Geometern gehegte Ansicht ist, nach welcher EUKLIDs Elemente ein Werk aus einem Gusse, ja zum größeren Teile sogar eine Zusammenstellung seiner eigenen Entdeckungen sein sollen". Die modernen Übersetzer und Kommentatoren sind sich einig[2], daß EUKLID „die wichtigsten und schwierigsten Teile der Elemente von anderen Autoren, vor allem von THEAITET (Bücher X und XIII) und von EUDOXOS (Bücher V und XII) übernommen hat", ja, daß das Niveau der einzelnen Teile ganz von den jeweiligen Verfassern bestimmt ist. „EUKLID ist vor allem Didaktiker, kein schöpferisches Genie."

Das ändert jedoch nichts daran, daß „dies wundervolle Buch mit all seinen Unvollkommenheiten, die in der Tat unbedeutend genug sind, wenn man die Zeit seines Erscheinens bedenkt, zweifellos das größte Mathematikbuch aller Zeiten ist und bleiben wird[3]". „Man kann in diesem Werk den vollendetsten Ausdruck griechischen Geistes erblicken"[4], und es „hat einen Einfluß auf das europäische Denken ausgeübt, der sich im einzelnen nicht ermessen läßt"[5].

---

[1] Die Geometrie und die Geometer vor EUKLIDES: S. 169.
[2] Stellvertretend ist hier v. D. WAERDEN zitiert: Erwachende Wissenschaft S. 323.
[3] HEATH, A History of Greek Mathematics S. 358.
[4] SPEISER, Klass. Stücke S. 39.
[5] FRANK, Plato und die sog. Pythagoreer S. 144.

3. Die Entwicklung der Proportionenlehre

Die unseren Untersuchungen zugrunde liegende Proportionenlehre des V. Buches der Elemente stammt — darin sind sich die Historiker und Euklid-Bearbeiter einig[1] — von Eudoxos[2]. Sie ist der klassische Abschluß und die Krönung einer Entwicklung, deren Wurzeln sich weit zurückverfolgen lassen. Zum besseren Verständnis des Folgenden ist es nötig, einen kurzen Blick auf ihr historisches Werden zu werfen, um dessen Aufklärung sich vor allem Becker in seinen schon genannten Eudoxos-Studien[3] verdient gemacht hat.

Während sich für viele Probleme der griechischen Mathematik die ersten Quellen bei den Ägyptern oder gar den Babyloniern finden lassen[4], so besteht, was die Proportionenlehre angeht, Einigkeit, daß diese „im alten Ägypten noch nicht hat nachgewiesen werden können"[5]. Auch der von Tropfke[6] nach Hoppe[7] zitierte babylonische Ursprung ist eine vage Vermutung, wird aber durch Becker[8] in etwa gestützt. Zwar muß der Begriff der Ähnlichkeit schon den ältesten Völkern bei ihren Bauten bekannt gewesen sein[9], doch „ist die Theorie der Verhältnisse und Proportionen, wie wir sie in V. Elem. Eucl. finden, eine so wissenschaftlich ausgebildete, daß sie einen viel späteren — griechischen Ursprung haben muß"[10].

Die Entwicklung der Proportionenlehre bei den Griechen vollzog sich nach heutigen Kenntnissen in drei Stufen, die alle direkt oder indirekt ihren Niederschlag in den Elementen gefunden haben. Die erste Stufe darf man wohl als das erste wissenschaftliche System überhaupt bezeichnen, das diesen Namen verdient; hier wird zum ersten Male mathémata, d.h. Wissenschaft, um ihrer selbst willen getrieben[11]. Dieses System entstand nach Hofmann[12] im Kreis der unteritalischen Pythagoreer, als deren bedeutendster Vertreter Archytas von Tarent (428—365), der Lehrer unseres Eudoxos', gelten darf. Es ist eine auf die rationale Verhältnislehre gestützte „arithmetica universalis", in der die drei Grundmedietäten (das arithmetische, das geometrische und das harmonische Mittel) die Hauptrolle spielen. Seinen ersten Niederschlag fand dieses Lehrgebäude in den später durch das Werk Euklids abgelösten „Elementen" des Hippokrates.

Diese alte Theorie, wie sie z.B. noch Demokrit vertrat[13], kannte nur Verhältnisse zwischen kommensurablen Größen, d.h. zwischen Größen, die sich wie (ganze) Zahlen, d.h. in sog. „arithmetischer Proportion", zueinander verhalten. Sie beruhte[14] auf der bei Euklid *VII, Def. 20* zu findenden Grundlage: „Zahlen stehen in Proportion,

---

[1] Der Grund für diese Einigkeit ist ein altes — vielleicht von Proklos stammendes — Scholion zu Buch V, das dieses Buch dem Eudoxos zuschreibt (Simon S. 202; Künssberg S. 24; Heath 13 B. S. 112; v. d. Waerden S. 309 usw.), eine Feststellung, die sich nach Reidemeister (Das ex. Denken S. 21 und die Arithm. der Griechen S. 10) noch durch mehrere Stellen aus Archimedes stützen läßt.

[2] Zur Biographie dieses wohl größten Mathematikers der Platonischen Epoche sei vor allem auf Künssberg verwiesen, der sich in zwei Schulprogrammen von 1888 und 1890 näher mit dem Astronomen, Mathematiker und Geographen von Knidos beschäftigt hat.

[3] Siehe Literaturverzeichnis III (pag. 141).

[4] Vor allem Bretschneider (vgl. Ofterdinger, Über den Zusammenhang ... S. 1) und Cantor haben hier viel aufklärende Arbeit geleistet.

[5] M. Cantor, Vorlesungen über Gesch. d. Math. I S. 167.

[6] Geschichte der Elem.-Mathematik III. Band S. 4.

[7] Mathematik und Astronomie im klassischen Altertum 1911.

[8] Das math. Denken der Antike S. 13.

[9] Vgl. dazu Künssberg (s. Fußn. 2) S. 27 und Timerding, Die Verbreitung math. Wissens S. 67.

[10] Ofterdinger, Über den Zusammenhang ... S. 1; Tropfke, Gesch. d. El.-Math. III S. 4.

[11] Vgl. Becker, Das math. Denken der Antike S. 12.

[12] Geschichte der Math. I S. 24.

[13] E. Frank, Plato und die sog. Pythagoreer S. 59.

[14] G. Hauser, Geometrie der Griechen S. 144.

wenn die erste von der zweiten Gleichvielfaches oder derselbe Teil oder dieselbe Menge von Teilen ist wie die dritte von der vierten." Auch V. D. WAERDEN[1] ist der Ansicht, daß diese Definition schon existierte, bevor EUDOXOS die Proportionenlehre für allgemeine Größen aufstellte, und daß man sie den Pythagoreern zuschreiben muß.

Warum aber übernahm EUKLID sie und mit ihr die gesamte ältere Zahlentheorie (vgl. Buch VII der El.), wenn ihm die schon von der Definition der Verhältnisgleichheit her viel umfassendere Theorie des EUDOXOS (Buch V) zur Verfügung stand? Zudem ließ sich doch ein Zusammenhang herstellen mit Hilfe des Satzes *X, 5*, der besagt: „Kommensurable Größen haben zueinander ein Verhältnis wie eine Zahl zu einer Zahl." Für die bisherige EUKLID-Forschung war der Grund klar: Der Verfasser der Elemente hätte die von ihm vorgefundene ältere Zahlentheorie neu aufbauen müssen, wenn er die Eudoxische Definition *V, Def. 5* (Wortlaut pag. 35) auch für Zahlen zugrunde gelegt hätte. Das aber verbot ihm sein Respekt vor der Tradition. — Gewiß, über die „mitunter bis zur Inkonsequenz getriebene Ehrfurcht EUKLIDs vor der Überlieferung"[2] ist man sich einig[3], hier aber ist ein anderer Grund einleuchtender: Gerade nach der kritischen Behandlung des oben zitierten Satzes *X, 5* wird einmal mehr deutlich: Für EUKLID ist die Lehre von den Größen von der der Zahlen sauber geschieden. Bei diesem Sachverhalt war es also für ihn sehr leicht, ja zwingend, „die Tradition zu respektieren".

Doch so vollkommen die arithmetica universalis auch aufgebaut war und so gut sie sich für allgemeine Beweise (des bis dahin Bekannten!) eignete; sie hielt der stürmischen Entwicklung nicht stand. Ein Ereignis brachte das gesamte auf der rationalen Verhältnislehre gegründete Gebäude zum Einsturz: Es war die Entdeckung[4], daß es Größen gibt (z.B. Seite und Diagonale von Quadrat oder regelmäßigem Fünfeck), die sich nicht wie eine Zahl zu einer Zahl verhalten, die kein gemeinsames Maß besitzen, so klein man es auch zu wählen versucht. Für das Irrationale war kein Platz in der arithmetica universalis.

So kam es zur ersten Grundlagenkrisis in der Geschichte der Mathematik. Die älteren Mathematikhistoriker machen vor allem die scharfe Kritik ZENONs von Elea (ca. 490—430) für diese Krise verantwortlich. Gegen diese Auffassung wendet sich V. D. WAERDEN in einem eigenen Aufsatz „ZENON und die Grundlagenkrise der griechischen Mathematik" von 1939: Er leugnet nicht die Grundlagenkrise als solche, bestreitet aber entschieden (S. 154), daß ZENON etwas mit ihr zu tun gehabt habe. Seiner Meinung nach handelte es sich hier nicht um eine philosophische, sondern um eine innermathematische Angelegenheit, die von der Entdeckung des Irrationalen ihren Ausgang nahm. WEYL[5] und FRANK[6] heben den tiefen Eindruck hervor, den diese Entdeckung auf das entstehende wissenschaftliche Bewußtsein der damaligen Zeit gemacht hat, und führen die Platonischen Dialoge als Zeugen an.

Durch die Entdeckung des Irrationalen war man genötigt, die Auffassung aufzugeben, daß alle Strecken durch Zahlen dargestellt werden können, eine Vorstellung, die für die Struktur der gesamten babylonischen und der frühgriechischen Mathematik bestimmend gewesen war[7]. Bei den hohen Ansprüchen, die man zu dieser Zeit bereits an die Exaktheit der Beweisführung stellte, war man damit zu einer völligen Überprüfung der Fundamente gezwungen: Alle mit Zahlen geführten Beweise waren hinfällig, sofern sie nicht die Zahlen selbst betrafen (wie etwa in den Büchern VII—IX). Die Strecken, Flächen, Winkel usw., deren besonderer, von den Zahlen verschiedener Charakter nun immer deutlicher wurde, erforderten jetzt ihre eigene Behandlungsweise.

Nun, zunächst versuchte man erst einmal den durch das „Versagen" der pythagoreischen Proportionenlehre entstandenen Schwierigkeiten so lange wie möglich aus

---

[1] V. D. WAERDEN, Die Arithmetik der Pyth. S. 142.

[2] BECKER, Eudoxos-Studie I S. 329.

[3] Etwa PAPPUS, CANTOR, HANKEL, HEATH u.a.

[4] Nach TANNERY etwa 100 Jahre vor PLATON.

[5] H. WEYL, Philosophie der Math. S. 32.

[6] E. FRANK, Plato und die sog. Pythagoreer S. 223.

[7] V. D. WAERDEN a.a.O. S. 154.

dem Wege zu gehen, indem man die Proportionen ganz vermied[1]. Das schaffte jedoch die Tatsache nicht aus der Welt, daß der Zahlbegriff zu eng geworden war. Nach Hankel[2] verstanden die Alten unter „Zahl" ausschließlich „eine aus Einheiten zusammengesetzte Menge" (vgl. Elem. VII, Def. 2), d.h. nach unserem Sprachgebrauch eine natürliche Zahl (Hankel sagt: „ganze"), nicht einmal rationale Brüche fielen unter diesen Begriff; die Multiplikation wurde nur für natürliche Zahlen definiert, und ein Produkt von Brüchen war ihnen fremd. „Bei diesem Mangel eines alle rationale Zahlen umfassenden Begriffs kann selbstverständlich von einem Begriffe, der gleichzeitig das Irrationale mit umfaßte, nicht die Rede sein, und so ist bei den Alten der Begriff der Größe von dem der Zahl durch eine weite Kluft geschieden. Die scharfe Trennung der Kategorie Größe in die diskrete und die stetige, wie sie bereits Aristoteles feststellte, ist für das ganze klassische Altertum maßgebend gewesen." Soweit Hankel (s.o.). Das wissenschaftliche Problem, das jetzt gestellt ist, nennt Frank[3] treffend „die begriffliche Bewältigung des Irrationalen".

Der erste Schritt auf diesem Wege und sozusagen „Interregnum" für das Fortschreiten der Proportionenlehre war die nun entwickelte Methode der „Flächenanlegung" und „Flächenverwandlung", später „geometrische Algebra" genannt. Sie hat vor allem im II. Buch der Elemente ihren Niederschlag gefunden und „lehrt in geometrischem Gewande allgemeinere Größenbeziehungen, wie wir sie durch Formeln der Buchstabenrechnung auszudrücken pflegen"[4]. Diese Zuflucht zur Geometrie stellt von vornherein sicher, daß man es mit stetigen (s.o.), d.h. inkommensurable Fälle mitumfassenden „Größen" zu tun hat. Ohne Proportionen werden auch die übrigen drei der ersten vier Bücher der Elemente aufgebaut. Daß ihnen auch das Axiom des Messens und ein allgemeiner Größenbegriff fehlen, sei wenigstens erwähnt[5].

Doch die Methoden der geometrischen Algebra blieben mehr oder weniger ein Behelf; die frühere Proportionenlehre der Pythagoreer, „dieses mächtigste Instrument antiker mathematischer Forschung"[6], vermochten sie nicht voll zu ersetzen. Erst die Grundlegung des Eudoxos, die dritte und letzte Stufe der Entwicklung der griechischen Proportionenlehre brachte hier die endgültige Wende.

Es hat aber, wie Zeuthen, Dijksterhuis und vor allem Becker an Hand einer Aristoteles-Stelle[7] gezeigt haben, eine ältere Definition der Proportion und darauf aufbauend eine Vorstufe der irrationalen Verhältnislehre gegeben, die auf dem Begriff der „wechselseitigen Wegnahme" (Antanairesis oder Anthyphairesis) beruhte, und die ebenso wie die spätere Eudoxische Proportionenlehre sowohl rationale wie irrationale Verhältnisse exakt zu behandeln gestattete. Die Anwendung dieser „Wechselwegnahme" (für Zahlen in der Form des „euklidischen Algorithmus" bekannt) finden wir in den Elementen unter X, 2 und 3, und zwar sowohl als Inkommensurabilitätskriterium wie als Verfahren, „zu zwei gegebenen kommensurablen Größen ihr größtes gemeinsames Maß zu finden".

Die Konjekturen der Mathematik-Historiker gehen nun darauf hinaus, daß die Begründung der älteren Verhältnislehre so erfolgte, daß man zwei Verhältnisse als identisch definierte, wenn sie bei der genannten Wechselwegnahme die gleichen Zahlen ergeben, d.h.[8] dieselbe Kettenbruchentwicklung liefern. Diese Definition ist im Gegensatz zu der früheren (s. pag. 8/9) auch auf den irrationalen Fall anwendbar, führt dann allerdings auf unendliche Folgen von Zahlen (denn bräche die Entwicklung ab, so läge nach El. X, 3 gerade der kommensurable Fall vor). Diese unendlichen Folgen eignen sich natürlich nur sehr schlecht zur Charakterisierung von Verhältnissen und schon gar nicht zum Rechnen mit ihnen. Es ist daher sehr unwahrscheinlich, daß die

[1] Vgl. Künssberg, Der Astronom … S. 28 und Becker, Geschichte der Math. S. 60.

[2] H. Hankel, Zur Geschichte der Mathematik S. 389.

[3] Frank, Plato … S. 222.

[4] Thaer, Elemente 1. Teil S. 85.

[5] Becker, Eudoxos-Studie I S. 314.

[6] Hauser, Geometrie der Griechen S. 144.

[7] Aristoteles, Topica VIII, 3 158 b 29—35.

[8] Becker-Hofmann, Gesch. d. Math. S. 60.

Griechen sich näher mit ihnen beschäftigt haben, und kein Wunder, daß der Aufbau einer allgemeinen Proportionenlehre auf dieser Basis nicht zustande kam.

Das einzige, was in den Elementen von diesen Ansätzen einer „voreudoxischen Proportionenlehre" übrig geblieben ist, sind die genannten Sätze *X, 2/3* über Wechselwegnahme und größtes gemeinsames Maß. Alles andere mußte der Grundlegung durch EUDOXOS weichen.

Erst seine für beliebige Größen gültige Theorie bringt die „begriffliche Bewältigung des Irrationalen" (s.o.), d.h. die endgültige Überwindung der erwähnten Krise, die von den älteren Mathematik-Historikern wohl etwas überspitzt gesehen wurde. Die großen Leistungen dieser Zeit lassen im Gegenteil vermuten, „daß die Mathematik den Zeitgenossen nicht als kriselnder Kranker erschien, sondern mit Recht als eine der großartigsten Schöpfungen des griechischen Geistes gewürdigt wurde"[1].

Nun, die Proportionenlehre des EUDOXOS, wie sie uns im V. Buch der Elemente entgegentritt, ist sicher nicht die geringste dieser Leistungen. DIJKSTERHUIS[2] nennt sie „eine geistige Schöpfung allerersten Ranges", die „zu den eindrucksvollsten Denkmälern der griechischen Kultur rechnet". Ja, HEATH[3] meint sogar: „Die griechische Mathematik kann sich keiner feineren Entdeckung rühmen als dieser Theorie, die zum ersten Mal soviel von der Geometrie auf eine gesunde Grundlage stellte, wie vom Gebrauch der Proportionen abhängig war."

Diese hohe Einschätzung ist nicht nur vom Aufbau, sondern auch von der Bedeutung der Proportionenlehre her gerechtfertigt. Bereits CANTOR[4] weist darauf hin, „daß die aus vier voneinander verschiedenen Zahlen (gemeint sind „Größen" — d. Verf.) gebildete geometrische Proportion mit den aus ihr abzuleitenden für die Griechen bis zu einem gewissen Grade die Gleichungen und deren Umformung ersetzte". Und FRANK[5] bzw. BECKER[6] heben hervor, daß das in den Elementen dargestellte geschlossene System der Mathematik auf dem eudoxischen Proportionsbegriff (in Verbindung mit der geometrischen Darstellungsweise der allgemeinen Größen) beruht bzw. methodisch ganz von der Proportionenlehre beherrscht wird. Nun, wir werden selbst sehen, daß sie — auch und gerade im modernen Sinne — die Möglichkeit bietet, die Lehre von den Größen zu begründen.

Es wundert uns hiernach nicht mehr, daß diese geniale Theorie auch historisch den inhaltlichen Abschluß des Systems der Elemente bedeutet: Mit der Ausprägung der Proportionenlehre des EUDOXOS steht der Stoff der Elemente fast vollständig zur Verfügung[7], und seine Zusammenstellung durch EUKLID ist fast schon „die griechische Mathematik". Einzig ARCHIMEDES hat später noch grundsätzlich Neues geschaffen. Die griechische Mathematik ist also im wesentlichen schon das Erzeugnis der voreuklidischen, der sog. hellenischen Zeit, während die hellenistische, die etwa mit EUKLID begann, ihre klassische Ausformung gebracht hat.

Für unsere Erfordernisse dürfte damit die historische Entwicklung und die allgemeine Einschätzung der Proportionenlehre hinreichend beleuchtet sein. Daß dazu ziemlich viele Zitate herangezogen wurden, hat seinen guten Grund: Wir wollten dem Leser vor Eintritt in die kritische Auseinandersetzung zunächst das Gesamtbild unseres Gegenstandes vor Augen stellen, und zwar im wesentlichen so, wie es die bisherige Literatur vermittelt. Mit Einzelzügen dieses Bildes, d.h. mit speziellen Behauptungen unserer Autoren, werden wir uns dagegen an Ort und Stelle noch zu beschäftigen haben.

---

[1] v. D. WAERDEN, Zenon und die Grundlagenkrise S. 161.

[2] De Elementen van Euclides, Deel II, S. 56.

[3] A History of Greek Mathematics S. 384. Zur Würdigung vgl. ferner: BARROW (s. HEATH a.a.O.), HANKEL (Zur Geschichte S. 401) und HAUSER (Geom. d. Griechen S. 146).

[4] Vorlesungen über Geschichte S. 240.

[5] Plato und die sog. Pythagoreer S. 60.

[6] Eudoxos-Studie I S. 314.

[7] Vgl. BECKER-HOFMANN, Geschichte der Mathematik S. 68.

Eine Frage ist vor Beginn unserer eigentlichen Untersuchungen noch zu stellen: Wieweit liegen kritische Betrachtungen zur Proportionenlehre bereits vor, womit beschäftigen sie sich im einzelnen und wo finden sie sich in der Literatur? Dazu muß zunächst einmal festgestellt werden, daß es eine eigene Arbeit, die systematisch die logischen Zusammenhänge des V. Buches einschließlich der stillschweigenden Voraussetzungen im Hinblick auf die Strenge des aufgebauten Aussagengefüges und die Struktur des zugrunde liegenden Größenbereiches untersucht, bisher nicht gibt! Das bedeutet jedoch nicht, daß keine zusammenhängenden Abhandlungen zum V. Buch bestehen.

Am stärksten in unsere Richtung gehen die im vierten Heft der „Scholien zu Euclid's Elementen" aus Pfleiderers Akademischen Schriften und seinen Nachlässen zusammengestellten „Scholien zum fünften Buche der Elemente", die 1827 in Stuttgart erschienen sind. Sie bestehen aus vier zunächst selbständigen Abhandlungen, die aber doch als Ganzes gesehen (trotz mancher Wiederholungen) eine zusammenhängende Proportionenlehre liefern. Doch geht es hier weniger um eine kritische Behandlung des V. Buches als um den (wenn auch an Euklid orientierten) Neuaufbau einer Proportionenlehre, der zunächst die Grundbegriffe ausführlich diskutiert, um dann die verschiedenen Formen und Umformungen der Proportion möglichst vollständig zu entwickeln. Daß dabei manche, auch für uns brauchbare, kritische Bemerkung fällt, liegt in der Natur von Scholien.

Die zweite große Auseinandersetzung mit dem V. Buch sind die schon genannten Eudoxos-Studien von O. Becker von 1932. Sie beschäftigen sich mit der bereits erwähnten voreudoxischen Proportionenlehre (Studie I), deren Aufbau orientiert an Buch V dargelegt wird, mit der Existenz der 4. Proportionale (Studie II), und zwar unter dem Gesichtspunkt der Stetigkeit, mit dem Stetigkeitsaxiom selbst (Studie III) und zwei hier nicht interessierenden Gegenständen (Studien IV und V). Auch bei Becker steht der axiomatische Aufbau nicht im Vordergrund, ja der Verfasser sagt (S. 321) ausdrücklich: „Der Vergleich der antiken geometrischen Methoden mit der modernen axiomatischen Untersuchung ist eine zwar sehr interessante, aber auch umfangreiche, hier nicht angreifbare Aufgabe." Gerade diese axiomatische Untersuchung aber ist eines unserer wesentlichen Anliegen. — Das übrige kritische Material zum V. Buche findet sich in der Literatur verstreut (s. Einzelhinweise).

Moderne Literatur zur Proportionenlehre gibt es keine, und in den wissenschaftlichen Büchern erscheint sie so gut wie gar nicht. Praktisch wird sie nur noch in der Schule behandelt (leider nicht immer einwandfrei), um dann in Physik, Chemie und Technik bei den sog. Anwendungen als bekannt vorausgesetzt zu werden. Gegenstand der Forschung war sie in den letzten Jahrzehnten höchstens für die Historiker. Um so interessanter und lohnender ist es, sie wieder einmal ihrem Dornröschenschlaf zu entreißen.

II. Teil: Kritische Untersuchung des V. Buches der Elemente

1. Buch V im Rahmen der Elemente

Nach der Darlegung unserer Absichten und Voraussetzungen mit einem Blick auf die historische Entwicklung der Proportionenlehre kommen wir nun zu ihrer Darstellung durch Euklid. Dieser hat die Arbeit des Eudoxos[1] — wahrscheinlich in engem Anschluß an die Originalfassung[2] — als V. Buch in seine Elemente

---

[1] „Manche sagen, dieses Buch, das die allgemeine Theorie der Proportionen enthält, gleichermaßen anwendbar auf Geometrie, Arithmetik, Musik und alle mathematische Wissenschaft, sei die Entdeckung von Eudoxos, des Lehrers von Platon" (Alter Scholiast; s. Heath II S. 112).

[2] Becker/Hofmann S. 69.

eingebaut, und zwar in Form von 18 Definitionen und 25 Lehrsätzen. Letztere sind ausschließlich „Theoreme", d.h. Sätze, die bewiesen werden. „Probleme" bzw. „Aufgaben", d.h. Existenz sichernde Konstruktionen (s. pag. 7), befinden sich nicht darunter. Gegenstand der Behandlung sind die im folgenden näher zu betrachtenden „Größen", wie die meisten Kommentatoren bestätigen[1].

Die Behandlung dieser Größen geschieht in geometrischer Einkleidung. Diese besteht darin, daß die einzelnen Sätze mit Hilfe von Strecken bewiesen werden, die jeweils geeignet vorgegeben, zusammengesetzt oder verglichen werden. Das heißt aber bei EUKLID nichts anderes, da allgemein von Größen und nicht etwa von Strecken gesprochen wird, als daß das jeweils Bewiesene in einem bestimmten „Modell" (s. w.u.), nämlich der Menge aller Strecken, veranschaulicht und die Geltung in anderen Modellen, wie etwa der Menge aller Flächen, aller Volumina, aller Winkel, ohne weiteres als mitgegeben angesehen wird, wie die späteren Bücher (VI und X—XIII) zeigen. Eine *gewisse* Isomorphievorstellung kann also den Griechen durchaus zugestanden werden.

Wie unsere folgenden Ausführungen zeigen, sind die Beweise, wenn man sie axiomatisch führt (und das war doch offensichtlich die Absicht EUKLIDs), natürlich völlig unabhängig von jeder geometrischen Veranschaulichung. Das entspricht auch — jedenfalls dem Buchstaben nach — der Meinung des PROKLOS, nach dem jeder Beweis „aus den Prinzipien seiner eigenen Wissenschaft" zu führen ist, wobei sich diese Prinzipien in der Arithmetik und der Geometrie durchaus unterscheiden[2]. Doch dem Sinne nach ist hier etwas anderes gemeint, nämlich die klassische Grundauffassung der Griechen, derzufolge „die Arithmetik der Alten von den diskreten, die Geometrie von den kontinuierlichen Größen handelt"[3]. Die geometrische Einkleidung erscheint also nicht nur zur Veranschaulichung, sondern aus dem logischen Zwang, die irrationalen Größen mitzuerfassen[4].

Von der geometrischen *Einkleidung* wohl zu unterscheiden ist die *Anwendung* der Sätze des V. Buches auf bestimmte geometrische Sachverhalte, für die Buch VI der Elemente die besten Hinweise liefert. Hier erscheinen beispielsweise Sätze, die wir in V vergeblich suchen, obwohl sie dort unbedingt erforderlich wären, wie

---

[1] „Das V. Buch enthält die Lehre vom Verhältnis und der Gleichheit der Verhältnisse (Proportionen) gleichartiger Größen in vollständiger Allgemeinheit. Es ist mit größter Wahrscheinlichkeit ein Werk des EUDOXOS und scheint nur wenig von EUKLID überarbeitet zu sein" (SIMON, Gesch. S. 255).

„Buch V ist der neuen Theorie der Proportion gewidmet, anwendbar auf inkommensurable wie auf kommensurable Größen und auf Größen jeder Art (Strecken, Flächen, Volumina, Zahlen, Zeiten etc.)" (nach HEATH, Hist. S. 384).

„Im V. Buch der Elemente wird als Vorbereitung zu der Lehre von der Ähnlichkeit der Figuren die Lehre von den Proportionen der Größen behandelt, ganz unabhängig von den Proportionen der Zahlen, die erst im VII. Buche vorgetragen werden" (HANKEL, Zur Gesch. S. 389).

„Das V. Buch handelt von Größen im allgemeinen. Was die Kennzeichen einer Größe sind, wird nicht näher gezeigt" (DIJKSTERHUIS, Deel II, S. 55).

Die kürzeste und treffendste Charakteristik schließlich stammt von THAER (Elem. 2. Teil, S. 67): „Buch V gibt die strenge Begründung einer Proportionslehre allgemeiner Größen."

[2] PROKLOS, Kommentar S. 168 und 207.

[3] TROPFKE, Gesch. III, S. 50; s.a. ZEUTHEN, Die Mathem., S. 50.

[4] v. d. WAERDEN, E. W. S. 206.

etwa der Existenzbeweis für die 4. Proportionale (s. die späteren Bemerkungen
zu *Satz 18*). Der tiefere Grund hierfür ist der, daß im V. Buche nur solche Sätze
erscheinen, die (vom Standpunkt der Griechen) für alle Größenarten (wie Strecken,
Flächen, Volumina etc.) gelten, während es andererseits Sachverhalte gibt, die
nur für bestimmte Größen (z. B. Strecken) bewiesen, d. h. geometrisch abgeleitet
werden können oder sogar nur für diese sinnvoll sind, so wie etwa das „Produkt"
zweier Größen nur für Strecken als Rechteck anschaulich darstellbar ist (vgl.
Satz VI, 16).

Hier bilden also geometrische Beweisführung und anschauliche Darstellung
für die Griechen nicht übersteigbare Grenzen. Der griechische Isomorphiebegriff
— wenn man wie oben davon sprechen will — ist also ein sehr enger. Ein ab-
straktes Übertragen der in einem Modell bewiesenen Sachverhalte auf ein anderes
— im Einzelfall bewußt und ausdrücklich durchgeführt — ist den Griechen fremd;
ja die Isomorphie wird sogar in Frage gestellt, wenn in einem Modell Verknüpfungen (z. B. die Produktbildung) zulässig, weil anschaulich deutbar sind (etwa
als Rechteck), die es in einem anderen gar nicht gibt. Im Einzelfall wird hierauf
noch zurückzukommen sein.

Da es in den folgenden Betrachtungen um die logische Struktur des V. Buches
geht, wollen wir mit zwei Aufstellungen beginnen. Die erste zeigt die logische
Abhängigkeit der Sätze des V. Buches, und zwar voneinander, von den Definitionen dieses Buches und von bestimmten Axiomen des I. Buches: Dabei bedeutet
eine Verbindungslinie, daß der Satz, von dessen Nummer sie ausgeht, beim Beweis
des Satzes, zu dessen Nummer sie hinführt, als Voraussetzung benutzt (genauer
gesagt: von Euklid beim Beweis zitiert) wird. Als Beispiel sei *Satz 9* betrachtet:
Er erfordert *Satz 8* zum Beweis und ist damit auch von *Def. 4* und *Def. 7* sowie
von *Satz 1* abhängig, der seinerseits wieder *Def. 2* voraussetzt. Man vergleiche hierzu den „Stammbaum" v. d. Waerdens[1].

Die auffällige „Beziehungslosigkeit" der Definitionen D1, D3 und D8—D11
in Aufstellung I bedeutet nur bei den letzteren, daß die betreffenden Begriffe
im V. Buch nicht verwendet werden (vgl. hingegen Aufstellung II); die in den
ersteren (und zwar einschl. D2) definierten Begriffe hingegen finden so durchgängige Verwendung, daß Euklid von der jedesmaligen Erwähnung wohl abgesehen hat. Besonders D2, die nur bei *Satz 1* zitierte Definition des „Vielfachen",
ist für den Euklidischen Aufbau von fundamentaler Bedeutung, da der hier
definierte Begriff, vor allem in der Form des „Gleichvielfachen" praktisch *allen*
Sätzen des V. Buches zugrunde liegt, und zwar sowohl den reinen Größensätzen
1—3 und *5—6* wie auch den (in der Aufstellung fett gedruckten) verbleiben-
den Proportionalsätzen, letzteren schon durch seine Verwendung in den fundamentalen Definitionen D5/6 und D7. D1 ist eng mit D2 verbunden (vgl. das
Auftreten des Begriffes „Teil" etwa in den *Sätzen 1—3*), während D3 versucht,
den in allen Proportionalsätzen (s. o.) schon durch die *Def. 5—7* auftretenden
Verhältnisbegriff zu definieren. Näheres dazu entnehme man der auf unsere beiden
Aufstellungen folgenden ausführlichen Diskussion der Definitionen Euklids im
einzelnen.

---

[1] v. d. Waerden, a. a. O. S. 185.

Aufstellung I

Logischer Zusammenhang der Aussagen des V. Buches

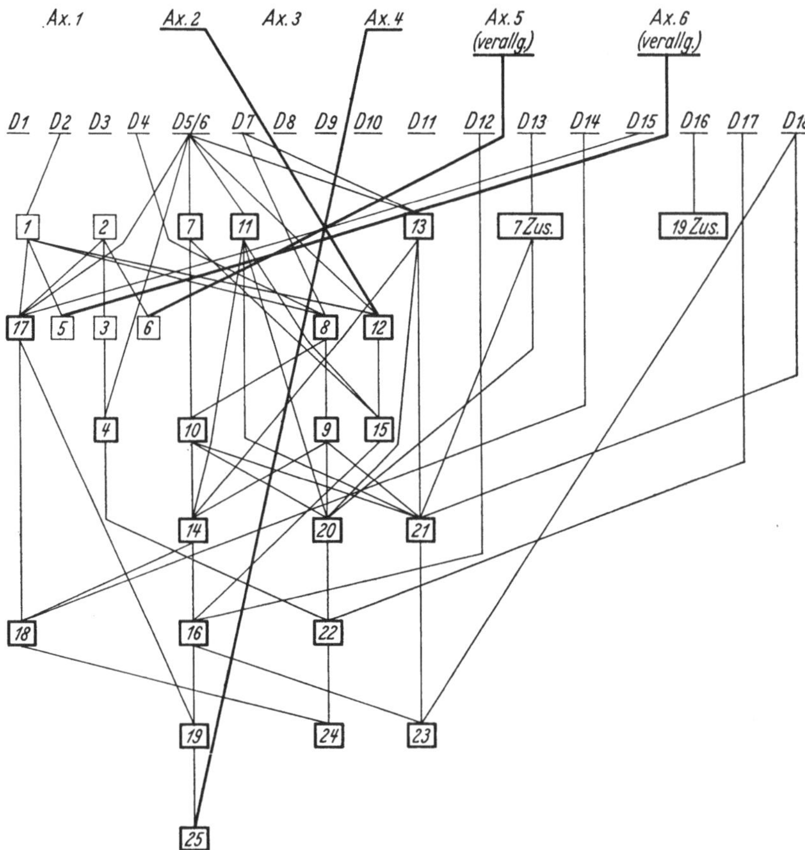

Die zweite Aufstellung bringt eine kurze Übersicht der Definitionen und Sätze
des V. Buches. Sie kann zum Nachschlagen benutzt werden, wenn an einer späteren Stelle nur die Nummern dieser Aussagen auftreten und man sich schnell
darüber informieren möchte. Die Hauptaufgabe dieser Zusammenstellung ist jedoch, den Leser darüber zu unterrichten, an welchen Stellen der späteren Bücher
die Sätze von V Verwendung finden.

Aufstellung II

Definitionen und Sätze des V. Buches und ihre Verwendung in den späteren
Büchern

Def. 1   „Teil einer Größe": *VI, 9*; (VII, Def. 3)[1].
Def. 2   „Vielfaches": (VII, Def. 5).
Def. 3   „Verhältnis": —

---

[1] Die in Klammern beigefügten Zahlen weisen zur Orientierung auf die entsprechenden Definitionen und Sätze der Zahlenlehre des VII. Buches hin.

Def. 4   „Verhältnis haben" (Arch. Axiom): $X, 1$.

Def. 5   „Im selben Verhältnis stehen": $VI, 1$, $25, 33$; $X, 5, 11, 14, 112, 113$, $115a$; $XI, 23, 25, 34$; $XII, 2, 5, 11, 13$; $XIII, 11$; $(VII$, Def. $20)$[1].

Def. 6   „In Proportion stehen": —

Def. 7   „Größeres Verhältnis haben": —

Def. 8   „Kürzeste Proportion" $(a:b=b:c)$: —

Def. 9   „Zweimal im Verhältnis stehen" $\left(\text{Satz}: a:b=b:c \Rightarrow a:c=(a:b)^2\right)$: $VI, 19$, $20, 22, 25$; $VIII, 11, 18$; $XII, (1)$.

Def. 10   „Dreimal im Verhältnis stehen" $\left(\text{Satz}: a:b=b:c=c:d \Rightarrow a:d=(a:b)^3\right)$: $XI, 33, 37$; $XII, 8, 12, 18$; $VIII, 12, 19$.

Def. 11   „Entsprechende Größen": $VI, 4, 19, 20$.

Def. 12   „Verhältnis mit Vertauschung" $(a:b=c:d \rightarrow a:c=b:d)$: $VII, 10, 13$; $X, 79$.

Def. 13   „Verhältnis mit Umkehrung" $(a:b=a':b' \rightarrow b:a=b':a')$: $X, 5, 6, 14, 49$, 52; $XII, 2, 5, 11, 18$; $XIII, 18$.

Def. 14   „Verhältnisverbindung" $(a:b=a':b' \rightarrow (a+b):b=(a'+b'):b')$: —

Def. 15   „Verhältnistrennung" $(a:b=a':b' \rightarrow (a-b):b=(a'-b'):b')$: $IX, 35$.

Def. 16   „Verhältnisumwendung" $(a:b=a':b' \rightarrow a:(a-b)=a':(a'-b'))$: $X, 48—53, 76, 85—90, 113$; $XIII, 11, 18$.

Def. 17   „Verhältnis über Gleiches weg" $(\text{Satz}: a:b=a':b', \; b:c=b':c' \Rightarrow a:c=a':c')$: $VII, 14$.

Def. 18   „Überkreuzte Proportion" $(a:b=b':c', \; b:c=a':b')$: —

Satz 1: $a_1=n\,b_1, \ldots, a_k=n\,b_k \Rightarrow a_1 + \cdots + a_k = n\,(b_1 + \cdots + b_k)$: $(VII, 5)$[1].

Satz 2: $\left.\begin{array}{l} a_1=n\,a_2, \; a_5=m\,a_2 \\ a_3=n\,a_4, \; a_6=m\,a_4 \end{array}\right\} \Rightarrow \begin{array}{l} a_1+a_5=k_1\,a_2 \\ a_3+a_6=k_2\,a_4 \end{array}$ mit $k_1=k_2$: —

Satz 3: $\left.\begin{array}{l} a_1=n\,a_2 \\ a_3=n\,a_4 \end{array}\right\} \Rightarrow \begin{array}{l} m\,a_1=k_1\,a_2 \\ m\,a_3=k_2\,a_4 \end{array}$ mit $k_1=k_2$: $(VII, 9)$.

Satz 4: $a:b=a':b' \Rightarrow n\,a:m\,b=n\,a':m\,b'$: —

Satz 5: $a=n\,b, \; a_1=n\,b_1,$ wo $a>a_1, \; b>b_1 \Rightarrow a-a_1=k\,(b-b_1)$ mit $k=n$: $(VII, 7)$.

Satz 6: $\left.\begin{array}{l} a=n\,c, \; b=m\,c, \; a>b \\ a'=n\,c', \; b'=m\,c', \; a'>b' \end{array}\right\} \Rightarrow \begin{array}{l} a-b=k_1\,c \\ a'-b'=k_2\,c \end{array}$ mit $k_1=k_2$: —

Satz 7: $a=b \Rightarrow a:c=b:c$ $VI, 2, 3, (10), 14, 15, 17, 22$; $XI, 31, 33$, $a=b \Rightarrow c:a=c:b$ 34; $XII, 4, (15)$. $(VII$ als t.a.$)$

        Zusatz: $a:b=a':b' \Rightarrow b:a=b':a'$.

Satz 8: $\left.\begin{array}{l} a>b \Rightarrow a:c>b:c, \\ a>b \Rightarrow c:b>c:a. \end{array}\right\}$: —

Satz 9: $a:c=b:c \Rightarrow a=b$ $VI, 2, 3, 5, 6, 7, 14, 15, 22, 26$; $X, 6$; XI, $c:a=c:b \Rightarrow a=b$ $31, 34$; $XII, 15$. $(VII$ als t.a.$)$

Satz 10: $\left.\begin{array}{l} a:c>b:c \Rightarrow a>b, \\ c:b>c:a \Rightarrow a>b. \end{array}\right\}$: —

Satz 11: $a:b=a':b', \; a':b'=a'':b'' \Rightarrow a:b=a'':b''$: $VI, 1, 3, 5—7, (10), 14, 15, 17$ $—26$; $X, 25, 27, 28, 31, 32, 66—68, 91, (93), 94, 97, (98), 99, 100, 103—$ $105, (112), 113, 114$; $XI, 17, 31, 33, 34, 37$; $XII, 1—5, 8, (9), 11, 12, 15$, 18; $XIII, 11$. $(VII$ als t.a.$)$

---

[1] Siehe Fußnote S. 15.

Satz 12: $a_1:b_1 = \cdots = a_k:b_k \Rightarrow (a_1 + \cdots + a_k):(b_1 + \cdots + b_k) = a_1:b_1$: *VI, 20; X, 103 —105, 112; XII, 4, 12, 17.* (VII, 12)[1].

Satz 13: $a:b = a':b',\ a':b' > a'':b'' \Rightarrow a:b > a'':b''$: —

Satz 14: $a:b = c:d,\ a \gtreqless c \Rightarrow b \gtreqless d$: *VI, 22H, (25), 30; XII, 2, 5, 11, 12, 18; XIII, 3, 5, 8, 9, 17, 18.*

Satz 15: $a:b = na:nb$: *VI, 1, 33; XII, 8, 9, 12; XIII, 11, 17.* (VII, 17, 18).

Satz 16: $a:b = c:d \Rightarrow a:c = b:d$: *VI, 4, 18, 19, 20, 22H, 24, 25; X, 27, 28, 29, 66—68, 103—105, 113, 114; XI, 23; XII, 2—5, 11, 12, 18.* (VII, 13).

Satz 17: $a:b = a':b' \Rightarrow (a-b):b = (a'-b'):b'$: *X, 14, 122.*

Satz 18: $a:b = a':b' \Rightarrow (a+b):b = (a'+b'):b'$: *VI, 24; X, 68, 105, 113; XII, 6; XIII, 11.*

Satz 19: $a_1:b_1 = a:b,\ a_1 < a,\ b_1 < b \Rightarrow (a-a_1):(b-b_1) = a:b$: *X, 66, 67, 113, 114.* (VII, 11)[1]

    Zusatz: $a:(a-a_1) = b:(b-b_1) \Rightarrow a:a_1 = b:b_1$: —

Satz 20: $a:b = a':b',\ b:c = b':c',\ a \gtreqless c \Rightarrow a' \gtreqless c'$: —

Satz 21: $a:b = b':c',\ b:c = a':b',\ a \gtreqless c \Rightarrow a' \gtreqless c'$: —

Satz 22: $a:b = a':b',\ b:c = b':c' \Rightarrow a:c = a':c'$: *VI, 4, 5, 20, 22—24; X, 5, 14, 50, 53, 87, 90; XI, 27, 37; XII, 1, 6, 12.* (VII, 14).

Satz 23: $a:b = b':c',\ b:c = a':b' \Rightarrow a:c = a':c'$: —

Satz 24: $a:c = a':c',\ b:c = b':c' \Rightarrow (a+b):c = (a'+b'):c'$: *VI, 31; X, 68; XII, 4; XIII, 11.*

Satz 25: $a:b = c:d,\ a > b,\ c,\ d \Rightarrow a,\ b,\ c > d,\ a+d > b+c$: —

Für beide Aufstellungen sind zunächst die von EUKLID ausdrücklich beim Beweis zitierten Definitionen und Sätze zusammengestellt. Es werden ferner die aufgeführt, die — wie im X. Buche sehr häufig geschehen (vgl. etwa *X, 99*) — offensichtlich benutzt, aber nicht genannt werden. Doch handelt es sich in diesen Fällen eindeutig nur um das Fehlen der Nummern der benutzten Sätze (bei *X, 99* sind dies z.B. *X, 11, V, 11* und *VI, 17*), d.h. um einfache Versehen. Davon sorgfältig zu unterscheiden sind die schon erwähnten stillschweigenden Voraussetzungen, die „tacit assumptions" (t.a.) nach HEATH, die eben nicht als bewiesene Sätze zur Verfügung stehen.

Noch ein Ergebnis verdient im Zusammenhang mit Aufstellung II Erwähnung: An keiner Stelle der späteren Bücher findet sich eine Verwendung der Verhältnisse oder Proportionen in einer Weise, die sich von der in Buch V (bzw. Buch VII) dargelegten *grundsätzlich* unterschiede. Eine kritische Einbeziehung der folgenden Bücher kann also für die Proportionenlehre des V. Buches keine Erkenntnisse liefern, die über die hier gewonnenen entscheidend hinausgehen. Spätere Stellen, die solche Ansatzpunkte auch nur andeutungsweise zu bieten scheinen, werden wir natürlich in unsere Untersuchungen einbeziehen.

Während die beiden Aufstellungen in erster Linie dazu bestimmt sind, bei der folgenden Diskussion der Definitionen und Sätze des V. Buches deren Rolle im Gefüge der Proportionenlehre und ihre Bedeutung für die folgenden Bücher mit einem Blick zu erfassen, liefern sie außerdem einige überzeugende Beiträge zur Diskussion um die Selbständigkeit bzw. innere Abhängigkeit der einzelnen Bücher der Elemente: Die Übersicht I zeigt, daß für den Aufbau des V. Buches nicht eine einzige Definition, nicht ein einziges Postulat, nicht ein einziger Satz der ersten vier Bücher

---

[1] Siehe Fußnote S. 15.

vorausgesetzt wird. Auch die an einigen wenigen Stellen herangezogenen Axiome stellen m. E. keine überzeugende Beziehung zu Buch I her: *Satz 5* (s.d.) benutzt „Axiom 6 verallgemeinert"[1], wenn dort gefolgert wird: $na=nb \Rightarrow a=b$. Hier besteht mit dem (ohnehin wahrscheinlich unechten) *Axiom 6* ($a=b \Rightarrow a/2=b/2$ oder „griechischer" $2a=2b \Rightarrow a=b$) wohl kaum ein beweisbarer Zusammenhang. Ebenso liegt die Sache bei dem in *Satz 6* verwendeten „verallgemeinerten" *Axiom 5*, das wohl ebenfalls unecht ist[2]. Da die Verwendung von *Axiom 4* in *Satz 25* (s.d.) schon im Text als unecht charakterisiert wird[2], bleibt als einziges „echtes" Axiom das in *Satz 12* benutzte *Axiom 2*: „Wenn Gleichem Gleiches hinzugefügt wird, sind die Ganzen gleich." Das aber ist ein so allgemein benutzter logischer Zusammenhang[3], daß er als allein verbleibender Beweis für eine Abhängigkeit des V. Buches vom I. sicher nicht ausreicht.

Noch beredter ist die Einführung der in V verwendeten Begriffe durch eigene Definitionen am Anfang des Buches selbst. Diejenigen dieser Definitionen, die in V. nicht verwendet werden, sind für spätere Bücher gedacht, wie Aufstellung II zeigt. Die Sonderstellung von *Definition 3* wird später an Ort und Stelle erörtert. Neben den literarisch-historischen Gründen sprechen also auch die logischen für eine Selbständigkeit des V. Buches. Die These, daß von einem Aufbau auf Grund der in Buch I genannten Definitionen, Postulate und Axiome nur bei den ersten Büchern gesprochen werden kann, findet also hier eine gute Stütze.

Obwohl es bei unseren Betrachtungen im wesentlichen um das V. Buch geht, dürfte es nützlich sein, einen Blick auf die Übersicht II (pag. 15—17) zu werfen: Zusammen mit dem eben Gesagten und mit Aufstellung I erhalten wir die Bestätigung für die Eigenständigkeit der Bücher I—IV, wobei die besondere Rolle von II hier nicht untersucht werden soll, des Buches V und der Bücher VII—IX. Die letzteren verwenden nur den einen oder anderen Namen aus Buch V, und zwar dann, wenn er ohne weiteres für die Lehre von den Zahlenverhältnissen übernommen werden kann (vgl. *Def. 9, 10, 12, 15, 17*). — Anders liegen die Verhältnisse bei den Büchern VI, X und XI—XIII. Wem sie auch immer zugeschrieben werden[4], so verrät doch ihr innerer Aufbau sehr stark das Bestreben, sie mit den früheren Büchern, vor allem mit I—IV einerseits und V andererseits, in Beziehung zu setzen. Hier dürfte das Hauptverdienst des Euklid zu suchen sein.

Ein gutes Beispiel für diese innere Verbindung ist Buch VI, das im wesentlichen die geometrischen Anwendungen der Proportionenlehre enthält[5], die von Euklid im Anschluß an Buch V als eigenes Buch in die Elemente eingebaut werden[6]. Buch V darum aber nur als Vorbereitung zur Ähnlichkeitslehre des VI. Buches zu betrachten[7],

---

[1] Nur bei Thaer angegeben, bei Heath fehlt dieser Hinweis im Beweis von *Satz 5*.

[2] Thaer bringt ein überzeugendes Motiv für die nachträgliche, aber nicht ausreichende Einfügung in seiner Anmerkung zu den *Axiomen 4—6*; Heath führt es gar nicht erst an.

[3] Von Heath nicht zitiert.

[4] X soll von Theaitet (s. v. d. Waerden, Erw. Wiss. S. 275/291), XII von Eudoxos (a.a.O. S. 304f.) und XIII wieder von Theaitet stammen (a.a.O. S. 287).

[5] Vgl. Zeuthen, Die Math. S. 48, der über diese Feststellungen hinausgehend sogar behauptet, daß die ganze Theorie der Proportionen in der Luft schwebe, solange sie nicht in Verbindung gesetzt werde mit der ein für allemal eingeführten geometrischen Darstellung der allgemeinen Größen, was im VI. Buch geschehe. v. d. Waerden rechnet Buch VI selbst noch zur Proportionenlehre (a.a.O. S. 304), schreibt es aber nicht wie Buch V dem Eudoxos zu, sondern läßt dessen Anteil an seinem Entstehen offen (a.a.O. S. 312), wie es auch Hauser (Geom. S. 146) tut, während Frank (Plato S. 159) und Künssberg (Eud. II S. 26) den wesentlichen Stoff auch des VI. Buches in der Hauptsache auf Eudoxos zurückführen.

[6] Für ein solches „Einarbeiten" dieses Buches spricht die Bemerkung von Becker (Becker/Hofmann S. 312), daß erhebliche Teile der Ähnlichkeitslehre von Buch VI schon früher (um 440 v.Chr.) bekannt waren.

[7] So bei Hankel, Zur Gesch.. S. 389.

dürfte bei der aus Aufstellung II ersichtlichen starken Heranziehung in den späteren Büchern, vor allem in Buch X, als zu enge Sicht aufzufassen sein. Unbestritten ist jedoch die enge Verknüpfung des VI. Buches mit der Proportionenlehre, die uns veranlaßt, seine Aussagen in starkem Maße in unsere Erörterungen einzubeziehen.

Auch Buch X und Buch XI enthalten ihre eigenen Definitionen (letzteres die für alle drei „stereometrischen" Bücher XI—XIII gültigen), sind aber, wie die Aufstellung II zeigt, eng mit der Proportionenlehre verknüpft, da sie von ihren Ergebnissen immer wieder Gebrauch machen[1]. Besonders Buch X greift in erheblichem Umfang auf die Sätze des V. Buches zurück, vor allem auf *Satz 11* (Transitivität der Verhältnisgleichheit) und *Satz 16* (Vertauschungssatz). Die dort meistgebrauchte Definition des V. Buches ist *Def. 16* („Verhältnisumwendung"). Bei den Büchern XI—XIII kommt zu der Verwendung von Sätzen aus Buch V noch ein starker Rückgriff auf die ersten, die „planimetrischen" Bücher, der hier allerdings, ebenso wie das Fehlen eigener „stereometrischer" Axiome, weniger interessiert.

Alles in allem sprechen diese Ergebnisse in starkem Maße dafür, daß von einem Aufbau der Elemente allein auf Grund der in Buch I eingeführten Definitionen, Postulate und Axiome *nicht* gesprochen werden kann. Diese Voraussetzungen reichen nur für die ersten Bücher, während die späteren nicht nur ihre eigenen Definitionen enthalten, sondern auch noch — wie wir für V und teilweise auch für VI noch zeigen werden — innerhalb dieser Definitionen oder als „stillschweigende Voraussetzungen" ihre „Axiome" sozusagen selbst mitbringen.

Von einem eigenen Stil her auf die Selbständigkeit des V. und auch anderer Bücher zu schließen, ist umstritten. Während der eine Kommentator meint, daß sich durch Zusammenfassung der Bücher V und XII „ein in seinem Denkstil und Interesse einigermaßen einheitliches Teilgebiet" ergibt[2], „das sich deutlich aus dem Gesamtwerk abhebt und tatsächlich als Schöpfung einer einzigen Mathematikerpersönlichkeit glaubhaft ist", ist für den anderen „die Form des V., des X., des XIII. Buches von der der anderen Bücher nicht im mindesten verschieden"[3]. Dieser Zwiespalt klärt sich m.E. dadurch, daß die aus außereuklidischen Quellen stammenden Teilgebiete von EUKLID so in die Elemente „eingearbeitet" wurden, daß die letztere Meinung hingenommen werden kann, ohne daß damit die erstere völlig widerlegt wäre.

Vor Eintritt in die kritische Betrachtung der Definitionen und Sätze des V. Buches im einzelnen ist noch eine letzte Frage zu untersuchen: Wieweit können wir zur Klärung von auftretenden Fragen die elementare Zahlentheorie der Bücher VII—IX heranziehen, in der die Proportion ebenfalls eine wichtige Rolle spielt und mit einer eigenen, speziell auf Zahlen zugeschnittenen Definition (*VII, Def. 20*, Wortlaut s. pag. 8/9) eingeführt wird. Welche Beziehungen bestehen hier zu Buch V?

Es läge nahe, in der aus den zahlentheoretischen Büchern (insbesondere aus Buch VII) herauspräparierbaren Proportionenlehre eine auf die natürlichen Zahlen beschränkte Wiederholung oder Ergänzung der „geometrischen" Proportionenlehre des V. Buches zu sehen[4]. Dann aber wäre es doch nur sinnvoll gewesen, sie (ähnlich

---

[1] Zu der Verwendung von Aussagen und Grundlagen des V. Buches außerhalb seines Bereichs vgl. man auch noch BECKER, EUD. Stud. I S. 326f.

[2] REIDEMEISTER, Ex. Denken S. 21 und Ar.d.Gr. S. 10.

[3] CANTOR, Vorl. über Gesch. S. 275.

[4] Für TROPFKE, Gesch. d. El. Math. S. 7, ist Buch VII, genau genommen die Sätze *VII, 5—21*, eine auf „reine Zahlen" beschränkte Wiederholung bzw. Ergänzung der „geometrischen" Proportionenlehre des V. Buches, während HEATH (13B. II S. 113) in Buch VII eine zweite Behandlung der Proportionenlehre sieht „with reference to the particular case of numbers", aber auch bemerkt, daß EUKLID vor und

wie Buch VI) als Anwendung der Definitionen und Sätze des V. Buches zu formulieren. Daß Euklid diesen Weg nicht beschreitet, hat m. E. Gründe, die wir nur teilweise bei den Kommentatoren, in der Hauptsache aber in den Elementen selbst finden, und zwar durch ein genaues Studium der Sätze der genannten Bücher VII—IX.

Diese handeln nämlich in ihrer Mehrzahl von Eigenschaften der Zahlen, die diesen Bereich grundlegend von dem der Größen unterscheiden: Für die Zahlen ist zunächst einmal eine Einheit definiert (*VII, Def. 1*), die durch *VII, Def. 2* („*Zahl ist die aus Einheiten zusammengesetzte Menge*") zur Grundlage des gesamten Aufbaus gemacht wird. Daraus ergeben sich bereits Eigenschaften, die im Bereich der Größen nicht allgemein vorausgesetzt werden können: Da ist die durchgängige Kommensurabilität, die es sinnvoll macht, von gemeinsamen Teilern (*Def. 14* „*Gegenseitig zusammengesetzt*"), von Primteilern (*Def. 11* „*Primzahl*") und Teilerfremdheit (*Def. 12* „*Gegeneinander prim*") zu sprechen; auch die Unterscheidung von „Gerade" (*Def. 6*) und „Ungerade" (*Def. 7*) bekommt hier ihren Sinn. Da ist ferner die Existenz „kleinster" („größter") Zahlen mit bestimmten Eigenschaften (vgl. als Beispiele *VII, 20—22*) und schließlich die Bildung des Produkts, die hier mit der Bildung des „natürlichen Vielfachen" (vgl. unsere Definition D.2) identisch ist. Das führt dann zu sinnvollen Bildungen wie „ebene Zahl" (*Def. 16*), „körperliche Zahl" (*Def. 17*), „Quadrat-" (*Def. 18*) und „Kubikzahl" (*Def. 19*). Von all diesen Gegenständen handeln dementsprechend die Sätze der Bücher VII—IX.

Trotzdem scheiden diese Eigenschaften die Zahlen noch nicht aus dem Bereich der Größen aus, sie würden sie nur zu sehr speziellen Größen machen, für die immer noch die Axiome A.1—A.13 unseres Systems (s. pag. 48) zutreffen; denn Gleichheit, Ordnung und Addierbarkeit sowie ihre Verbindung miteinander gelten für die Zahlen wie für die Größen[1]. Selbst der archimedische Charakter ist durch die Geltung von A.14 (s. a. a. O.) gewahrt.

Der entscheidende Unterschied zu unserem Größenbereich ist, daß die Existenz der 4. Proportionale und des n-ten Teils nicht generell gesichert ist. Daß dem Verfasser der Elemente gerade der erste Punkt besonders bewußt ist, zeigen sehr

---

außer dem Satz *X, 5* (Näheres zu X, 5 s. pag. 33; Wortlaut s. pag. 9) nichts sagt, um die beiden Theorien der Proportion zu verbinden. Doch auch *X, 5* stellt noch keine echte Verbindung her, wie Hankel (Zur Gesch. S. 392) bemerkt, da zwar die Verhältnisgleichheit für Größen (*V, Def. 5*) wie auch für Zahlen (*VII, Def. 20*) definiert ist, aber von einer sowohl die einen wie die anderen umfassenden Definition nirgends die Rede ist. Gewiß wäre diese Lücke unschwer zu schließen, wenn man nachwiese, daß die Verhältnisgleichheit von Zahlen durch *V, Def. 5* miterfaßt wird. Doch dies geschieht an keiner Stelle der Elemente.

Während alle drei Kommentatoren als Erklärung hierfür historische Gründe angeben (s. pag. 8/9), führt Hankel auch noch die „eigentümliche Abneigung der klassischen Geometer gegen die Anwendung umfassender Prinzipien" und gegen die Verallgemeinerung der von ihnen benutzten Begriffe an, „die sich beide oft auf Kosten der Kürze und der Verständlichkeit äußern" (a. a. O.). Diese Ansicht teilt auch Künssberg (Eud. II S. 29). Dijksterhuis räumt zwar ein, daß bei Aristoteles mit deutlicher Anspielung auf die Theorie von Eudoxos Zahlen mit Linien, Körpern und Zeiten in einem Atem genannt werden, stellt dem aber (S. 57) ausdrücklich gegenüber, „daß für Zahlen in Buch VII der Verhältnisbegriff selbständig eingeführt und die Theorie der Proportionen selbständig entwickelt wird".

[1] Vgl. dazu noch Thaer, El. 3. Teil S. 75: „Obwohl die Zahlen nicht in jeder Hinsicht Größen sind, ließe sich die Lehre von den Zahlenproportionen auf das V. Buch gründen. Euklid hat es nicht getan — nach Zeuthen, weil er die Proportionsform schon bei der Untersuchung der Kürzbarkeit von Brüchen verwenden wollte. Da später aber Proportionen, deren Glieder teilweise Größen, teilweise Zahlen sind, auftreten, mußte der Zusammenhang hergestellt werden. Dies ist nicht ausdrücklich geschehen, doch möchte ich Zeuthens Meinung beipflichten, daß Euklid sich bewußt war, den Zusammenhang durch *VII, 19* hergestellt zu haben". (*VII, 19* besagt: $a:b=c:d \Leftrightarrow ad=bc$.)

schön die Sätze *IX, 16—19*, in denen festgestellt, wann keine, bzw. untersucht wird, wann eine solche 4. Proportionale vorhanden ist.

Kann man aber diese 4. Proportionale zu je drei Elementen des betrachteten Bereichs nicht allgemein voraussetzen und existiert der n-te Teil jeden Elements nicht durchgängig, so fehlen nicht nur für die Struktur des Größenbereichs wesentliche Momente, sondern auch ganz konkrete Voraussetzungen für bestimmte Beweise EUKLIDs (vgl. die später behandelten Beweise der *Sätze V, 18* und *5*).

Die so bereits vom Verfasser der Elemente deutlich hervorgehobene Trennung der Zahlen von den Größen ist wissenschaftlich voll gerechtfertigt, nehmen doch auch vom modernen Standpunkt aus betrachtet die diskreten Gruppen (jedes Element ist offene Menge) mit ihrer trivialen Topologie und dem Fehlen beliebig kleiner Elemente (trotz des archimedischen Charakters) eine Sonderstellung ein. Sie sind ja keine Divisionsgruppen in dem Sinne, daß in ihnen zu jedem ihrer Elemente, es sei etwa a, für jede natürliche Zahl n ein Element b existiert, derart daß $a=nb$ ist. Damit aber sind sie auch keine Eudoxischen Gruppen im später noch zu präzisierenden Sinne; denn von der für diese fundamentalen Existenz der 4. Proportionale kann nicht die Rede sein.

Für uns folgt aus diesen Bemerkungen zu den „zahlentheoretischen" Büchern, daß wir für die Untersuchung der allgemeinen Proportionenlehre den Inhalt von VII—IX nur dort als Beleg benutzen können, wo es um die Gesetzmäßigkeiten der natürlichen Zahlen geht, die ja, wie später erläutert, für unseren Größenbereich die Rolle von Operatoren spielen. Die Proportionen dieser Bücher hingegen werden wir nur hier und da zum Vergleich heranziehen (s. Fußnote zu Aufst. II pag. 15).

2. Zu den Definitionen von Buch V

Nach diesen Vorbetrachtungen kommen wir nun zur Untersuchung der Aussagen des V. Buches selbst, und zwar zunächst der Definitionen. Dabei muß man sich wirklich fragen, ob es sich lohnt, noch einmal auf die Begriffsbestimmungen EUKLIDs einzugehen, über die schon soviel geschrieben worden ist. Nun, es lohnt sich schon deshalb, weil jede Zeit ihre neuen Gesichtspunkte hat, die es lohnend, aber auch erforderlich machen, die überkommenen Vorstellungen kritisch unter die Lupe zu nehmen. Und gerade das traditionelle EUKLID-Bild mit seiner Bedeutung für unsere Vorstellungen von der griechischen Mathematik bedarf u. E. dringend einer behutsamen, aber gründlichen Überprüfung.

Dabei sind wir von Totalitätsansprüchen weit entfernt; doch schon für Teilbereiche erweisen sich solche Sondierungen als äußerst fruchtbar. Man braucht z. B. nur einmal an die modernen Untersuchungen zum Zahlbegriff zu denken, um sofort die Aktualität der Auseinandersetzung mit EUKLIDs Vorstellungen von Zahl und Größe zu spüren. Dabei muß einmal ganz deutlich gesagt werden, daß man nicht berechtigt ist zu behaupten, die Griechen hätten etwa das System der reellen Zahlen, den Begriff des Dedekindschen Schnittes, oder auch nur den Körper der rationalen „besessen". Man muß überhaupt äußerst vorsichtig sein, wenn man bei einem antiken Autor über den Wortlaut des Textes hinaus weiterführende Gedanken und Begriffsbildungen der modernen Mathematik sucht, deren Besitz man dann dem Autor selbst zuschreibt. Das kommt regelmäßig auf eine Interpretation des Textes hinaus, über deren Berechtigung man streiten kann und streiten wird.

Gerade das aber wollen wir nicht! Es geht hier weder um eine neue Interpretation des V. Buches noch gar um philologische Betrachtungen, sondern vielmehr um Aussagen, die sich beweisen lassen. In unserem Falle ist das vor allem folgendes: Die weittragende Bedeutung des V. Buches Euklids, die geschickte Formulierung seiner Definitionen, die Eleganz seines Aufbaus können erst dann richtig gewürdigt werden, wenn man bestimmte fundamentale Theorien der modernen Mathematik daneben vergleichend betrachtet. Das gilt selbstverständlich für die Theorie der reellen und der rationalen Zahlen. Man darf aber dabei nicht stehenbleiben. Wir wollen zeigen, daß man ebensosehr die moderne Theorie der total geordneten archimedischen Gruppen (bzw. Halbgruppen) und ihrer Endomorphismenringe zur Würdigung des V. Buches heranziehen muß, ja, daß man sogar von diesem Standpunkt aus den Aufbau des V. Buches wesentlich klarer übersieht, als wenn man nur die moderne Theorie der reellen Zahlen zum Vergleich benutzt. Dieser letzte Punkt, für den hier zunächst die (vor allem „strukturelle") Vorarbeit zu leisten ist, bildet im III. Teil Abschluß und Höhepunkt unserer Ausführungen zum V. Buch der Elemente.

Beginnen wir zunächst mit den 18 Definitionen dieses Buches. Wir führen unsere Untersuchungen weitgehend in der Euklidischen Reihenfolge. Übernommene Textstellen, d. h. Euklidische Axiome, Definitionen und Sätze, werden dabei zum Unterschied von den Aussagen des Systems, das wir aufbauen werden, durch kursive Schrift charakterisiert, ebenso der Hinweis auf Definitionen und Sätze Euklids durch die entsprechenden Nummern. So bedeutet z.B. *V, Def. 11* die Euklidische Definition 11 des V. Buches zum Unterschied von D.11, der Definition 11 unseres Systems; das gleiche gilt bei den Sätzen (deshalb werden, von unzweifelhaften Fällen, etwa bei zitierter Literatur, abgesehen, die Seiten mit pag., die Sätze mit S. gekennzeichnet).

Die dem V. Buche vorangestellten Definitionen beginnen mit

Def. 1. *„Teil" einer Größe ist eine Größe, die kleinere von der größeren, wenn sie die größere genau mißt;*

Def. 2. *Und „Vielfaches" die größere von der kleineren, wenn sie von der kleineren genau gemessen wird.*

t.a.1   Diese Definitionen setzen den Begriff der „Größe" (gr. $\mu\acute{\varepsilon}\gamma\varepsilon\vartheta o\varsigma$) sowie den
t.a.2   des „Messens" (gr. $\varkappa\alpha\tau\alpha\mu\varepsilon\tau\varrho\tilde{\varepsilon}\iota\nu$) stillschweigend voraus, ferner das Begriffspaar „kleiner/größer", das weiter unten näher betrachtet wird.

Obwohl der Begriff der Größe in der Euklid-Literatur (insbesondere der zum V. Buche) naturgemäß eine große Rolle spielt, finden wir doch kaum einen Hinweis, der sich mit der Frage beschäftigt: Was ist eine Größe? Wir hören zwar[1], daß Eudoxos seiner Theorie der Proportion einen ganz neuen Größenbegriff zugrunde legt, aber worin dieser besteht, das wird — von indirekten Hinweisen, z.B. auf *V, Def. 4*, abgesehen — nirgendwo ausdrücklich gesagt[2].

---

[1] Frank, Plato S. 22.

[2] Dijksterhuis spricht im Zusammenhang mit Buch V von „Größen im allgemeinen" und stellt fest: „Was die Kennzeichen einer Größe sind, wird nicht näher gezeigt" (II S. 56). Auch Hankel (Zur Gesch. S. 393) vermißt eine Erklärung des Begriffs der Größe und weist (S. 389) nach näherer Erläuterung des griechischen Zahlbegriffs nur darauf hin, daß „bei den Alten der Begriff der Größe von dem der Zahl durch eine weite Kluft geschieden" ist (was ja abstrakt auf unsere Unterscheidung

Den Elementen fehlt die explizite Definition der Größe in der Tat. Um zu erfahren, was EUKLID unter diesem Begriff versteht, muß man im Grunde genommen alle Aussagen über Größen, wie sie vor allem in den Definitionen und Sätzen des V. Buches, aber auch in den Axiomen von Buch I, ohne daß explizit von Größen gesprochen wird, wie in den „Anwendungen" der Bücher VI, X und XI—XIII enthalten sind, zusammenfassen, um dann festzustellen, daß jeder mathematische Gegenstand, der allen diesen Aussagen genügt, im Euklidischen Sinne als „Größe" zu bezeichnen ist. Welche „konkreten" Gebilde EUKLID selbst zu den Größen rechnet, darauf wird bei den Modellen zu dem eben umrissenen Aussagensystem noch einzugehen sein (s. pag. 32).

Das Fehlen einer expliziten Definition ist letztlich keine Überraschung[1], spielt doch der Begriff der Größe für die allgemeine Größenlehre eine ähnlich fundamentale Rolle[2] wie der des Punktes für die Geometrie. Selbst wenn EUKLID hier eine Definition versucht hätte, wäre er in ähnliche Schwierigkeiten gekommen wie bei seinen Definitionen des Punktes (*I, Def. 1*), der Strecke (*I, Def. 4*) und der Ebene (*I, Def. 7*). Man vergleiche hierzu die umfangreiche Literatur zu den Grundlagen der Geometrie.

Wir vermeiden die erörterten Schwierigkeiten für den Größenbegriff am besten durch eine „implizite Definition", d.h. gerade so, wie es HILBERT in seinen schon klassischen „Grundlagen der Geometrie" für die oben genannten geometrischen Grundbegriffe tut. Wir setzen fest:

| D.1 | Unter einer „Größe" verstehen wir ein Element der Menge M, d.h. jedes Ding $a, b, c, \ldots$, das den Axiomen A.1 bis A.14 genügt[3]. |

Die Begriffe „Teil", „Vielfaches" und „Messen" erfassen wir am besten über die in Teil III unseres Axiomensystems[3] eingeführte Addition. Wir vermeiden dadurch bei der Einführung des Teils die Division[4] und erhalten das „Messen"

---

von Divisionsgruppen und diskreten Gruppen hinauskommt), ja, daß die Griechen zunächst (5. Jahrh.) „selbst die verschiedenen Arten von Größen nicht unter einen Begriff zu fassen wußten". Beide letztgenannten Verfasser halten sich dann an ARISTOTELES mit seiner Unterteilung der Quantitäten in die stetigen, d.h. die bis ins Unendliche teilbaren, also unsere Größen, und die diskreten, d.h. die nur endlich oft teilbaren, also unsere Zahlen. Diese „Definition" der Größe als „das bis ins Unendliche Teilbare" stimmt auch mit den Äußerungen in den wichtigsten Scholien überein (s. DIJKSTERHUIS II S. 56).

[1] HASSE und SCHOLZ (Grundlagenkrisis S. 17) gehen sogar so weit, daß sie unter starker Heranziehung der Intuition feststellen: „Es liegt durchaus im Bereich des Möglichen, daß ... der Verzicht auf eine explizite Definition nicht aus irgendeinem Unvermögen oder aus irgendeiner Naivität zu erklären ist, sondern auf einer bewußten Absicht beruht. Dies um so mehr, als die Größen selbst in dem prägnanten Sinne unbestimmt bleiben, daß sie nicht etwa auf Strecken beschränkt sind, sondern alles umfassen, auf was die Definition *4* sinnvoll anwendbar ist."

[2] HANKEL (Zur Gesch. S. 394): „...Größe als oberster Begriff (Kategorie) einer eigentlichen Erklärung nicht fähig."

[3] Unser Axiomensystem findet sich im Zusammenhang in dem Abschnitt II.3 (pag. 48) dargestellt. Dort (pag. 52) findet sich auch zur schnellen Orientierung eine Zusammenstellung der hier und im weiteren eingeführten Definitionen.

[4] Auf diese Möglichkeit, die Division zu vermeiden, weist schon PFLEIDERER (Scholien S. 64) hin, wenn er (in etwas anderem Zusammenhang) von dem Vorteil spricht, „zu der Behandlung der Verhältnisse nicht die Division einer Größe durch die andere, welche eigentlich nur bei Zahlen statt hat, wenigstens Theilung der Größen

bei der Definition von Teil und Vielfachem, ohne es besonders definieren zu müssen[1]. Für uns bedeutet nämlich die stillschweigende Voraussetzung der Möglichkeit des Messens ($t.\,a.2$) dasselbe wie die Existenz des n-Fachen jeder beliebigen Größe a[2]. Wir definieren:

> **D.2**   Ein „Vielfaches der Größe a", genauer gesagt: das „n-Fache von a" ist erklärt durch
> $$n\,a = a_1 + a_2 + \cdots + a_n,$$
> wo $a_i = a$ für $i = 1, 2, \ldots, n$.

> **D.3** a nennt man in diesem Falle einen „Teil", genauer gesagt: den „n-ten Teil der Größe $n\,a$".

a ist hier nach Voraussetzung Element unseres Größenbereichs M (s. D.1), $n\,a$ nach AD.4[3]. Weiter benötigt man für diese Definition die Axiome A.1—A.3, A.4, A.5, A.9[3]. Bei *dieser* Definition des „Ver-n-fachens" vermeidet man, a n-mal zu sich selbst zu addieren, da man anschaulich immer nur zwei völlig getrennte Größen zusammensetzen kann. Aus eben diesem Grunde wird dann aber Axiom A.4 notwendig, da sonst die Größe a eben nur einmal zur Verfügung steht.

In der Definition D.2 tritt die in Teil I unseres Axiomensystems[3] definierte „Gleichheit" zum ersten Male auf. Das legt die Frage nahe, wo Euklid für seine Größen eine Gleichheit oder Äquivalenz definiert oder axiomatisch fordert. Nun, eine solche explizite Definition suchen wir in den Elementen vergeblich[4]. Nur in den Axiomen von Buch I finden wir direkte Aussagen über Gleichheit, wozu wir

---

in gleiche Theile, sondern bloß Multiplication der Größen, oder *wiederholte Addition* derselben zu sich selbst, vorauszusetzen und zu fordern. Letztere allein, und umgekehrt, wiederholtes Abziehen einer gegebenen kleineren Größe von einer gegebenen größeren, nimmt Euklid stillschweigend als Postulate an".

[1] Hankel (a.a.O. S. 394) hält diesen Begriff mit dem Größenbegriff für gegeben, was auch dem heutigen Sprachgebrauch entspricht, während Thaer (El. 2. Teil S. 68) darauf hinweist, daß dieser Begriff von Euklid allgemein vorausgesetzt wird, während er nur bei speziellen Größen, wie Strecken und Winkeln, auf Kongruenz zurückführbar ist.

[2] Auf diese t.a. weist schon Pfleiderer (a.a.O. S. 93) hin: „Euclid fordert stillschweigend, daß man von jeder vorgelegten Größe ein angegebenes Vielfaches im Allgemeinen, nicht unter einer gewissen bestimmten Form, z.B. wenn ein Quadrat gegeben ist, einen Raum, der ein angegebenes Vielfaches desselben sey, unbestimmt, nicht namentlich wieder ein Quadrat, darstellen oder sich denken könne, was nichts weiter erfordert, als daß die gegebene Größe mehrmalen zu sich selbst hinzugethan werde."

[3] Unser Axiomensystem findet sich auf den S. 48/49.

[4] Pfleiderer schreibt dazu (Scholien S. 81): „Was einerlei und gleiche Größen, verschiedene und ungleiche, größere und kleinere heißen, hat Euclid nicht definiert, sondern die Bedeutung dieser Benennungen von Größen, als aus dem gemeinen Sprachgebrauche bekannt, angenommen. Dagegen hat er, um den Abgang dieser vielleicht nicht genau möglichen Bestimmung zu ergänzen, und den Mißbrauch unbeschränkter, schwankender Berufung auf den Sprachgebrauch zu verhüten, ausdrücklich in den *1.—7.* und *9.* (dem *8.* bei Thaer) *Axiomen* des I. Buches die auf Gleichheit und Ungleichheit der Größen überhaupt sich beziehenden Sätze angegeben, deren er sich, als in den gemeinen Begriffen derselben enthalten, in der Folge zur Begründung seiner Schlüsse bedienen werde. Außer diesen nimmt er in seinen Beweisen Gleich und Ungleich, und in dem letzteren Falle Größer- und Kleinerseyn, als so entgegengesetzte Eigenschaften homogener Größen an, daß die Folgerungen allgemein gelten: A ist entweder gleich B, oder größer als B, oder kleiner als B; A und B sind gleich, wenn

die Kommentatoren ja bereits haben sprechen lassen (Fußn. der vorigen Seite).
Doch da in diesen Axiomen von „Gleichem" und seinen Eigenschaften die Rede
ist und keineswegs gesagt wird, wann zwei Größen gleich sind, wird auch hier
die Gleichheit schon vorausgesetzt. Daran ändert *Axiom 7 (Was einander deckt,
ist einander gleich.)* auch nichts mehr. Dieses Axiom ist offensichtlich nicht defi-
nierend gemeint, auch wenn man es bei Beschränkung auf Buch V „anwenden"
könnte, da Größen hier stets als Strecken „dargestellt" sind. Doch diese Rückführung der Gleichheit von Größen auf die in Buch I eingeführte Kongruenz
von Strecken wird in den Anwendungen der folgenden Bücher sofort hinfällig,
wenn etwa von der Gleichheit verschieden geformter Flächen (z.B. in *VI, 14—17*
u.a.) oder gar verschieden geformter Körper (z.B. in *XI, 29—31, XII, 7* u.a.)
t.a.3 die Rede ist. Wir müssen daher auch die „Gleichheit der Größen" zu den von
EUKLID stillschweigend gemachten Voraussetzungen rechnen. In einem eventuellen
System von solchen stillschweigenden Voraussetzungen hätte sie natürlich vor
dem Messen (*t.a.2*) zu rangieren.

Es sei besonders hervorgehoben, daß mit den „Vielfachen" der Definition D.2
keine allgemeine Multiplikation unserer Größen erklärt ist, sondern eine äußere
Verknüpfung im Sinne des Vervielfachens von Größen mit beliebigen natürlichen
Zahlen (letztere in ihrem ursprünglichen Sinne als „Anzahl", nämlich der Summanden, gebraucht). Die natürlichen Zahlen (als für unseren Größenbereich
„äußere" Elemente) spielen hier die Rolle von Operatoren (s. Teil II, 4a), was
durch die folgenden Sätze nur unterstrichen wird:

Für die eingeführten Vielfachen gelten nämlich folgende Beziehungen, wobei
alle vorkommenden Größen a, b, ... — zu unterscheiden von den Zahlen n, m, ... —
nach Voraussetzung Elemente von M seien[1]:

$$\boxed{\text{S.1} \qquad n\,a + m\,a = (n + m)\,a.}$$

keine von beiden größer ist als die andere; A ist größer als B, wenn A weder gleich B,
noch kleiner als B ist."

HANKEL (Zur Geschichte S. 397) schreibt zur Gleichheit: „Nach einigen vorberei-
tenden Sätzen wird nun im *7. Satz* bewiesen, daß, wenn $a=b$, auch $a:c=b:c$ und
$c:a=c:b$ sei. Den Beweis dafür hätte sich EUKLID offenbar sparen können, wenn er
eine allgemeine Definition des Begriffes der Gleichheit aufgestellt hätte. Da er aber
nur den in den Axiomen niedergelegten Begriff der Gleichheit hat, so muß er jetzt
auf diesen seinen Beweis aufbauen und zwar folgendermaßen: Nach den Axiomen ist,
da $a=b$, auch $ma=mb$, und daher zugleich $ma \gtreqless nc$ und $mb \gtreqless nc$, daher usw."

TIMERDING (Die Verbreitung math. Wissens S. 72) sieht den Gleichheitsbegriff
bei EUDOXOS von dessen „Exhaustionsmethode" (vgl. pag. 85) her und führt an:
„Dieser (gemeint ist EUDOXOS, der Verf.) zeigte, daß der Begriff der Gleichheit, wenn
man ihn auf unendliche Prozesse ausdehnen will, einer bestimmten Erweiterung bedarf. Diese besteht nach EUDOXOS darin, daß zwei Größen [Zahlen (?), Flächen oder
Rauminhalte] gleich heißen, wenn sie sich um weniger unterscheiden als jede noch
so kleine angebbare Größe".

Auf diesen Satz bezieht sich die bewundernde Bemerkung TIMERDINGs, die wir
in der Einführung (pag. 6) zitiert haben. Im V. Buch wird *dieser* Gleichheitsbegriff
jedoch noch nicht benötigt; erst bei den Volumenbestimmungen der späteren stereometrischen Bücher, z.B. in Buch XII, spielt er eine Rolle. Trotzdem haben wir ihn
hier erwähnt, nicht nur der Vollständigkeit halber, sondern auch deshalb, weil er
bei der Diskussion um die Frage: Buch V, Analysis oder Algebra? eine Rolle spielt.

[1] Die hier und im folgenden verwendeten Abkürzungen beziehen sich auf unser
Axiomensystem: s. pag. 48.

Der Beweis vollzieht sich auf der Basis von D.2 unter Verwendung der Axiome AD.4, A.5 und A.9.

Vor.   Was wir hier und für alle weiteren Betrachtungen voraussetzen, sind die Addition und die Multiplikation der natürlichen Zahlen, während diese selbst ja schon weiter oben in die Betrachtung hineingenommen wurden.

Unter Verwendung des kommutativen Gesetzes (A.10) für die Addition von Größen gilt weiter:

$$\boxed{\text{S.2} \quad n\,a + n\,b = n\,(a+b).}$$

Der Beweis erfordert neben D.2 und A.10 (s.o.) die Axiome A.4, A.5 und A.9.

Mit der Multiplikation der natürlichen Zahlen bekommt man:

$$\boxed{\text{S.3} \quad n\,(m\,a) = (n\,m)\,a.}$$

Beweis: D.2, A.4, S.2, D.2, A.9, D.2 und $mn = nm$.

Der in Euklids Elementen in der *Definition 1* (s. pag. 22) erklärte Teil, genauer „Teil einer Größe" (gr. $\mu\acute{\varepsilon}\varrho o\varsigma$), ist, wie auch die Kommentatoren bemerken[1], offensichtlich etwas anders gemeint als der sich schon in den Axiomen von Buch I findende „Teil" (gr. ebenf. $\mu\acute{\varepsilon}\varrho o\varsigma$), von dem es in Axiom *I, Ax. 8* heißt: „*Das Ganze ist größer als der Teil.*"was nicht ohne Problematik ist[2]. Die axiomatische Bewältigung dieses Begriffs erfolgt durch die weiter hinten definierte „Differenz"; bei Euklid hingegen erscheint unter den Definitionen von Buch I weder das „Ganze" noch der „Teil" (im 2. Sinne). In den Anwendungen dürfte dieser Begriff im gleichen naiven Sinne zu verstehen sein wie der „Rest" in *I, Ax. 3* („*Wenn von Gleichem Gleiches weggenommen wird, sind die Reste* (gr. $\varkappa\alpha\tau\alpha\lambda\varepsilon\iota\pi\acute{o}\mu\varepsilon\nu o\nu$) *gleich*"). Der „kommensurable" (arithmetische oder aliquote[3]) Teil wird also von Euklid einer Definition für würdig befunden, der „inkommensurable" (geometrische oder aliquante[3]) nicht.

Das oben zitierte *Axiom 8* des I. Buches bringt auch zum ersten Male den Begriff „größer" (gr. $\mu\varepsilon\acute{\iota}\zeta\omega\nu$), der ebenfalls ohne Definition auftritt und somit

t.a.4 auch zu den stillschweigenden Voraussetzungen gehört. Da *Axiom 8* die einzige Stelle ist, die Näheres über diesen Begriff aussagt, wird sie viel als Kriterium des Größerseins verwendet[4].

Wir haben den „Größer"-Begriff axiomatisch durch AD.3 und die Axiome A.6—A.8 eingeführt und durch die Axiome A.11 und A.12 mit der Addition verknüpft, werden aber auch noch zeigen (s. pag. 51), daß er sich unschwer auf die Addition zurückführen läßt. An den Ordnungsaussagen selbst, die dann natürlich zu beweisbaren Sätzen werden, ändert sich dadurch nichts. Mit ihnen erhält man die später benötigten Sätze:

$$\boxed{\text{S.4} \quad a > b,\ c > d \Rightarrow a + c > b + d.}$$

Beweis: A.12, A.10, A.8.

---

[1] Heath, 13B. II S. 115; Dijksterhuis, Deel II S. 57.

[2] Hilbert hat darauf hingewiesen, daß die Anwendung dieses „Prinzips" „eine Heranziehung der Anschauung involviert, die axiomatisch nicht selbstverständlich ist. Nämlich es wird ja hierbei vorausgesetzt, daß die Polygoninhalte eine Art von Größen bilden, die sich bei der Zusammensetzung der Polygone addieren, wobei die Inhalte kongruenter Polygone gleich sind" (nach Bernays).

[3] Nach Simon, Euklid S. 109.

[4] Thaer, El., Bem. zu *I, Ax. 8* in 1. Teil S. 80.

$$\boxed{S.5 \qquad a \gtreqless b \Rightarrow n\,a \gtreqless n\,b.}$$

Beweis: A.5, A.12, A.10, A.8, D.2.

Die in S.5 gewählte zusammenfassende Schreibweise werden wir im folgenden häufig verwenden. Bei der Verabredung, daß entsprechend stehende Zeichen zusammengehören sollen, bedeutet sie eine Kombination der drei Aussagen:

$$1.\ a > b \Rightarrow n\,a > n\,b, \qquad 2.\ a = b \Rightarrow n\,a = n\,b, \qquad 3.\ a < b \Rightarrow n\,a < n\,b.$$

Verwechslungen mit der Schreibweise $a \geqq b$, d.h. $a > b$ *oder* $a = b$, sind durch die Art der Anwendung nicht zu befürchten.

$$\boxed{S.6 \qquad a + c \gtreqless b + c \Rightarrow a \gtreqless b.}$$

Hier haben wir die wichtige „Kürzungsregel" der Größenaddition. Ihr Beweis erfordert AD.3, A.5—A.7 und A.12 (s. pag. 54)

$$\boxed{S.7 \qquad n\,a \gtreqless m\,a \Rightarrow n \gtreqless m.}$$

Beweis: D.2, A.1 und A.11.

Nach diesen einfachen Sätzen zur Ordnung kommen wir nun zu den fünf wichtigsten Definitionen des V. Buches. Sie beginnen mit

Def. 3. „*Verhältnis*" *ist das gewisse Verhalten zweier gleichartiger Größen der Abmessung nach.*

Diese Definition ist stark umstritten. Sie ist ihrer Natur nach „physikalisch", d.h. sie besagt (zusammen mit *Def. 4*), daß „Verhältnisse" z.B. nur zwischen Flächen oder Strecken usw., nicht aber zwischen Flächen und Strecken definiert sind. Was ein Verhältnis (gr. $\lambda\acute{o}\gamma o\varsigma$) „ist", erfährt man nicht, denn „das gewisse Verhalten" gehört weder zu den von EUKLID benutzten Grundbegriffen noch wird es irgendwo eingeführt. Eine echte Definition ist *Def. 3* also nicht. Dementsprechend finden sich hier bei den Kommentatoren sehr verschiedene Standpunkte. Sie reichen von der Annahme, daß es sich bei *Def. 3* um eine Interpolation handele[1], über die Vermutung, daß EUKLID das Wesen des Verhältnisses nicht richtig

---

[1] Die einfachste Erklärung für alle mit dieser Definition verbundenen Schwierigkeiten ist in der Tat die Annahme, daß sie von THEON oder einem anderen späteren Bearbeiter eingeschoben wurde. Zu dieser Ansicht neigen SIMSON (Eukl.-Ausgabe von 1756; s. HEATH II S. 117), PFLEIDERER (Scholien S. 11), HANKEL (Zur Gesch. S. 395) und mit ihnen HASSE und SCHOLZ (Grundlagenkrisis S. 16/17). Ihr stärkstes Argument zeigen unsere Aufstellungen I und II (s. pag. 15): Weder im V. noch in einem der späteren Bücher wird diese Definition gebraucht oder gar zitiert!

Dem steht allerdings die nicht zu übersehende Tatsache gegenüber, daß die „Definition" des Verhältnisses in allen Manuskripten der Elemente erscheint, wie HEATH (13 B. II S. 117) ausdrücklich hervorhebt, für den ohnehin kein ausreichender Grund vorzuliegen scheint, sie anders als echt anzusehen. Seiner Meinung nach stammt die beste Erklärung für ihr Auftreten von BARROW, der in seinen Lectiones (s. Lit.-Verz.) davon spricht, "that EUCLID inserted it for completeness' sake, more for ornament than for use, intending to give the learner a general notion of ratio by means of a metaphysical, rather than a mathematical definition". Doch muß auch BARROW (wie HANKEL a.a.O. S. 394 zitiert) am Ende zugeben, daß diese Definition sehr unbestimmt und sachlich ganz überflüssig ist, "since nothing depends on it or is deduced from it

verstand[1], bis zur Feststellung, Euklid habe den Begriff des Verhältnisses gar nicht definieren wollen[2]. In einem aber unterscheiden sich die Kommentatoren nicht: Selbst dann, wenn sie die Definition des Verhältnisses für unecht, unzureichend oder überflüssig halten, gehen sie von der Voraussetzung aus, daß der Begriff des Verhältnisses für das V. Buch und seine Anwendungen grundlegend und unentbehrlich ist.

Demgegenüber wollen wir zeigen: Euklid geht es an keiner Stelle des V. Buches und ebensowenig irgendwo in den folgenden Büchern um das „Wesen des Verhältnisses", um den „Begriff des Verhältnisses" oder um „das Verhältnis als etwas sui generis". Die sog. „Verhältnislehre" des Eudoxos, die wir nicht ohne Grund von Anfang an als Proportionenlehre bezeichnet haben, bedarf des Verhältnisses als selbständiger Größe gar nicht. Sie beruht auf der vierstelligen Grund*relation* für Größen: „ein Verhältnis zueinander haben" — z.B. gleiches (s. *Def. 5*) oder größeres (s. *Def. 7*) —, und ihre Individuen, die betrachtet werden, sind allein die Größen, nicht die Verhältnisse von Größen als „etwas sui generis".

Für diese Auffassung sprechen gewichtige Gründe: Nur an zwei Stellen, nämlich in der hier zur Debatte stehenden *Definition 3* (pag. 27) und dem noch zu behandelnden *Satz 11* (s. pag. 72), wird etwas über Verhältnisse ausgesagt, an *allen* anderen Stellen, die ja im folgenden einzeln behandelt werden, geht es um Größen, die in mannigfacher Weise „ein Verhältnis zueinander haben" (*Def. 4*), „im selben Verhältnis stehen" (*Def. 5*), „in Proportion stehen" (*Def. 6*) oder „größeres Verhältnis zueinander haben" (*Def. 7*).

Auch das VII. Buch, das angeblich von den „Zahlenverhältnissen" handelt, zeigt genau die gleiche Erscheinung: Es wird von Zahlen gesprochen, die „in demselben Verhältnis stehen" (z.B. *VII, 14*), die „dasselbe Verhältnis haben" (z.B. *VII, 18*), die „in Proportion stehen" (z.B. *VII, 19*) oder „die sich verhalten" (z.B. *VII, 11*), aber an keiner Stelle ist von Verhältnissen selbst die Rede.

Bleiben die beiden genannten Stellen. Doch auch sie vermögen unsere These nicht zu widerlegen. Während dies von *Satz 11* an seiner Stelle gezeigt wird, haben wir bei *Def. 3* zunächst schon einmal die genannten gewichtigen Gründe für eine spätere Interpolation; aber selbst bei Echtheit gibt der Wortlaut (griech. Text s. Heath II S. 116) unserer Ansicht recht: „Das gewisse Verhalten" (Thaer), „a sort of relation" (Heath und entsprechend Dijksterhuis) sind doch Übersetzungen, die in aller Deutlichkeit auf den Relationencharakter und nicht auf Individualität oder etwa gar Größencharakter hinweisen.

Für die Kommentatoren ist die Annahme, daß sich das V. Buch mit den Verhältnissen beschäftigt, eine solche Selbstverständlichkeit, daß sie keiner besonderen Auseinandersetzung gewürdigt wird. Ein direkter Widerspruch gegen unsere These ist deshalb von hierher nicht zu erwarten. Einige Verfasser kommen sogar dem hier ver-

---

by mathematicians, nor, as I think, can anything be deduced" (Zitat wieder bei Heath a.a.O.). Seine Erklärung vermag jedoch den aufmerksamen Leser der Elemente auch aus dem Grunde nicht recht zu überzeugen, weil eine „implizite" oder eine „vorläufige" Definition an keiner anderen Stelle auftritt, was auch Hankel (a.a.O. S. 395) bestätigt; im Gegenteil, selbst für die an sich nicht zu definierenden Grundbegriffe der Geometrie wird doch zu Beginn von Buch I eine Definition versucht.

[1] Petrus Ramus (nach Hankel a.a.O. S. 394).

[2] Gründe hierfür seien, daß man diesen Begriff „als durch die 4., 5. und 7. Definition implizit definiert betrachtete" (Hasse/Scholz, Grundlagenkrisis S. 16/17) oder daß die Vielfalt der Arten, das geometrische Verhältnis zweier Größen auszudrücken,

tretenen Standpunkt sehr nahe, wenn sie etwa die „Vergleichung" von Größen besonders betonen[1] oder den Beziehungscharakter stark hervorheben[2]. Auch bei denen, die die Frage diskutieren, um welche Art von Individuen (z.B. Zahlen, Größen o.ä.) es sich bei den Verhältnissen handelt, finden sich Anklänge an unseren Standpunkt[3]. Stets jedoch geht es dabei um eine Beziehung zwischen *zwei* Größen statt um die uns vorschwebende vierstellige Relation. Eine gewisse Ausnahme macht hier nur v. d. WAERDEN[4], mit dem wir diese Erörterung zunächst beschließen wollen, um sie bei der Besprechung von *Def. 5* noch einmal aufzugreifen.

Wir wenden uns nun zur

Def. 4. *Daß sie ein „Verhältnis zueinander haben", sagt man von Größen, die vervielfältigt einander übertreffen können.*

---

die Frage nach der „passendsten" so schwierig machte (PFLEIDERER, Scholien S. 11). Während die zweite Begründung wohl kaum ernst genommen werden kann, spricht gegen die erste, die vom Verhältnis als einem einer Definition nicht fähigen Grundbegriff ausgeht, das, was wir bereits in Fußnote 1 (pag. 27) gegen implizite Definitionen bei EUKLID gesagt haben.

[1] Für PFLEIDERER (Scholien S. 63) läuft die Untersuchung des Verhältnisses $A:B$ auf die „Vergleichung von Größen" hinaus, und auch für CANTOR (Vorl. S. 265) ist die Vergleichung das Wesentliche.

[2] Besonders die von HEATH (13 B. II S. 116/117) ausführlich gewürdigte Erläuterung der Verhältnisdefinition durch DE MORGAN zielt deutlich auf den Relationencharakter und hat die HEATHsche Übersetzung von *Def. 3* (s.o.) offensichtlich stark beeinflußt. In die gleiche Richtung weisen die von v. d. WAERDEN (E.W. S. 309) ohne weitere kritische Bemerkung gegebene Übersetzung der Definition: „Verhältnis ist eine gewisse Beziehung zwischen zwei gleichartigen Größen der Abmessung nach." sowie die von HASSE und SCHOLZ (Grundlagenkrisis S. 16), die einfach von „so etwas wie einer quantitativen Beziehung zweier gleichartiger Größen" spricht.

[3] Für HANKEL (Zur Gesch. S. 398) ist es zumindest bis zu *Satz 11* (s.d.) nicht gerechtfertigt, ein Verhältnis als Individuum anzusehen; denn er stellt in seinen Bemerkungen zum „Transitivitätssatz" *11* ausdrücklich fest: „Erst von jetzt an (nach dem Beweis von *Satz 11*) kann ein Verhältnis als ein Etwas für sich betrachtet werden, von dem Gleichheit ausgesagt werden kann im Sinne des Axioms *I, Ax. 1.*" (Zur Diskussion des Transitivitätssatzes vom Standpunkt des Textes s. seine spätere Erörterung.) — Auch für DIJKSTERHUIS, der *Def. 3* als eine „mathematisch nicht brauchbare vorläufige Umschreibung des zu definierenden Objekts" bezeichnet, spielt der *Satz 11* eine wichtige Rolle. Er ist für ihn (s. Deel II S. 68) der Beweis dafür, daß ein Verhältnis für die griechische Mathematik keine Größe ist; denn es ist nicht den Axiomen von Buch I unterworfen, die für Größen gelten, da sich EUKLID sonst auf *Axiom 1* hätte berufen können. Daß ein Verhältnis keine Zahl ist, wird bereits auf S. 62 (a.a.O.) unmißverständlich ausgesprochen. Neben den geometrischen Gebilden sind dies aber die beiden einzigen mathematischen Gegenstände, die in den Elementen vorkommen. Die Bemerkungen von DIJKSTERHUIS legen also den Standpunkt des Textes nahe. Gleichwohl nimmt er ihn nicht ein, sonst könnte er kaum — wohl in dem Bestreben, die Vorstellung „Quotient von A und B" auszuschalten — für das Verhältnis das (formal übrigens sehr vorteilhafte) Symbol $\varLambda(A, B)$ einführen, um für die Proportion die kurze Schreibweise $\varLambda(A, B) = \varLambda(C, D)$ zu haben.

[4] Am nächsten kommt dem Standpunkt des Textes v. d. WAERDEN, wenn er in einer Fußnote in der „Arithmetik der Pythagoreer" (S. 133) sagt: „Unter Zahl verstehen wir hier wie die Griechen immer eine ganze Zahl. Wir bezeichnen durch a/b den Bruch oder Quotienten im heutigen Sinne und im Sinne der griechischen Logistik, durch $a:b$ dagegen das Verhältnis von a zu b im Sinne der griechischen Arithmetik und der Proportionenlehre. $a:b$ ist also keine Zahl, auch keine gebrochene, sondern nur ein mögliches Glied in einer Proportion $a:b=c:d$, wobei die Proportion entweder nach EUKLID *V, Def. 5* oder nach *VII, Def. 20* erklärt werden kann." Bei eben dieser *Def. 5* kommen wir noch einmal auf den Verhältnisbegriff zurück.

Während *Def. 3* getrost fehlen könnte, ist *Def. 4* — wie bereits ein Blick auf die Aufstellung I (pag. 15) zeigt — für den weiteren Aufbau unentbehrlich. Diese Tatsache ist wohl der Hauptgrund dafür, daß an ihrer Echtheit keine Zweifel geäußert werden.

Für uns ist diese Definition unter verschiedenen Gesichtspunkten von Bedeutung: Zunächst zeigt ihr Wortlaut, daß „Verhältnis zueinander haben" etwas ist, was von bestimmten Größen ausgesagt werden kann[1]; also ist vom Verhältnis selbst (als Individuum) keine Rede. *Definition 4* stützt also unsere These vom Relationencharakter des Begriffs „Verhältnis haben".

Eine echte Definition (etwa im Aristotelischen Sinne) ist *Def. 4* nicht, besagt sie doch nicht, was die in Rede stehende Eigenschaft bedeutet, sondern nur, welchen Elementen sie zukommt. Hier wird also nichts über den Inhalt des Begriffes „Verhältnis haben" ausgesagt, sondern nur über den Umfang. Das führt in Verbindung mit *Def. 3* (Wortlaut: pag. 27) zur Klärung des Begriffs der „homogenen" Größe (s. gr. Text: Heath II S. 116) oder wie Thaer übersetzt „gleichartig der Abmessung nach". Wir wollen in diesem Falle noch genauer von „maßvergleichbar" sprechen und erhalten hierfür unter Heranziehung von *Def. 3 und Def. 4* die Erklärung: Größen sind maßvergleichbar, wenn sie vervielfältigt einander übertreffen können (zum Vielfachen s. pag. 24). *Def. 4* wäre so gesehen eine echte Ergänzung von *Def. 3*, als die sie von manchen Kommentatoren auch bezeichnet wird[2]. Das darf aber nicht dazu führen, die Bedeutung von *Def. 4* nur im Zusammenhang mit *Def. 3* zu sehen.

Wenn man — wie wir es tun — davon ausgeht, daß der Euklidischen Proportionenlehre die Relation „ein Verhältnis haben" zugrunde liegt, deren wichtigsten Eigenschaften im folgenden definiert werden (s. *Def. 5* und *Def. 7*), so liegt es durchaus im Rahmen der Elemente, wenn der Bereich, in dem die Relation gilt, von vornherein zweckmäßig eingeschränkt wird, so wie hier auf Größen, „die vervielfältigt einander übertreffen können".

Diese Einschränkung ist deshalb so geschickt gewählt, weil sie hinreichend schmiegsam ist, daß nach ihr nicht nur „kommensurable", sondern auch „inkommensurable" Größen maßvergleichbar (s. o.) sein können[3]. Andererseits wird durch *Definition 4* die Möglichkeit ausgeschlossen, in ein und derselben Untersuchung verschiedenartige Größen (etwa Längen und Flächeninhalte, Längen und Zeiten[4]

---

[1] Der Behauptung von Hasse und Scholz (Grundlagenkrisis S. 16/17), wonach diese Definition zusammen mit der 5. und 7. dazu diene, den Begriff des Verhältnisses *implizit* zu definieren (s. dazu Fußnote 1 pag. 27), können wir uns also nicht anschließen. (Wir halten zudem die dort gegebene Definition der „impliziten Definition" für anfechtbar.)

[2] Etwa von Heath 13 B. II S. 120.

[3] Nach Pfleiderer (Scholien S. 105) „bestimmt die *Def. 4* den Begriff von Größen, von welchen man sage, daß sie ein Verhältnis zueinander haben, oder gleichartiger Größen, bloß durch diesen Charakter: daß ein Vielfaches der einen ein Vielfaches der andern übertreffen könne". — Frank (Plato S. 59) spricht im Zusammenhang mit Eudoxos von dessen „berühmter Definition der gleichartigen Größen als solcher, deren Multipla einander übertreffen können", und sieht ihre Bedeutung darin, daß durch sie „dem in diskreten und kommensurablen Größen denkenden abstrakten Verstand Stetigkeit und Inkommensurabilität erst theoretisch zugänglich werden".

[4] Für Dijksterhuis (Deel II S. 58) ist diese Ausschließung zudem ein Beleg dafür, daß nicht etwa „Maßzahlen" von Größen, sondern die Größen selbst verglichen werden.

usw.) zu betrachten. Auf diesen Punkt wird in den Kommentaren vielfach großes Gewicht gelegt. Es ist aber durchaus denkbar (wenn auch nicht beweisbar), daß diese Beschränkung auf Systeme von „gleichartigen" Größen bei EUKLID eine stillschweigende Annahme war. Denn die Hauptbedeutung von *Def. 4* liegt darin, daß sie die Möglichkeit ausschließt, daß von zwei Größen eine gegenüber der anderen „unendlich klein" ist, d.h. daß für diese Größen gilt: $na < b$ für alle n, eine Möglichkeit, auf die die Griechen zuerst bei den sog. „hornförmigen" Winkeln gestoßen waren [1].

Der wesentliche Punkt ist also der, daß (in moderner Terminologie) „nicht-archimedisch-geordnete" Systeme ausgeschlossen werden. In *Def. 4* ist demnach ein Axiom versteckt, das für den Aufbau der Proportionenlehre von fundamentaler Bedeutung ist [2], daß nämlich die hier in Rede stehenden Größen „vervielfältigt einander übertreffen können". Es ist dies das in der Mathematik oft gebrauchte „Axiom des Messens" oder „Archimedische Axiom", das jedoch gerechterweise „Eudoxisches Maßaxiom" heißen müßte [3]. Wir kommen auf dieses Axiom noch zurück.

Zunächst müssen wir noch kurz auf die Rolle der homogenen oder gleichartigen, d.h. in unserer Terminologie der „maßvergleichbaren" Größen in unserem System eingehen. Für uns sind die Menge der Strecken, der Flächen usw. isomorphe „Modelle" unseres Axiomensystems (s. pag. 48), wobei die Isomorphie selbst nicht benötigt wird (EUKLID macht keinen Gebrauch davon), sondern nur die Tatsache, daß bei einer „Deutung" der Größen unseres Systems [4] jeweils nur ein Modell betrachtet wird, nicht aber mehrere durcheinander (auf die Abbildung eines Modelles in ein anderes kommen wir in Teil III). Zur exakten Fixierung der Begriffe „Modell" und „gleichartige Größen" stellen wir der Euklidischen Definition gegenüber:

| D. 4 | Ein vorgegebenes System von Größen, das unserem Axiomensystem A (pag. 48) genügt, soll ein „Modell von A" heißen. (Wir bezeichnen solche Modelle mit $M, M', M'', \ldots$, ihre Elemente mit $a, b, \ldots, a', b', \ldots$, $a'', b'', \ldots$). Elemente desselben Modells sollen „maßvergleichbar" (anstelle von „gleichartig der Abmessung nach") heißen [5]. |

Wie unser Axiomensystem (pag. 48) zeigt, ist die Maßvergleichbarkeit der Größen gesichert durch die Aufnahme des archimedischen Maßaxioms in der Form A. 14. Zu zwei Größen a, $b \in M$ mit $a > b$ gibt es stets ein Vielfaches nb mit $nb > a$. Umgekehrt wird der klassenbildende Charakter der Relation „r maßvergleichbar mit s" sofort deutlich, wenn man sich klar macht, daß durch A.14 ihre Reflexivität (für $a = b$ ist A.14 trivialerweise erfüllt), Symmetrie und Transitivität gesichert

---

[1] Zu den Widersprüchen, auf die der Vergleich der sog. hornförmigen (bzw. der „Kontingenz-") Winkel mit den geradlinigen (gem. *I, Def. 8* u. *9*) führt, vgl. PROKLOS' Kommentar S. 251 und BECKER, Eud. Stud. II S. 386.

[2] BECKER/HOFMANN, Gesch. S. 65.

[3] Siehe auch ZEUTHEN, Die Math. S. 47.

[4] Im Sinne von BEHNKE u.a., Grundzüge I S. 31.

[5] Daß bei den Kommentatoren kein Unterschied besteht zwischen „homogen" (s. *Def. 3*) und „gleichartig" zeigt das Zitat BECKERs (Eud. Stud. III S. 241): „Zwei Größen sind homogen, ..., wenn die kleinere, genügend oft vervielfältigt, die größere übertrifft (Eukl. Elem. Def. 3 und 4)".

ist. Demselben Modell angehörige Größen sind also stets maßvergleichbar und umgekehrt.

Durch die Gültigkeit von A.14 ist im übrigen das „Verschwinden" von Größen ausgeschlossen; denn mit $b=0$ ist die Forderung $nb>a$ für kein (endliches) n erfüllbar. Es braucht uns daher nicht zu wundern, wenn wir im gesamten Buch V keine Stelle finden, wo von „verschwindenden" oder „Null-Größen" die Rede ist, auch bei der später zu behandelnden Differenz nicht.

Man kann die Bedeutung des Maßaxioms kaum überschätzen, muß sich jedoch andererseits hüten, zuviel „hineinzuinterpretieren", jedenfalls was die antike Mathematik betrifft. Es liegt z.B. für den modernen Leser nahe, A.14 mit b als „Einheitsstrecke" zur Grundlage des Messens zu machen[1], um diese Möglichkeit dann bereits den Griechen zu unterstellen. Gerade die Einheitsstrecke lag aber den Griechen wegen ihrer Vorstellung von der grundsätzlichen Unteilbarkeit der Einheit völlig fern. Mit Hilfe einer solchen Einheitsstrecke und einer exakten Einführung der 4. Proportionale (s. die späteren Erörterungen zu Satz *V, 18*) wäre nämlich sonst die Einführung eines zu den rationalen Zahlen isomorphen Größenbereichs leicht möglich gewesen. Gerade dieser „kleine" Schritt war aber den Griechen — soll man sagen aus philosophischen Gründen? — verwehrt.

Da wir uns bei unseren Betrachtungen möglichst eng an Euklid halten wollen — es geht uns ja um die Axiomatisierung *seiner* Proportionenlehre —, erhebt sich noch die Frage, welche Dinge denn nun Größen oder gar gleichartige Größen in seinem Sinne sind. Eine definitive Antwort hierauf, etwa in der Form „Strecken, Flächen, Zeiten etc. sind Größen im Sinne der *Definitionen 3* und *4*", suchen wir in den Elementen vergeblich. Indirekt, d.h. von der Anwendung der Größensätze auf bestimmte Bereiche her, lassen sich jedoch recht genaue Angaben machen:

Gehen wir von der Relation „im Verhältnis stehen" aus, so treffen wir sie in den Elementen an bei Strecken (in Buch V als „Veranschaulichungen", in Buch VI als Objekte der Untersuchung), bei Flächen (*VI, 1* ff.), bei Winkeln (*VI, 31*), wobei Geradlinigkeit nach *I, Def. 9* zu beachten ist, da die sog. hornförmigen und Kontingenzwinkel (s. o.) von *Def. 4* ausgeschaltet werden[2], bei Kreisbogenstücken (*VI, 33*) und bei Körpern, d. h. Volumina (*XI* ab *Satz 25*, *XII* ab *Satz 4*). Stillschweigend[3] wird von all diesen[4] und nur diesen Gegenständen bei Euklid vorausgesetzt, daß sie zu den Größen gehören.

Die unten[4] angeführte Aristoteles-Stelle richtet unsere Aufmerksamkeit noch einmal auf die (ganzen) Zahlen, die dort zusammen mit Strecken, Körpern und Zeiten aufgezählt und damit offensichtlich zu den Größen gerechnet werden. Daß dies mit

---

[1] Hauser (Geom. d. Gr. S. 145) schreibt dazu: „Dieser Grundsatz, dessen Aufstellung erst in der neueren Literatur voll gewürdigt wurde, ist nämlich die Grundlage des Messens. Dies wird dem noch uneingeweihten Leser gewiß sofort klar, wenn er sich die kleinere Strecke durch die Einheitsstrecke ersetzt denkt."

[2] Vgl. Thaers Anm. zu *V, Def. 3* El. 2. Teil S. 68.

[3] Vgl. v. d. Waerden E. W. S. 307 Fußnote.

[4] Die in der kommentierenden Literatur außerdem angeführten Zeiten oder gar die physikalischen Größen schlechthin (etwa bei Heath, Hist. S. 384 oder Dijksterhuis, II S. 56), die bei Euklid nicht vorkommen, verdanken diese Erwähnung wohl Aristoteles (Anal. post. I.5), der zum „Vertauschungssatz" *V, 16* schreibt: „Früher wurde dieser Satz für Zahlen, Strecken, Körper und Zeiten einzeln bewiesen. Aber nach dem Aufstellen des allgemeinen Begriffs, unter den sowohl Zahlen als auch Strecken, Körper und Zeiten fallen (nämlich des Begriffs Größe — der Verf.), konnte der Satz allgemein bewiesen werden" (Übers. nach v. d. Waerden E. W. S. 289).

den besonderen Eigenarten der „aus Einheiten zusammengesetzten Mengen" (EUKLIDs Def. der Zahlen; s. pag. 20) nicht in Einklang gebracht werden kann, wurde bereits bei der Würdigung der zahlentheoretischen Bücher (pag. 20/21) gezeigt. Die „Einheit" als unter allen Umständen unteilbar hat eben im Bereich der Größen mit ihrer willkürlichen Ausdehnung, ihrer Teilbarkeit (vgl. *VI, 9*: Konstruktion eines vorgeschriebenen Teils), ihren 4. Proportionalen (vgl. die späteren Bemerkungen zu *V, 18*) keinen Platz. Dies ist von der Sache her gesehen der wichtigste Grund für die saubere Scheidung der beiden Gebiete; denn wenn die Zahlen auch ganz offensichtlich „vervielfältigt einander übertreffen können" und damit nach *Def. 4* ein Verhältnis zueinander haben, so kommen sie doch — in Übereinstimmung mit unserer Argumentation — im gesamten auf Buch V aufgebauten System der Bücher V, VI, X und XI bis XIII niemals als betrachtete Größen vor, sondern allein als „Operatoren". Die einzige Ausnahme bildet *Satz X,5: „Kommensurable Größen haben zueinander ein Verhältnis wie eine Zahl zu einer Zahl."*

Diese einzige Berührungsstelle von Größen und Zahlen in ein und derselben Proportion müssen wir uns etwas näher ansehen. Dabei kommt uns entgegen, daß sich der Sinn des Satzes *X,5* vom modernen Standpunkt ganz einfach beschreiben läßt (Näheres zu dieser Auffassung s. Teil III): Das System Z^+ der ganzen positiven Zahlen wird in ein gegebenes Größensystem M isomorph abgebildet dadurch, daß man 1 ein beliebiges Element c und der Zahl $n \cdot 1$ jeweils die Größe $n \cdot c$ zuordnet. Die Menge der Bilder der Zahlen n besteht daher gerade aus allen den Größen, die kommensurabel mit dem „gemeinsamen Maße" c sind. Aber so klar findet sich der Sachverhalt bei EUKLID nicht. Man hat entschieden den Eindruck, daß EUKLID mit großen begrifflichen Schwierigkeiten zu kämpfen hatte, und es muß festgestellt werden, daß der Beweis von *X,5* in mehr als einer Hinsicht angreifbar ist:

Er geht von der zu Anfang von Buch X gebrachten Definition des Begriffes „kommensurabel" aus, mit dem Größen prädiziert werden, „*die von demselben Maß gemessen werden*". Als solch ein Maß wird für die beiden betrachteten Größen a und b die Größe c angenommen (c ist also nach *V, Def. 1* — s. pag. 22 — „Teil" der Größe a wie der Größe b). Wie oft nun a bzw. b von c gemessen werden, diese in Buch V niemals gestellte Frage, da sie ja Kommensurabilität voraussetzt, wird hier nun wesentlich, da Zahlen d, e herangezogen werden, die „soviele Einheiten enthalten", wie oft c a bzw. b mißt. Bis hierher ist noch alles in Ordnung; denn d und e sind gerade die zur Charakterisierung der „Vielfachen" a und b (*V, Def. 2* pag. 22) benutzten „Operatoren".

Nun fährt der Beweis so fort: „Da c a nach den in d enthaltenen Einheiten mißt, aber auch 1 d nach den in ihm enthaltenen Einheiten mißt, so mißt 1 die Zahl d gleichoft, wie die Größe c a. Also ist $c:a=1:d$." Dieses „also" wird nun gleich zweifach begründet, nämlich mit *VII, Def. 20* („*Zahlen stehen in Proportion, wenn die erste von der zweiten Gleichvielfaches oder derselbe Teil oder dieselbe Menge von Teilen ist wie die dritte von der vierten.*") und *V, Def. 5* (s. pag. 35). Die zusätzliche Anführung der Definition des V. Buches zeigt die Schwäche der Argumentation; denn für den Vordersatz kommt nur die Heranziehung der Definition aus Buch VII (s.o.) in Frage, da die jeweils erstgenannte Zahl derselbe Teil der jeweils zweitgenannten sein muß, wenn ein „in Proportion Stehen" vorliegen soll. Betroffen wären also c und 1. Beide aber sind, wenn auch aus ganz verschiedenen Gründen, nicht „aus Einheiten zusammengesetzte Mengen", also nach *VII, Def. 2* (Wortlaut s. pag. 20) keine Zahlen. Nur für solche aber ist *VII, Def. 20* formuliert.

Andererseits ist hier auch *V, Def. 5* nicht ohne weiteres anwendbar, und zwar nicht nur, weil diese Definition ausdrücklich von vier Größen handelt, sondern auch, weil die dann erforderlich werdende „beliebige Vervielfältigung" nirgendwo durchgeführt, der benötigte Hilfssatz $na \gtrless ma \Rightarrow n \gtrless m$ (unser Satz S. 7) nirgendwo bewiesen wird. Die behauptete Proportionalität steht also auf schwachen Füßen. Wenn dann die mit der Zahlenlehre von Buch VII entwickelte Proportion $c:a=1:d$ mit den Mitteln der Größenlehre von Buch V, nämlich mit *V, Def. 13* (exakt müßte *V, 7 Zus.* zur Begründung herangezogen werden), umgeformt wird und schließlich für die Schlußbehauptung: $a:c=d:1$, $c:b=1:e \Rightarrow a:b=d:e$ zwei Sätze herangezogen werden müssen, und zwar für die Größen a, c, b der Satz *V,22* und für die Zahlen d, 1 (Zahl?), e der Satz

VII,14, so wird wohl hinreichend deutlich, daß hier von einer Bewältigung der begrifflichen Schwierigkeiten nicht gesprochen werden kann. Man geht also sicher zu weit, wenn man behauptet, mit Satz *X,5* sei die Einordnung des Systems der ganzen Zahlen unter die Größensysteme gelungen[1]; im Gegenteil zeigt gerade der die beiden Gebiete scheinbar vereinigende Satz bei genauerer Analyse die strenge Scheidung der Zahlen von den Größen.

Fassen wir nun die Ergebnisse der ausführlichen Betrachtung von *V, Def. 4* zusammen: Auch diese „Definition" sagt genau wie *Definition 3* (s.d.) oder, besser ausgedrückt, zusammen mit *V, Def. 3* nur darüber etwas aus, wie die Größen beschaffen sein müssen, die in der Relation „ein Verhältnis haben" stehen können. Sie erlaubt also, gewisse Mengen solcher Größen anzugeben, wie wir es dann auch oben getan haben. Was jedoch ein Verhältnis als solches ist, erfährt man hier so wenig wie in *Def. 3*. Das ist jedoch für das Folgende kein ernsthaftes Manko; denn — wie wir schon sagten und wie wir im Verlauf unserer Betrachtungen immer wieder sehen werden — dieser Begriff wird für die Aussagen des V. Buches *nicht* benötigt.

Für unser System haben diese Betrachtungen die Konsequenz, daß wir von Euklid keine brauchbare Verhältnisdefinition erwarten können. Wollen wir demnach den Übergang zu den „Verhältnissen" wirklich vollziehen (was ja weder durch *Def. 3* noch durch *Def. 4* geschieht, da dort nur über ihre „Bestandteile" etwas ausgesagt wird, nicht aber darüber, wie das „gewisse Verhalten" dieser Elemente nun aussehen und welchen Bedingungen es genügen soll), so kann dieser Übergang nur in einer bestimmten Verknüpfung des Größenbereichs M mit sich selbst oder sogar mit einer zu M ismorphen Menge M' bestehen, d.h. in der Bildungen von „Paarmengen" $M \times M$ bzw. $M \times M'$ (letzteres etwa bei der Heranziehung von Homomorphismen — s. Teil III) mit noch näher anzugebenden Eigen-

---

[1] Hasse und Scholz (Grundlagenkrisis S. 15 Fußn.) gehen angesichts der Unklarheiten im Beweis von $X,5$ entschieden zu weit, wenn sie erklären: „In diesen Sätzen (gemeint sind $X,5$ und 6) wird dem Sinne nach, wenn auch nicht mit aller Ausführlichkeit in den Beweisen, festgestellt, daß die an früherer Stelle (*V, Def. 5*) ohne jede Vorbereitung eingeführte abstrakte Definition der Verhältnisgleichheit speziell für ganzzahlige Verhältnisse mit der altpythagoreischen (gemeint ist *VII, Def. 20*) gleichwertig ist." oder gar behaupten (a.a.O. S. 34), „daß die Griechen den durch ihre Methode bedingten feinen logischen Unterschied zwischen Verhältnissen kommensurabler Größen und Verhältnissen ganzer Zahlen mit aller Klarheit gesehen haben". Andererseits sei darauf hingewiesen, daß sich bei ihnen (a.a.O.) nach der Feststellung „… in Buch X wird dann gezeigt, daß und wie man Zahlverhältnisse *m/n* mit Größenverhältnissen vergleichen kann" auch die etwas zurückhaltendere Bemerkung findet, daß Eudoxos „die Größenverhältnisse *A/B* nicht ‚ohne weiteres' mit den Zahlverhältnissen *m/n* vergleicht, und insbesondere ein Verhältnis kommensurabler Größen nicht von vornherein gleich dem entsprechenden Zahlverhältnis setzt, ehe nicht Feststellungen wie Eukl. X Satz 5 und 7 erfolgt sind". Doch geht auch diese Feststellung offenbar noch zu weit.

v.d. Waerden (E.W. S. 286) spricht offen von Denkfehlern im Beweis von $X,5$ (sowie $X,6$ und 9). Ihren Ursprung sieht er darin, daß diese Sätze früher auf der Grundlage der Antaneiresisdefinition (s. pag. 10) des Theaitet bewiesen wurden, während Euklid dann beim Einbau in sein System die voraufgeschickte Proportionenlehre als Fundament zu benutzen versuchte (s. S. 291). Auch Reidemeister (Die Ar. S. 25) führt „jene mannigfachen Unebenheiten und Mängel" auf eine „nicht ganz geglückte Zusammenstückung aus älterem Gut" zurück. Becker (Eud. Stud. I S. 328f.) schließlich weist (im Rahmen seiner Gründe für eine Unabhängigkeit der übrigen Bücher der Elemente von Buch V) darauf hin, daß — wie schon R. Simson bemerkt — bei „einer

schaften. Für die unmittelbare Ableitung der Sätze des V. Buches jedoch, dies sei noch einmal betont, ist dieser Schritt nicht erforderlich. Wir kommen dementsprechend erst im III. Teil unserer Ausführungen darauf zurück.

Daß es EUKLID tatsächlich im wesentlichen auf die Verhältnisgleichheit (nicht aber auf Verhältnisse an sich) ankommt, zeigt vor allem seine berühmte, grundlegende

Def. 5. *Man sagt, daß Größen „in demselben Verhältnis stehen", die erste zur zweiten wie die dritte zur vierten, wenn bei beliebiger Vervielfältigung die Gleichvielfachen der ersten und dritten den Gleichvielfachen der zweiten und vierten gegenüber, paarweise entsprechend genommen, entweder zugleich größer oder zugleich gleich oder zugleich kleiner sind;*

Def. 6. *und die dasselbe Verhältnis habenden Größen sollen „in Proportion stehend" heißen.*

Diese Definitionen setzen offensichtlich vier Größen (von denen die erste und zweite sowie die dritte und vierte nach *Def. 3* „gleichartig" sein und nach *Def. 4* „vervielfältigt müssen einander übertreffen können") in eine bestimmte Beziehung, die „im selben Verhältnis stehen" bzw. „in Proportion stehen" genannt wird, und die wir im folgenden auch als „Verhältnisgleichheit" bezeichnen wollen. Das bedeutet aber keineswegs eine Einführung von „Verhältnissen", wenn diese selbständige Objekte darstellen sollen, die einen bestimmten Bereich bilden und mit denen gerechnet werden kann. Wir werden für diese Auffassung auch in den folgenden Untersuchungen weitere Belege finden.

Eng mit *Def. 5/6* verbunden und fast so wichtig wie die dortige Relation „gleiches Verhältnis haben" ist für unsere Betrachtungen die grundlegende Beziehung „größeres Verhältnis haben", die ebenfalls ohne Einführung der Verhältnisse als selbständige Individuen als Relation zwischen vier Größen aufgefaßt werden kann. Sie wird von EUKLID eingeführt durch

Def. 7. *Wenn aber von den Gleichvielfachen das Vielfache der ersten Größe das Vielfache der zweiten übertrifft, während das Vielfache der dritten das Vielfache der vierten nicht übertrifft, dann sagt man, daß die erste Größe zur zweiten „ein größeres Verhältnis hat" als die dritte zur vierten.*

Der wesentliche formale Unterschied zu *Def. 5* besteht darin, daß im Gegensatz zur dort entscheidenden „beliebigen Vervielfältigung" hier *ein* Paar natürlicher Zahlen als Multiplikatoren genügt, um die definierte Eigenschaft zu sichern.

Die konsequente Weiterführung des hier sich aufdrängenden Relationenstandpunkts zur systematischen Betrachtung der durch eine Proportion bewirkten Zuordnung als Abbildung von Größenbereichen aufeinander wird uns erst im III. Teil

aus Zahlen und Größen gemischten Proportion" als Kriterium für Proportioniertheit nicht die „allgemeine" Definition *V, Def. 5*, sondern die speziell für Zahlen gültige *VII, Def. 20* benutzt wird, die sich seiner Meinung nach „durchaus nicht als Spezialfall von *V, Def. 5* darstellt". Den Grund dafür, daß trotz der Verwendung des Größenbegriffs „die tiefere und allgemeinere Betrachtungsart aus V nicht mitübernommen wird", sieht er in „EUKLIDS mitunter bis zur Inkonsequenz getriebenen Ehrfurcht vor der Überlieferung".

beschäftigen. Hier übernehmen wir zunächst die vorgenannten Definitionen für unser System:

| D.5 | Wir nennen vier Größen a, b, a', b' (a, $b \in M$; a', $b' \in M'$) „in gleichem Verhältnis" oder „in Proportion stehend", kurz „verhältnisgleich", geschrieben $a:b = a':b'$, wenn für beliebige n- bzw. m-fache von ihnen stets gilt $na \gtreqless mb \Leftrightarrow na' \gtreqless mb'$. |

(Zur zusammenfassenden Schreibweise $\gtreqless$ s. die Bemerkung zu Satz S.5 — pag. 27)
Für spätere Betrachtungen sei sofort ergänzt:

| D.6 | Sind die Größen a, b, a', b' verhältnisgleich (D.5), so sollen sie (in dieser Reihenfolge) als „1., 2., 3. und 4. Proportionale" bezeichnet werden. |

Def. 7 übernehmen wir in der folgenden Weise:

| D.7 | Gibt es n-fache von a und a' sowie m-fache von b und b' derart, daß $na > mb$ und gleichzeitig $na' \leq mb'$ (bzw. $na = mb$ und gleichzeitig $na' < mb'$ [1]), so wollen wir sagen, daß die Größen a, b „größeres Verhältnis haben" als die Größen a', b', geschrieben $a:b > a':b'$. |

Genau wie bei D.5 (s.o.) ist es hier nicht erforderlich, daß die Größen alle demselben Modell angehören; es genügt, wenn das für die Elemente a, b von M einerseits und a', b' von M' andererseits sichergestellt ist. Wir werden diese Zugehörigkeit hier wie im folgenden stets durch die Bezeichnungsweise zum Ausdruck bringen.

Daß die Definitionen D.5 — D.7 mit unserem System in Einklang stehen, sieht man sofort: Die n- und m-fachen wurden durch Definition D.2 (pag. 24) eingeführt und sind nach Axiom AD.4 (s. unser Axiomensystem pag. 48) Größen unseres Systems, deren Gleichheit bzw. Ungleichheit durch die Axiome der Gruppe I bzw. II (a.a.O.) geregelt ist.

Über kaum eine Aussage der Euklidischen Elemente, abgesehen vom Parallelenaxiom, ist soviel geschrieben und diskutiert worden wie über *Def. 5*, worauf auch Heath an verschiedenen Stellen mit historischen Belegen hinweist [2]. Darüber, daß die Formulierung schlechthin bewunderungswürdig ist, sind sich die Kommentatoren einig [3].

Was jedoch den Inhalt und den Umfang der Definition betrifft, so gehen hier die Ansichten der Mathematik-Historiker weit auseinander, ja selbst die an verschiedenen Stellen geäußerten Meinungen eines und desselben Schriftstellers widersprechen sich zuweilen. Der Grund für diese unterschiedlichen Auffassungen liegt — auf eine kurze Formel gebracht — in den so verschiedenartigen Antworten, die auf die Frage nach dem Gegenstand der *5. Definition* gegeben werden. Die Gesichtspunkte sind nämlich völlig verschieden, je nachdem ob man die Verhältnisse als Relationen oder als Individuen sieht, wobei dann noch unterschieden werden muß, ob es sich bei letzteren um Zahlen, Größen oder „Schnitte" (im Dedekindschen Sinne) handelt; von den hierbei noch möglichen Überschneidungen ganz zu schweigen.

---

[1] Siehe Heath 13B. II S.130.
[2] Vgl. insbes. a.a.O. S.120ff.
[3] Man vgl. hierzu: Barrow gem. Heath a.a.O. S.121; Hasse/Scholz, Grundlagenkrisis S.49; Hankel, Zur Gesch. S.112 und Hauser, Geom. d. Gr. S.144.

Das nächstliegende ist dabei der Standpunkt, der sich ergibt, wenn man die Euklidischen *Definitionen 5—7* gemeinsam ins Auge faßt: Offensichtlich werden doch hier „die Verhältnisse" zumindest stillschweigend als selbständige Elemente interpretiert, deren Bereich zudem geordnet ist.

Von den Elementen her gesehen ist hierzu einmal auf noch folgende Betrachtungen, zum anderen auf die „Anwendung" insbesondere der *Definition 7* durch EUKLID zu verweisen. Es handelt sich dabei (s. Aufst. I pag. 15) um die Beweise der *Sätze 8 und 13*, die ja später eingehend behandelt werden. Hier sei nur soviel gesagt, daß in beiden Beweisen zwar ausführlich von den verschiedenartigen Vielfachen und Gleichvielfachen der in Rede stehenden Größen, aber niemals von den Verhältnissen selbst und ihrer Ordnung gesprochen wird. Die einzige Redewendung ist immer, daß eine Größe zu einer weiteren größeres oder gleiches Verhältnis hat wie eine dritte zu einer vierten.

Rein sachlich kann man natürlich durchaus sagen, daß die Verhältnisse auf Grund von *Def. 5—7* eine geordnete Menge bilden[1]. Aber dann sind diese Verhältnisse Äquivalenzklassen von Größenpaaren (s. Teil III.1), also reichlich komplizierte Gebilde, und man kann keineswegs behaupten, daß mit ihnen ein System von reellen Zahlen oder gar das System *aller* reellen Zahlen gewonnen sei. Denn ein solches System hat doch erst dann Sinn, wenn man in ihm rechnen, wenn man also die Zahlen zum mindesten addieren, wenn möglich auch multiplizieren kann. Explizite Additionsregeln für zwei Verhältnisse, also einen Ausdruck für die „Summe" $(a:b)+(c:d)$ und die Angabe von Gesetzen für diese „Addition", finden sich aber bei EUKLID in keiner Weise, — es ist auch gar nicht zu sehen, wie sie im Rahmen von Buch V gegeben werden sollten. Wer hier zum Gegenbeweis auf den „Additionssatz" *V, 24* verweisen sollte, den müssen wir bitten, sich bis zur ausführlichen Erörterung dieses Theorems im Teil II.4c zu gedulden, die zeigt, daß *V, 24* nicht die Summe von Verhältnissen, sondern im Verhältnis stehende Summen, also wieder in Relation stehende Größen, behandelt. Bezeichnend ist hier, daß auch die Kommentatoren bei den Verhältnissen nicht von Größen zu reden wagen[2]; denn Größen müssen zumindest, wenn man im Geiste des V. Buches bleibt, addiert werden können.

Auch die Multiplikation beliebiger Verhältnisse findet sich nirgends, und es ist nicht zu sehen, wie sie in einfacher Weise in die Proportionenlehre eingeordnet werden könnte. Daß der Weg über den „Multiplikationssatz" *V, 22* nicht gangbar ist, wird bei seiner ausführlichen Würdigung an Ort und Stelle (s. Teil II.4c) gezeigt. Der Haupthinderungsgrund für die Bildung eines Produktes von Verhältnissen ist bereits das Fehlen eines allgemeinen Produkts von Größen[3]. Nur im Spezialfall von Strecken gibt es für EUKLID ein „sinnvolles" Bilden von Produkten: das Quadrat (oder all-

---

[1] PFLEIDERER, BECKER und V. D. WAERDEN etwa sehen in den Verhältnissen ein geordnetes System, in dem *Def. 5* die Aufgabe hat, die „irrationalen Verhältnisse" *ihrer Größe nach* (wörtlich bei BECKER, Eud. Stud. I S. 322) in die Gesamtheit der „rationalen Verhältnisse" einzuordnen (sinngemäß auch PFLEIDERER, Scholien S. 9, und V. D. WAERDEN, E.W. S. 312/13).

[2] Der Unterschied von Verhältnissen und Größen wird etwa bei PFLEIDERER (Scholien S. 82) deutlich, wenn er feststellt: „Daher beweiset er (EUKLID) wirklich in den Sätzen *V, 7—11, 13* von Verhältnissen, was er von Größen als Axiome angenommen hatte", um dann etwas später (§ 54) immerhin einzuschränken, daß die vorher von den Größen angeführten Sätze (über „einerlei und gleiche Größen, verschiedene und ungleiche, größere und kleinere", was „EUCLID alles nicht definiert") „auch von Verhältnissen in Euclidischem, seinen *Def. 5, 7* gemäßen, Sinne gelten".

Demgegenüber beruft sich DIJKSTERHUIS, ohne diese Einschränkung zu machen, auf einen der genannten Euklidischen Sätze, nämlich *V, 11*, auf den wir später noch eingehen, wenn er (Deel II S. 106) feststellt: „Als treffendes Merkmal einer Betrachtung eines Verhältnisses als etwas sui generis (das selbst nicht unter die Kategorie der Größe zu fallen scheint) wird auf die Merkwürdigkeit hingewiesen, daß EUKLID die Transitivität der Gleichheit für Verhältnisse in *V, 11* selbständig beweist, statt sich auf das für Größen geltende erste Axiom von Buch I zu berufen."

[3] Vgl. HEATH 13B. II S. 132.

gemein das Rechteck) und den Würfel (oder allgemein den Quader). Das diesen Spezialfällen entsprechende „Potenzieren von Verhältnissen" („doppeltes", „dreifaches Verhältnis") wird uns bei den entsprechenden Definitionen Euklids (*V, Def. 9* u. *10*)
noch beschäftigen. Aber auch das bedeutet keinen Einwand gegen unsere These, da
eine eigentliche Multiplikation mit ihren typischen Gesetzmäßigkeiten die Auszeichnung einer Einheit erfordert, die Euklid völlig fernliegt.

Der Gedanke, die Menge der Verhältnisse als „Größensystem" zu sehen, scheidet
also aus. Aber auch ein Begriff, wie der der „geordneten Menge", der einem solchen
System gegenübergestellt werden könnte, taucht bei Euklid nirgendwo auf; denn
solche Abstraktionen liegen den Griechen völlig fern. Da somit allein die *Definitionen 5*
und *7* den Gedanken nahelegen, in den Verhältnissen eine geordnete Menge zu sehen,
während im übrigen der Verhältnisbegriff durchweg im Sinne einer Relation benutzt
wird („gleiches" bzw. „größeres Verhältnis haben"), so spricht alles für den Standpunkt unseres Textes, auch wenn er sich bei den Kommentatoren nicht oder nur sehr
versteckt[1] findet.

Es bliebe noch die Möglichkeit, daß die Verhältnisse eine Menge *eigener Art* bilden[2].
Gegen diesen Standpunkt ist nichts einzuwenden, als daß durch die Einführung dieser
Menge nichts Wesentliches gewonnen, während Euklid glatt zu lesen ist, wenn man die
Relation „im Verhältnis stehen" betrachtet. Sobald diese Menge jedoch als „Menge
von reellen Zahlen" gedeutet werden soll, wie es bei einigen Autoren[3] geschieht, müssen

---

[1] Anklänge finden sich an verschiedenen Stellen: Heath (13 B. II S. 121) beispielsweise spricht von „magnitudes being in proportion" und sagt dann kurz darauf mit
Barrow: „so Euclid is entitled to describe a certain property which four magnitudes
may have, and to call magnitudes possessing that property magnitudes in the same
ratio." Kurz darauf aber werden dann „equal ratios" doch als Individuen, als Schnitte
nämlich, behandelt, worüber noch zu sprechen sein wird. — Cantor sagt an einer
Stelle (Vorl. S. 277) von *Def. 5*: „Sie will erklären, was es heiße, wenn man von vier
Größen sage, daß sie in Proportion stehen." — In etwa gehören auch noch hierher
die Hankelsche Formulierung von *X, 7* (Zur Gesch. S. 112): „Inkommensurable Größen
verhalten sich nicht wie Zahlen zueinander", wo Zahlen und Größen, nicht aber Verhältnisse betrachtet werden, und schließlich die Feststellung Weyls (Phil. S. 10), daß
Euklid, „da er den Wert des geometrischen Verhältnisses im absoluten Sinne nicht
recht definieren konnte, bestimmte, was unter gleichen Verhältnissen zu verstehen
ist". Hier müßte es konsequenterweise „verhältnisgleich" heißen. — Die Problematik
und die Rarität solcher Stellen zeigen deutlich, wie stark das Bewußtsein eingewurzelt
ist, daß man es in Buch V mit gewissen Elementen, Verhältnisse genannt, zu tun
habe.

[2] Dieser Standpunkt drückt sich für einige Verfasser darin aus, daß sie den Zahl-
charakter der Verhältnisse eindeutig ablehnen: Thaer: Anm. zu Buch V S. 68;
Dijksterhuis: Deel II S. 62, 97 u. 276; v. d. Waerden: E. W. S. 133; Dedekind:
Brief an Lipschitz vom 6. 10. 76; — für Hasse und Scholz dagegen führt die Ab-
setzung gegen den Bereich der Schnitte zur Eigenständigkeit der Verhältnisse, die
übrigens eher für als gegen den Standpunkt des Textes spricht. Zwar ist auch bei
ihnen davon die Rede, „daß zwischen den verhältnisgleichen Eudoxischen Größenpaaren einerseits und den Dedekindschen Schnitten andererseits eine tiefgehende
Verwandtschaft besteht" (Grundlagenkrisis S. 21); doch werden dann nicht nur der
Umfang, sondern auch die Grenzen dieser Verwandtschaft eingehend diskutiert. Eine
Stelle ist dabei besonders aufschlußreich: „Während also Dedekind die Elemente
seines Bereiches, die Schnitte, inhaltlich in völlig bestimmter Weise festlegt, sieht
Eudoxos von einer inhaltlichen Bestimmung der Elemente seines Bereichs, der Ver-
hältnisse, ab. Daher kann insbesondere die aufgewiesene formale Identität beider
Bereiche nicht zugleich auch als eine materiale (inhaltliche) angesprochen werden."

[3] Daß Verhältnisse Zahlen „sind" bzw. ihre „Definition" durch Eudoxos mit der
modernen Zahldefinition übereinstimmt, lesen wir bei Zeuthen, Simon, Weyl und
Heath: Der erstere schreibt (Die Math. S. 47): „Diese Definitionen (*4* u. *5* — der
Verf.) ... zeigen, daß das ‚Verhältnis' zweier Größen, die ebensowohl inkommensurabel

wir Einsprüche anmelden und diese Deutung als viel zu weit gehend ablehnen. Zunächst können wir zu den Äußerungen dieser Verfasser unmittelbar etwas sagen: ZEUTHENs Behauptung ist unbestimmt und nicht schlagend: Natürlich können wir von unserem heutigen Standpunkt diese Bedeutung hineinlegen, aber zu der Zahl ist von hier aus noch ein weiter Weg. SIMON bleibt uns den Beweis für seine These ebenso schuldig wie WEYL, der sich doch zumindest damit auseinandersetzen müßte, warum EUDOXOS mit den angeblich für ihn gegebenen „reellen Zahlen" niemals operiert. Auch HEATH geht zu weit: Gewiß kann man mit Hilfe von *Def.5* eine solche Klasseneinteilung vornehmen. Dagegen ist allerdings nur solange nichts zu sagen, wie nicht behauptet wird, EUKLID selbst operiere mit dieser Einteilung. Diese Unterstellung wollen wir nämlich sogleich näher untersuchen:

Die Übereinstimmung von *Def.5* mit der Gleichheitsdefinition für Schnitte[1] erscheint auf den ersten Blick in der Tat verblüffend: Formt man nämlich die Bedingungsgleichungen für die Verhältnisgleichheit (s. D.5 pag. 36) „nur unwesentlich" um, so erhält man: $a:b=c:d$, wenn für beliebige natürliche Zahlen n, m stets zugleich mit $a/b \gtreqless m/n$ auch $c/d \gtreqless m/n$ ist. a/b trennt also die unendliche Menge der *rationalen* (genauer der positiven rat.) Zahlen m/n in solche $< a/b$ und solche $\geqq a/b$. Damit haben wir eine Einteilung der Menge der rationalen Zahlen in zwei Klassen A_1, A_2 mit der charakteristischen Eigenschaft, daß jede Zahl a_1 aus A_1 kleiner ist als jede Zahl a_2 aus A_2. Gerade das aber ist nach DEDEKIND[1] der „Schnitt (A_1, A_2)". Da c/d nach Obigem dieselbe Einteilung hervorruft, sind die beiden Schnitte identisch, und wir haben offensichtlich $a/b=c/d$. Entspricht nun dem Schnitt keine rationale Zahl, so wird durch ihn (immer noch nach DEDEKIND) die irrationale Zahl a/b definiert, und wir hätten damit das System der reellen Zahlen. Und das $3^1/_2$ Jahrhunderte vor Christus![2]

---

als kommensurabel sein können, hier (aber nicht in den arithmetischen Büchern und der Benennung alogos = kein Verhältnis habend) ganz dieselbe Bedeutung wie die moderne allgemeine Zahl hat, und die hier ausgedrückten Forderungen stimmen mit der Charakterisierung einer solchen durch Dedekinds Schnittmethode überein." SIMON (Anm. zu Buch V S.109 und Gesch. S. 256) sagt im Anschluß hieran ebenso unmißverständlich: „Es wird zwar immer behauptet, die Hellenen hätten in der Irrationalzahl keine Zahl gesehen, aber aus dem V. Buch geht m.E. unwiderleglich hervor, daß sie den Zahlbegriff in voller, fast wörtlich mit der Weierstraßschen Auffassung sich deckender Schärfe besaßen und daß EUKLID wie EUDOXOS im Verhältnis zweier gleichartiger Größen nichts anderes sahen als eine Zahl." Auch nach WEYL (Phil. S. 32) „ist für EUDOXOS die reelle Zahl gegeben als das Verhältnis zweier vorliegender Strecken" und HEATH (13B. II S.124) schließlich stellt fest: "Certain it is that there is an exact correspondence, almost coincidence, between EUCLID's definition of equal ratios and the modern theorie of irrationals due to DEDEKIND." Wem diese Stelle noch nicht überzeugend genug klingt, der findet eine Seite weiter implizit (in einem Beweis) und zwei Seiten weiter (S.126) explizit den Standpunkt: "In a word, Euclid's definition divides *all rational numbers* into two coextensive classes, and therefore defines equal ratios in a manner exactly corresponding to DEDEKIND's theory."

[1] DEDEKIND Stetigk. S. 315f. (§ 4).

[2] Gestützt wird diese Ansicht von maßgebenden Autoren: HAUSER (Geom. S.145) nennt unsere obige Umformung eine „moderne, übersichtliche Schreibweise" der *Definition 5* und folgert daraus: „Nach EUDOXOS sind somit zwei Verhältnisse identisch (!), wenn sie dieselbe Einteilung oder — mit einem modernen Begriff (nach DEDEKIND) ausgedrückt — den gleichen „Schnitt" in der nach der Größe geordneten Menge der rationalen Verhältnisse hervorrufen. Das entspricht im wesentlichen schon der heutigen Definition der irrationalen Zahl." — SPEISER (Klass. St. S. 40) spricht von der „Eudoxischen Größenlehre, die heute als die Theorie des Dedekindschen Schnittes bekannt ist. Man erkennt dies sofort, wenn man die Ungleichungen von 5. und entsprechend von 7. in folgender Gestalt schreibt $a/b \gtreqless n/m$". — Auch WEYL (Phil. S.32) ist der Ansicht, daß sich auf dem Fundament der Einteilung aller Brüche m/n in Klassen bei EUKLID die Proportionenlehre errichte. — Die Meinung HEATHs geht bereits aus den vorherigen Zitaten (s.o.) hervor.

Was Dedekind selbst von dieser Unterstellung hielt, ist aus seinem Briefwechsel mit Lipschitz[1] bekannt. Für ihn sind „die Euklidischen Prinzipien allein, ohne Zuziehung des Prinzips der Stetigkeit, welches in ihnen nicht enthalten ist, unfähig, eine vollständige Lehre von den reellen Zahlen als den Verhältnissen der Größen zu begründen". Nun, welches sind diese „Euklidischen Prinzipien"? Halten wir uns an sie, um nicht ebenfalls der Gefahr zu erliegen, in eine Aussage Euklids — verleitet durch den heutigen Stand der mathematischen Erkenntnis — mehr „hineinzuinterpretieren", als ihr vom Verfasser mitgegeben wurde:

Die Deutung von $a:b$ und $c:d$ als „Schnitte" im Sinne Dedekinds setzt nicht nur die bereits erwähnte „unwesentliche" Umformung voraus, sondern auch die Auffassung der vorkommenden Ausdrücke m/n als die „unendliche Menge der rationalen Zahlen". Beide Voraussetzungen finden hier wie im übrigen Teil der Elemente nicht die geringste Rechtfertigung. Im ersten Falle geht es um die Umformung der „multiplikativen Form" der *Def. 5* in die „divisive", d.h. um den Übergang von $na \gtreqless mb$ zu $a/b \gtreqless m/n$. Einen solchen aber können wir in den Elementen überhaupt nicht erwarten, weil dem Verfasser die „Division" der beiden Seiten einer Gleichung und erst recht einer Ungleichung durch eine Zahl n oder gar durch eine Größe b völlig fremde Operationen sind. Schon die Division als solche ist bei Euklid kaum gebräuchlich. Für Strecken könnte sie mit einer natürlichen Zahl als Divisor auf der Basis von *VI, 9* durchgeführt werden, wo gelehrt wird, „*von einer gegebenen Strecke einen vorgeschriebenen Teil* (im Beweis den 3.) *abzuschneiden*"; eine Ausdehnung auf Dreiecke und Parallelogramme wäre dann mittels *VI, 1* möglich, wo es heißt „*Dreiecke sowie Parallelogramme unter derselben Höhe verhalten sich zueinander wie die Grundlinien.*" Eine weitere Verallgemeinerung, etwa gar auf „alle Größen", erfolgt jedoch nicht. Man wende nicht ein, daß der hier gezogene enge Rahmen auf diesem oder jenem Wege unschwer zu erweitern sei. Darum geht es hier nicht! Entscheidend ist für uns, ob eine solche Erweiterung von Euklid im Rahmen seiner Elemente wirklich durchgeführt wird.

Die erste Voraussetzung (s. o.) entfällt also, wie ist es dann mit der zweiten, d.h. mit der Auffassung, in den m/n die „unendliche Menge der rationalen Zahlen" zu sehen? Wendet man *Def. 5* (über Euklid hinausgehend) unmittelbar auf die Paarmenge $\langle m, n \rangle$ $(m, n \in Z^+$ pos. ganz) an, so gewinnt man für diese Menge genau die Äquivalenzrelation, die man bei der Einführung der rationalen Brüche braucht. Selbst wenn man nun noch den *Satz VII, 19* in der Form $\langle m_1, n_1 \rangle \sim \langle m_2, n_2 \rangle \Leftrightarrow m_1 n_2 = n_1 m_2$ (in Buch V finden sich keine entsprechenden Hilfsmittel und *VI, 16* ist nur für Strecken brauchbar) hinzunähme, so wäre damit noch lange nicht das System der rationalen Zahlen gewonnen.

Für sie brauchte man nämlich Rechenregeln, wie $m/n + m'/n' = \dfrac{mn' + nm'}{nn'}$, $m/n \cdot m'/n' = mm'/nn'$, die ausgehend von den Verhältnissen (ganzer Zahlen), den Beweis entsprechender Äquivalenzrelationen erforderten, z. B. $\langle m_1, n_1 \rangle \sim \langle m_2, n_2 \rangle \Leftrightarrow$

---

[1] Wir setzen die Grundgedanken der Auseinandersetzung (s. Dedekind Ges. Werke III oder Becker Grundl. S. 237f.) als bekannt voraus und zitieren hier nur die Interpretation von *Def. 5*: „Die gleichartigen Größen A, B haben dasselbe Verhältnis wie die gleichartigen Größen A_1, B_1, wenn für jedes Paar von ganzen rationalen Zahlen m, n entweder gleichzeitig $nA < mB$ und $nA_1 < mB_1$ oder gleichzeitig $nA = mB$ und $nA_1 = mB_1$ oder gleichzeitig $nA > mB$ und $nA_1 > mB_1$ ist. Soll diese Definition überhaupt einen Sinn haben, so wird über die Dinge, die Größen genannt werden, zweierlei und nichts weiter vorausgesetzt:

(1) Von je zwei verschiedenen gleichartigen Größen wird stets eine als die größere, die andere als die kleinere erkannt.

(2) Ist A eine Größe und n eine ganze Zahl, so gibt es immer eine mit A gleichartige Größe nA, das der Zahl n entsprechende Vielfache von A.

Im übrigen erfährt man außer diesen stillschweigend gemachten und den in ihren lateinischen Worten enthaltenen Voraussetzungen nichts über die Ausdehnung oder Mannigfaltigkeit eines Gebietes von gleichartigen Größen, und die Def. sagt nur, wann zwei in einem Größengebiet *vorhandene* Individuen dasselbe Verhältnis haben wie zwei andere."

$\langle m_1 n' + n_1 m', n_1 n' \rangle \sim \langle m_2 n' + n_2 m', n_2 n' \rangle$, die keineswegs trivial sind. Da sich zu solchen Regeln kein Ansatzpunkt bei EUKLID findet (Aufstellung II pag. 15—17 zeigt, daß es in Buch VII nicht einmal Sätze gibt, die dem „Additionssatz" $V, 24$ entsprechen), besteht kein Recht zu der Behauptung, er habe das System der rationalen Zahlen „besessen". Dies steht im wesentlichen im Einklang mit der Meinung der Kommentatoren[1].

Räumt man dies aber ein, so gibt es nur eine Konsequenz: Wenn die Griechen das System der rationalen Zahlen in der präzisen Form, wie wir es fordern müßten, überhaupt nicht besessen haben, dann ist es sinnlos, ihnen das Operieren mit „Schnitten", also mit Mengen von rationalen Zahlen, zuzuschreiben.

Man mißverstehe nun unsere Erörterungen nicht. Gewiß war es ungemein fruchtbar, die *Definition 5* mit dem Dedekindschen Schnittbegriff zu vergleichen, ja man kann sogar sagen, daß man die historische Bedeutung von *Def. 5* nur richtig würdigen kann, wenn man die Zusammenhänge im Auge behält. Man muß sich aber andererseits klar darüber sein, daß bei EUKLID nirgendwo mit solchen Schnitten als selbständigen Elementen eines festen Bereichs gearbeitet wird. Außerdem wird in Teil III gezeigt, daß man der großen historischen Bedeutung von Buch V vielleicht noch besser oder jedenfalls erst dann voll gerecht wird, wenn man seine Begriffe und seinen Aufbau nicht nur vom Standpunkt des Zahl-

---

[1] Diese ist, daß die griechische „wissenschaftliche" Mathematik (die „praktische Rechenkunst", die Logistik, steht hier nicht zur Debatte!) die „rationalen" Zahlen (rational in unserem Sinne) als Gesamtheit niemals ins Auge gefaßt hat. HANKEL (Zur Gesch. S. 389) spricht vom „Mangel eines alle rationalen Zahlen umfassenden Begriffs". Bei DIJKSTERHUIS findet sich folgende Stelle (s. Deel II S. 276 Fußn.): „Das Seltsame ist, daß TAYLOR die Frage, ob die Griechen wohl rationale Zahlen gekannt haben, überhaupt nicht bespricht. Er geht fortwährend von der Voraussetzung aus, daß sie mit Brüchen arbeiteten, die sie als Zahlen betrachteten. Es ist jedoch immer noch eine offene Frage, wieweit sie dies getan haben. EUKLID macht es sicher *nicht*!" — HASSE und SCHOLZ (Grundlagenkrisis S. 33) sind zwar der Ansicht, daß die Griechen in der Gestalt der Lehre von den ganzzahligen Verhältnissen eine saubere Theorie der Brüche als „Zahlenpaare mit gewissen Vergleichungs- und Anordnungsregeln" besessen haben, stellen aber später (S. 65/66) mit aller Eindeutigkeit fest, daß „die Griechen das … System der rationalen Zahlen nicht gehabt haben", weil sie diese bewußt ausschlossen. Diese Ausschließung wird u. a. mit einer PLATON-Stelle motiviert, in der es heißt (Staat S. 525 D, E) „Du weißt ja, wie die geschulten Mathematiker es machen: Wenn einer versucht, die reine Eins in Gedanken zu zerteilen, so lachen sie ihn aus und weisen ihn ab; und wenn du sie zerstückelst, so werden jene sie vervielfachen, immer nur darauf bedacht, daß nicht die Eins sich als etwas zeigt, was nicht eins, sondern eine Vielheit von Teilen wäre" (vgl. auch die Übersetzung bei V. D. WAERDEN E. W. S. 189). HASSE und SCHOLZ erläutern das so: „Wenn wir die heutige Zeichensprache anwenden und die Einheit mit a bezeichnen, so sagten die Laien unter den Griechen wohl $b = {}^3/_5\, a$, aber die „geschulten Mathematiker" setzten dafür $5\,b = 3\,a$". — Bei BECKER (EUD. Stud. I S. 315) ist von der Gleichheit „rationaler Brüche" die Rede, während später (S. 374 EUD. Stud. IV) von der „Gleichheit zwischen rationalen Zahlenverhältnissen im VII. Buch" gesprochen wird. Doch liegt auch von ihm eine eindeutige Stellungsnahme vor: In seiner Geschichte der antiken Mathematik (in BECKER-HOFMANN „Gesch. der Math.") heißt es nämlich (S. 59): „ … wie überhaupt der Körper der rationalen ‚Zahlen' in der Antike niemals ins Auge gefaßt worden ist." — Den Schluß mache V. D. WAERDEN (E. W. S. 188): „Brüche kommen in der offiziellen griechischen Mathematik vor ARCHIMEDES nicht vor; … Der Grund für die Verbannung der Brüche aus der Theorie ist die theoretische Unteilbarkeit der Einheit." Auch hier wird als Beleg die obige PLATO-Stelle zitiert.

begriffs der modernen Analysis, sondern auch vom Standpunkt eines „modernen Größenbegriffs" und der Homomorphismentheorie aus betrachtet.

Damit können wir die Erörterung der *Definition 5* abschließen. Ihre Ausführlichkeit ist gerechtfertigt durch die fundamentale Bedeutung dieser Definition als Grundlage der gesamten Eudoxischen Größenlehre[1]. Daß wir mit unseren Ansichten auf dem richtigen Wege sind, wird aber nicht allein durch die obigen Erörterungen, sondern noch mehr dadurch belegt, daß in den folgenden Ausführungen der gesamte Inhalt der Größenlehre des V. Buches allein auf der Basis unseres Axiomensystems und der entsprechenden Definitionen, d.h. ohne Verwendung der Multiplikation oder gar der Division zweier Größen und ohne das „Verhältnis" als selbständiger Größe, aufgebaut wird.

Kehren wir nun zu unserer Definition D.5 (pag. 36) zurück. Um später zu einer sinnvollen Klassenbildung zu kommen, wollen wir zunächst zeigen, daß die damit definierte Verhältnisgleichheit eine echte Äquivalenzrelation ist, d.h., daß die folgenden Bedingungen erfüllt sind:

$$\boxed{\text{S.8} \quad a:b = a:b} \qquad \text{(Reflexivität)},$$

$$\boxed{\text{S.9} \quad a:b = a':b' \Rightarrow a':b' = a:b} \qquad \text{(Symmetrie)},$$

$$\boxed{\text{S.10} \quad a:b = a':b',\ a':b' = a'':b'' \Rightarrow a:b = a'':b''} \qquad \text{(Transitivität)}.$$

Der Beweis dieser Sätze erfordert neben D.5 die Axiome (s. pag. 48) A.1, A.3, A.7, A.8. Zu bemerken ist noch, daß Euklid selbst den Satz S.8 nie verwendet (s. die späteren Bemerkungen zu Satz *V, 23*).

Es folgen noch die später benötigten Sätze:

$$\boxed{\text{S.11} \quad a:b = a':b' \Rightarrow b:a = b':a'.}$$

Beweis mit D.5 und AD.3.

$$\boxed{\text{S.12} \quad a:b = a':b',\ a = b \Rightarrow a' = b'.}$$

Beweis mit D.5 und S.5 (s. pag. 27).

Zum Schluß sei noch erwähnt, daß sich die Relationen „gleiches Verhältnis haben" und „größeres Verhältnis haben" gegenseitig ausschließen. Dies folgt unmittelbar aus dem Wortlaut der Definitionen D.5 und D.7 (pag. 36); für den bei Definition D.7 in Klammern beigefügten Fall (Saccheri) bringt de Morgan den Ausschließungsbeweis[2]. Was jedoch unbedingt eines Beweises bedarf, ist die Tatsache, daß die Relationen größeres und kleineres Verhältnis haben, d.h. (wenn wir den letzteren Ausdruck vermeiden wollen) $a:b > a':b'$ und $a':b' > a:b$, nicht gleichzeitig bestehen können. Das Fehlen dieser Ausschließung wird uns bei Satz *V, 10* noch beschäftigen[3].

Die nächste „Definition" Euklids wird also solche weder im V. Buche noch an späterer Stelle benötigt, wie die Aufstellungen I und II (pag. 15) ausweisen, und gilt deshalb als wahrscheinlich interpoliert[4]. Sie lautet:

---

[1] Siehe auch Hankel, Zur Gesch. S. 113.
[2] Siehe Heath 13B. II S. 130.
[3] Vgl. dazu auch Thaer, Bem. zu *V, Def. 7* u. *V, 10* S. 69 u. 71.
[4] Vgl. Hankel, Zur Gesch. S. 396.

Def: 8. *Die kürzeste Proportion besteht aus drei Gliedern.*

Im Hinblick auf die nächsten beiden „Definitionen" (s. w. u.) müßte sie eigentlich lauten: „Die kürzeste Proportion besteht aus drei Größen und soll ‚stetige' Proportion heißen." Diese Proportion kommt nämlich in den späteren Büchern (nicht dagegen in V) tatsächlich vor, wie Aufstellung II (pag. 16) unter *Def. 9* und *Def. 10* zeigt. Da sie für die Diskussion des „Rechnens" mit Verhältnissen und mit Automorphismen von Bedeutung ist, bauen wir sie in der erweiterten Form in unser System ein:

> **D.8** Stehen die Größen a, b_1, b_2, c in Proportion, gilt also $a:b_1 = b_2:c$, und sind b_1 und b_2 gleich groß, d.h. $b_1 = b_2 = b$, so soll die Beziehung $a:b = b:c$ „stetige Proportion" heißen und die Größe b in diesem Zusammenhang „mittlere Proportionale" der Größen a und c.

Wegen $b_1 = b_2$ und D.5 müssen alle drei (vier) Größen demselben Modell (s. D.4) angehören. Die Beziehung „in stetiger Proportion stehen" erfordert also weitergehende Voraussetzungen als das einfache „in Proportion stehen".

Die nächsten zwei „Definitionen" EUKLIDs sind in Wirklichkeit zu beweisende Sätze und beziehen sich auf die in *Def. 8* eingeführte Proportion aus drei Gliedern:

Def. 9: *Wenn drei Größen in (stetiger) Proportion stehen, sagt man von der ersten, daß sie zur dritten „zweimal im Verhältnis stehe" wie zur zweiten;*

Def. 10: *und wenn vier Größen in (stetiger) Proportion stehen, sagt man von der ersten, daß sie zur vierten „dreimal im Verhältnis stehe" wie zur zweiten, und ähnlich immer der Reihe nach je nach der vorliegenden Proportion.*

Diese Aussagen, die im weiteren Verlauf des V. Buches nicht benötigt werden (Verwendung s. Aufst. II pag. 16), sind — für sich allein genommen — nicht verständlich. Man kann natürlich in Übereinstimmung mit den Gesetzen der Logik für den Sachverhalt, daß drei Größen in stetiger Proportion stehen, noch einen weiteren Namen schaffen, etwa das „zweimal im Verhältnis Stehen", doch geht es hier keineswegs um eine Bezeichnung, sondern um den Sachverhalt: $a:b = b:c \Rightarrow a:c = (a:b)^2$ bei *Def. 9* und $a:b = b:c = c:d \Rightarrow a:d = (a:b)^3$ bei *Def. 10*.

Das aber sind Sätze, die nicht nur zu beweisen wären, sondern auch durch weitere Erklärungen hätten vorbereitet werden müssen, da z.B. ein Ausdruck wie $(a:b)^2$ an dieser Stelle völlig unverständlich ist. Bis jetzt ist ja nicht einmal ein Produkt von Größen erklärt, viel weniger ein solches von „Verhältnissen". Wir werden den gesamten Komplex der „Verknüpfungsprobleme" im Anschluß an *V, 22* (pag. 92) eingehend diskutieren, können uns also hier mit einem Hinweis begnügen.

Eine Frage aus diesem Komplex muß jedoch schon hier angeschnitten werden, da sie in engem Zusammenhang mit der Verhältnisgleichheit steht: die Umwandlung oder Ersetzung einer Proportion durch die sog. „Produktgleichung". Ein sinnvolles Produkt von Größen gibt es für EUKLID jedoch nur für den Spezialfall der Strecken in Gestalt des Rechtecks oder seines Spezialfalles, des Quadrats. Dementsprechend kommt die Produktgleichung nicht in der allgemeinen Größenlehre des V. Buches vor, sondern unter den „Anwendungen" in Buch VI. Dort lautet *Satz 16:* „*Stehen vier Strecken in Proportion, so ist das Rechteck aus den äußeren dem Rechteck aus den mittleren gleich. Und wenn das Rechteck aus den äußeren Strecken dem Rechteck aus den mittleren gleich ist, dann müssen die vier Strecken in Proportion stehen.*" Das ist in der Tat eine völlige Äquivalenz. *Satz 17* ist dann die Spezialisierung von *16* auf die stetige Proportion (s.o.) und führt auf die Produktgleichung $b^2 = ac$.

Diese Beschränkung des Produktes auf den einzigen von der Anschauung her „sinnvollen" Spezialfall liefert auch sofort die Antwort auf die Frage, warum die Griechen als Kriterium für die Verhältnisgleichheit nicht das Bestehen der (verglichen mit *V, Def. 5*) um soviel einfacheren Produktgleichung benutzt haben. — Bei Zahlen wäre es dagegen leicht möglich gewesen; denn für sie wird das *VI, 16* Entsprechende in *VII, 19* ausgesagt. Hier aber liefert es keine Vereinfachung, da die für das In-Proportion-Stehen von Zahlen gültige Definition *VII, Def. 20* (Wortlaut s. pag. *33*) ohnehin völlig „durchsichtig" ist.

Immerhin könnte im Anschluß an *VI, 16* (und *17*) doch die Frage auftreten, ob es vielleicht andere Stellen in den Elementen gibt, wo explizit oder implizit die Produktgleichung zur Charakterisierung gleicher Verhältnisse benutzt wird. Sehen wir die dreizehn Bücher daraufhin durch, so finden wir nur vier Stellen, wo die Produktgleichung in der Form $ad = bc$ auftritt. Es sind der Beweis von *VI, 17* und die Beweise von *X, 28, 112* und *113*. Stets wird dabei die Produktgleichung im Sinne von *VI, 16* (s. o.) gebraucht und ausschließlich mit Strecken operiert. Während die Verwendung in *VI, 17* nur zur Spezialisierung auf den Fall der stetigen Proportion (s. *V, Def. 8*) dient, geht es in den genannten Sätzen von Buch X ausschließlich um Umformungen zur Untersuchung irrationaler Strecken und Flächen. Die Charakterisierung gleicher Verhältnisse als solche steht an keiner Stelle im Vordergrund. Für die Verwendung des Spezialfalles *VI, 17* (s. o.) in *X, 27, 28, 54, 60, 94, 97, 100; XII, 1, 3—6, 10, 11, 13* gilt dasselbe.

Das Analogon zu *VI, 16* auf dem Gebiet der (natürlichen) Zahlen ist *VII, 19*. Die Spezialisierung auf drei Zahlen wird nicht explizit angeführt, gilt aber, wie der Schluß des Beweises von *IX, 13* zeigt, als stillschweigend mitgegeben. Auch *VII, 19* wird in den Anwendungen (s. *VII, 24, 30, 33, 34; IX, 12, 13, 18, 19, 36*) nur zu Umformungen von Produktgleichungen gebraucht. Wir können also feststellen, daß zur Charakterisierung der Relation „im gleichen Verhältnis stehen" niemals die Produktgleichung, und zwar weder explizit noch implizit, sondern ausschließlich *V, Def. 5* (bzw. bei Zahlen *VII, Def. 20*) benutzt wird.

Für unser Größensystem benötigen wir die Zusammenhänge der *Definitionen 9* und *10* nicht, ganz abgesehen davon, daß Ausdrücke $(a:b)^2$ und $(a:b)^3$ gar nicht erklärt sind. Wir verweisen nur noch einmal auf die spätere eingehende Behandlung. Die Übernahme entsprechender Definitionen entfällt also. — Um so wichtiger ist uns

Def. 11: *Als „entsprechende" Größen bezeichnet man Vorderglied zu Vorderglied und Hinterglied zu Hinterglied.*

Diese Bezeichnung drängt den Gedanken an Urbilder und Bilder eines Endomorphismus' geradezu auf, den wir im III. Teil näher ausführen wollen. Hier übernehmen wir zunächst für unser System:

| D.9 | Stehen vier Größen in Proportion, $a:b = a':b'$, so sollen a und a' bzw. b und b' in diesem Zusammenhang „entsprechende" Größen heißen, und zwar a und a' „Vorderglieder", b und b' „Hinterglieder". |

Die nun noch folgenden Definitionen Euklids beziehen sich auf die Umformung der Grundproportion $a:b = a':b'$ zu neuen Verhältnisgleichheiten gemäß *Def. 5*. Sie tragen einen ganz anderen Charakter als etwa *Def. 5* selbst; denn sie sind reine Worterklärungen. Jede von ihnen spielt bei einem ganz bestimmten Satz eine Rolle, dort nämlich, wo das Vorliegen einer Verhältnisgleichheit von vier Größen in neuer Reihenfolge aus dem Bestehen der Grundproportion gefolgert wird. Wir werden die Bezeichnungen daher — nur wenn nötig — erst an Ort und Stelle übernehmen.

Def. 12: *Verhältnis „mit Vertauschung" ist die Inbeziehungsetzung von Vorderglied zu Vorderglied und von Hinterglied zu Hinterglied.*

Hier ist der Übergang von der Grundproportion $(a:b=c:d)$ zur Verhältnisgleichheit $a:c=b:d$ gemeint, der uns als „Vertauschungssatz" noch beschäftigen wird (s. *V, 16*). Diese Umformung setzt voraus, daß alle vier Größen der Grundproportion Elemente von M sind (daher die Schreibweise $a:b=c:d$ für die Grundproportion), was keineswegs für alle der folgenden Umstellungen gefordert werden muß.

Def. 13: *Verhältnis „mit Umkehrung" ist die Inbeziehungsetzung von Hinterglied als Vorderglied zu Vorderglied als Hinterglied.*

Das ist der Übergang zur Verhältnisgleichheit $b:a=b':a'$, die wir mehrfach benötigen werden, und mit der wir uns bei dem umstrittenen *Zusatz zu Satz 7* (unser Satz S.11) werden beschäftigen müssen. Ihre Bildung setzt z.B. die eben besprochene Maßvergleichbarkeit aller vier Größen nicht voraus.

Def. 14: *„Verhältnisverbindung" ist die Inbeziehungsetzung von Vorderglied mit Hinterglied vereinigt zum selben Hinterglied.*

t.a.5 Hier möge der Hinweis auf den späteren *Satz 18* genügen (erstes Auftreten der „Vereinigung" (Summe) zweier Größen).

Def: 15. *„Verhältnistrennung" ist die Inbeziehungsetzung des Überschusses von Vorderglied über Hinterglied zum selben Hinterglied.*

Während uns der Inhalt der Definition erst bei *Satz 17* beschäftigen wird, müssen wir uns hier mit dem Begriff „Überschuß" (gr. ὑπεροχή) von einer Größe über eine andere etwas näher befassen. Wir haben es dem Sinne nach mit dem gleichen Begriff zu tun, der uns in *Axiom 3* des Buches I bereits als Rest entgegengetreten ist (s. Bem. pag. 26). Ein Hinweis oder eine Bezugnahme darauf fehlen *t.a.6* jedoch bei EUKLID ebenso wie eine nähere Erklärung des Begriffes. Er wird genau wie die „Summe" (s.o.) stillschweigend als bekannt vorausgesetzt.

Wir übernehmen den hier gemeinten Ausdruck als „Differenz" in unser System und definieren:

| D. 10 | Die nach Axiom A.13 zu zwei Größen a, b mit $a>b$ (s. D.0) stets vorhandene Größe c nennen wir die „Differenz der Größen a und b" und schreiben $c=a-b$. |

Die Eindeutigkeit dieser Differenz folgt so: Nach A.13 (pag. 49) existiere ein Element c derart, daß gemäß D.0 (pag. 51) $a>b$, d.h. $a=b+c$. Gäbe es zwei solche Größen, etwa c_1 und c_2, so hätten wir $b+c_1=b+c_2$, woraus nach dem „Kürzungssatz" S.6 (pag. 27) wegen der vorausgesetzten Kommutativität (A.10) sofort $c_1=c_2$ folgen würde. — Für diese Differenz ergeben sich nun aus der Definition in Verbindung mit A.13 (pag. 49) und D.0 (pag. 51) einige Sätze, die wir später benötigen:

| S.13 | $k(a-b)=ka-kb$ für $a>b$. |

Dieser Satz kann nicht als Spezialfall von S.2: $na+nb=n(a+b)$ (pag. 26) betrachtet werden, da „negative" Größen, etwa $-kb$, als selbständige Elemente nicht definiert sind und für den Aufbau des V. Buches auch nicht erklärt zu werden brauchen. Andererseits wird neben der Definition der Differenz eben dieser Satz S.2 zum Beweis von S.13 benutzt:

> Wir setzen $a-b=r$ und $ka-kb=r'$ (erlaubt durch D.10, A.13 und D.2); dann gilt nach A.13: $a=b+r$ und $ka=kb+r'$, d.h. $kb+r'=k(b+r)=kb+kr$ (nach A.5 und S.2) oder $r'+kb=kr+kb$ (nach A.10). Die Kürzungsregel liefert dann $r'=kr=k(a-b)$ (s.o.), und unser Beweis ist fertig; denn $ka-kb=k(a-b)$.

(Die benutzten Axiome finden sich auf den pag. 48, die verwendeten Definitionen und Sätze auf den pag. 52 und 53 zusammengestellt.)

$$\text{S. 14} \qquad (n-m)\,a = n\,a - m\,a \quad \text{für} \quad n > m.$$

Beweis (entspr. S.13) mit A.2, A.3, A.10, A.13; D.2, D.10, S.1, S.6. ;

$$\text{S.15} \qquad a \gtreqqless b \Rightarrow a-c \gtreqqless b-c \quad \text{für} \quad a, b > c.$$

Beweis: D.10, A.5, A.10, S.6.

$$\text{S.16} \qquad a-c \gtreqqless b-c \Rightarrow a \gtreqqless b \quad \text{für} \quad a, b > c.$$

Beweis: Indirekt unter Verwendung von S.15, A.6, A.7.

$$\text{S.17} \qquad (a-b)+b = a \quad \text{für} \quad a > b).$$

Beweis: D.10, A.10, A.5.

$$\text{S.18} \qquad (a+b)-a = (b+a)-a = b.$$

Beweis: D.10, A.13, A.10.

Diese Sätze, die Euklid weitgehend stillschweigend voraussetzt (s. unsere Bemerkungen bei ihrer späteren Verwendung), reichen nun aus, die Aussagen, in denen „Überschüsse" vorkommen, exakt zu beweisen. — Kehren wir also zu den Definitionen Euklids zurück. Die Definition *V, Def. 15*, an die wir den Exkurs über Differenzen angeschlossen haben (pag. 45), führt damit auf die Verhältnisgleichheit $(a-b):b=\cdots$, die in den *Sätzen 17* und *18* auftritt und dort näher behandelt wird. Auch für *Def. 16* wird der Überschuß noch einmal benötigt:

Def. 16. *„Verhältnisumwendung" ist die Inbeziehungsetzung von Vorderglied zum Überschuß von Vorderglied über Hinterglied.*

Hier handelt es sich um die Vorbereitung der Verhältnisgleichheit $a:(a-b)=a':(a'-b')$, mit der wir uns im Anschluß an die Behandlung von *Satz 19* noch kurz beschäftigen werden.

Def. 17: *Verhältnis „über gleiches weg" hat man, wenn sich bei Zusammenstellung mehrerer Größen mit gleich viel weiteren, so daß sie paarweise immer in demselben Verhältnis stehen, dann: wie in der ersten Reihe die erste Größe zur letzten, ebenso in der zweiten Reihe die erste Größe zur letzten verhält; oder anders: es ist die Inbeziehungsetzung der äußeren Glieder unter Weglassung der mittleren.*

Auch diese Definition ist wieder ein verkappter Satz: Es ist zwar möglich, eine Inbeziehungsetzung „über gleiches weg" zu definieren; sobald man dabei aber feststellt, daß sich dann „wie in der ersten Reihe die erste Größe zur letzten, ebenso in der zweiten Reihe die erste Größe zur letzten verhält", so ist das zu beweisen, was tatsächlich aber erst an späterer Stelle geschieht (s. *Satz 22*).

In unserem System entspricht dieser Aussage der Satz: $a:b=a':b'$, $b:c=b':c'$, $c:d=c':d' \Rightarrow a:d=a':d'$, den wir als S.51 im Anschluß an *Satz 22* beweisen werden.

Schließlich bleibt noch die letzte Definition zu nennen:

Def. 18: *Eine „überkreuzte Proportion" hat man, wenn sich bei drei Größen und gleichviel weiteren; wie in der ersten Reihe eine vorangehende Größe zur folgenden, ebenso in der zweiten Reihe eine vorangehende Größe zur folgenden verhält, zugleich aber wie in der ersten Reihe die folgende Größe zu noch einer, ebenso in der zweiten Reihe noch eine zur vorangehenden.*

Hier liegt tatsächlich eine echte Definition vor, die sich auf die Zusammenstellung von drei Größen a, b, c und gleichviel weiteren a', b', c' zu zwei bestimmten Verhältnisgleichheiten, nämlich $a:b=b':c'$ und $b:c=a':b'$ bezieht. Wenn diese Beziehungen bestehen, dann soll von „überkreuzter Proportion" gesprochen werden. Der entscheidende Unterschied zu der als Satz anzusprechenden *Def. 17* besteht also darin, daß hier von den sechs in Rede stehenden Größen nicht vorher behauptet wird, daß „sie paarweise immer in demselben Verhältnis stehen" oder sonst eine Voraussetzung erfüllen. Hier ist gerade das Bestehen der beiden Verhältnisgleichungen Voraussetzung für die Bezeichnung „überkreuzte Proportion". *Satz 23* macht im Vergleich mit *Satz 22* diesen Unterschied der beiden Definitionen besonders deutlich. Dort zeigt sich dann auch, wieweit die sechs Größen gleichartig sein müssen. Soviel zu den Definitionen[1].

3. Grundlagen der Analyse

Nach dieser eingehenderen Betrachtung der Definitionen des V. Buches kommen wir nun zu unserem Hauptanliegen, zur Aufklärung des Umfanges und der Struktur des in diesem Buche behandelten Größensystems. Wir wollen zeigen, daß es für diesen Größenbereich ein Axiomensystem, sowie eine Reihe einfacher Definitionen und Hilfssätze gibt, die es uns erlauben, alle Aussagen des Buches herzuleiten. Der Nachweis hierfür ist gleichzeitig eine logische Analyse der Beweise EUKLIDs und bringt die Lücken, Unrichtigkeiten und vor allem die benutzten „tacit assumptions" (Abkürzung: t.a.), d.h. die stillschweigenden Voraussetzungen (s. pag. 6/7), klar zutage.

---

[1] Was die Behandlung der die verschiedenen Umformungen einer Proportion charakterisierenden *Definitionen 12—18* in der kommentierenden Literatur betrifft, so werden sie von den Historikern vor HANKEL, aber auch von v. D. WAERDEN gar nicht erwähnt, wohl weil sie als „rein nominelle" Definitionen „keiner weiteren Erörterung bedürfen" (HANKEL Zur Gesch. S. 396). Näher erläutert werden sie bei THAER (El. 2. Teil S. 69/70), der auch die lateinischen Namen (proportio perturbata usw.) anführt. DIJKSTERHUIS behandelt sie bei den zugehörigen Sätzen. Die wichtigsten kritischen Bemerkungen bringt HEATH (13B. II S. 134—137): Er spricht von der „transformation of ratios or proportions" und bringt dabei einige für unsere gegen die Verwendung der Verhältnisse gerichteten Argumente wichtige Hinweise. Bei *Def. 12* heißt es: "which would be better described with reference to a proportion of four terms than with reference to a ratio". Und bei *Def. 17*: "it is rather a proportion ex aequali than a ratio ex aequali which is being defined". In *Def. 18* ist ohnehin nur von Proportion (prop. perturbata) die Rede.

An Hand des Axiomensystems wird es dann ein leichtes sein, den gewonnenen Bereich im Sinne der modernen Algebra näher zu charakterisieren und ihn auch auf seinen Umfang, z.B. im Hinblick auf die Auseinandersetzung zwischen Dedekind und Lipschitz (s.w.u. — vgl. auch pag. 40) zu untersuchen. Es geht also — modern ausgedrückt — um die Struktur des den Elementen zugrunde liegenden Größenbereichs.

Wir beginnen der Übersichtlichkeit halber mit dem vollständigen System, an das wir dann noch einige Bemerkungen knüpfen wollen, um es im nächsten Teil II.4 unserer Betrachtungen den Deduktionen zugrunde zu legen. Die verwendeten Nummern werden, wie bereits geschehen, auch weiterhin zum abgekürzten Zitieren benutzt, wobei etwa der Hinweis (A.11) bedeutet: „siehe unser Axiom A.11". Die Axiome Euklids sind durch kursive Schrift von den unseren abgehoben, z.B. *I, Ax.1* usw. — Die Aussagen AD.1 bis AD.4 haben zweifache Bedeutung: sie sind gleichzeitig Existenz sicherstellende Axiome wie implizite Definitionen.

Axiome des Größensystems M

AD.1   Es existiere ein „Größensystem" M, d.h. eine Menge von Elementen („Größen") $a, b, c, \ldots$, die den folgenden Bedingungen genügen:

AD.2   I. Für die Elemente ist eine Äquivalenzrelation $a=b$ („a gleich groß wie b" oder kurz „a gleich b") definiert mit den Eigenschaften:

A.1   1. $a = a$ (Reflexivität),

A.2   2. $a = b \Rightarrow b = a$ (Symmetrie),

A.3   3. $a = b, \ b = c \Rightarrow a = c$ (Transitivität).

A.4   4. Zu jeder Größe a sollen in M für jede ganze Zahl n stets n zu a gleiche, d.h. gleich große (s.o.), Elemente $a_1, a_2, \ldots, a_n$ existieren.

A.5   5. In allen folgenden Relationen soll jede Größe durch jede gleich große ersetzbar sein (Ersetzungsaxiom).

AD.3   II. Für die Elemente von M ist eine „Ordnung" $a > b$ $(b < a)$, gelesen „a größer als b" („b kleiner als a"), definiert, d.h. es existiert in M eine zweistellige Relation $>$ $(<)$, die den Regeln genügt:

A.6   6. Für je zwei Elemente $a, b \in M$ gilt stets eine der Beziehungen $a > b, \ a = b, \ a < b$.

A.7   7. Die Relationen $>$, $=$, $<$ schließen sich gegenseitig aus.

A.8   8. $a > b, \ b > c \Rightarrow a > c$.
          (Zur Ordnung s. die späteren Bemerkungen: pag. 51; ebenso zu den Ordnungsaxiomen A.11 u. 12.)

AD.4   III. In M existiert eine Verknüpfung $+$, „Addition" genannt, d.h. zu je zwei Elementen $a, b \in M$ ist stets die „Summe" c definiert: $a + b = c$, wo $c \in M$. Diese Verknüpfung genügt den Regeln:

A.9   9. $a + (b + c) = (a + b) + c$ (Assoziativität),

A.10   10. $a + b = b + a$ (Kommutativität);
          Verbindung mit der Ordnung:

A.11   11. $a + b > a$,

A.12   12. $a > b$, $c_1 = c_2 \Rightarrow a + c_1 > b + c_2$
       (Monotonie der Add.; zu 11./12. vgl. pag. 52).

A.13   13. Zu zwei Elementen $a, b \in M$ mit $a \neq b$ (d.h. es gelte nicht die nach I. mögliche Äquivalenz) existiert stets ein drittes Element c mit entweder $a = b + c$ oder $a + c = b$.

A.14   14. Zu zwei Elementen $a, b \in M$ mit $a > b$ (nach AD.3 bzw. Def. 0 pag. 51) gibt es stets ein Vielfaches nb (gem. D.2 pag. 24) mit $nb > a$ (Archimedisch-Eudoxisches Maßaxiom).

     Später werden noch gebraucht:

A.15   15. Zu den drei Größen a', b', a ($a', b' \in M'$; $a \in M$) gibt es in M stets eine vierte Größe b derart, daß $a' : b' = a : b$ (Existenz der 4. Proportionale).

A.16   16. Zu jedem Element $b \in M$ und jeder natürlichen Zahl n existiert eine Größe $a \in M$ mit $na = b$ („n-ter Teil von b"; vgl. Def. D.3 pag. 24).

Zu diesen Axiomen sei zunächst noch einiges bemerkt: Die in I. eingeführte „Gleichheit" ist nicht die Identität. EUKLID betrachtet stets (der Identität nach) verschiedene Individuen, z.B. gleiche Strecken in verschiedener Lage. Er geht dabei so weit, den gleichen Sachverhalt zweimal auszusprechen (und zu beweisen), wenn dieser einmal für dieselbe, d.h. eine Größe, das andere Mal für gleiche, d.h. zwei Größen, gelten soll. Typische Beispiele sind die Sätze *I, 35/36* und *I, 37/38*, bei denen die Flächeninhalte von Parallelogrammen bzw. Dreiecken einmal „auf derselben Grundlinie", dann, gesondert, „auf gleichen Grundlinien" betrachtet werden. Die Auffassung des ersten Falles als Spezialfall des zweiten liegt EUKLID fern.

Für ihn ist es dementsprechend auch nicht möglich, aus drei gegebenen Strecken ein Dreieck zu errichten; durch die „Vorgabe" (das „Hinlegen") ist nämlich über die Strecken verfügt und man kann nur noch mit „ihnen gleichen" arbeiten. So wird beispielsweise die unhandliche Form des Satzes *I.22* verständlich, der beginnt: „*Aus drei Strecken, die drei gegebenen gleich sind, ein Dreieck zu errichten.*" Für Winkel gilt das Entsprechende; man vgl. Satz *I.23*. EUKLID benutzt also den Identitätsbegriff im ursprünglichsten Sinne, macht daher auch keinerlei Aussagen darüber.

Unter seinen Axiomen des I. Buches fehlt dementsprechend die Aussage „Jede Größe ist sich selbst gleich" oder eine äquivalente. Der Sachverhalt selbst wird jedoch laufend benutzt. Die Sätze *I.9, 11, 12, 33* und *34* seien als Beispiele zitiert. Daß für dieselbe Größe auch die Axiome für Gleiches angewendet werden dürfen, zeigt der Beweis von Satz *I.15*, wo von zwei Winkeln derselbe beiderseits weggenommen wird und die Reste nach *Axiom 3* („*Wenn von Gleichen Gleiches weggenommen wird, ...*") als gleich bezeichnet werden.

Damit ist unser Axiom A.1 bei EUKLID stillschweigende Voraussetzung. Dasselbe gilt für unser Axiom A.2, wovon wir uns etwa bei Satz *I.24* überzeugen können: $BC = EG \Rightarrow EG = BC$. Nicht mehr so selbstverständlich wie Reflexivität und Symmetrie erscheint EUKLID die Transitivität. Er führt sie ausdrücklich als Axiom an: „*Axiom 1: Was demselben gleich ist, ist auch einander gleich.*" Damit sind unsere Äquivalenzaxiome von EUKLID her gerechtfertigt.

Unser Axiom A.4 erfährt seine Rechtfertigung vom weiter oben Gesagten. Beim Arbeiten mit den zu einer gegebenen Größe gleichen Größen, vor allem bei der Zusammensetzung (s. w. u.), muß gesichert sein, daß genügend dieser gleichen zur Verfügung stehen, da ich ja anschaulich immer nur zwei völlig getrennte Größen in Beziehung setzen, also etwa zusammensetzen kann. Für Euklid ist auch dies eine Selbstverständlichkeit.

Auf der Basis der bisher genannten Axiome ergäbe sich die Möglichkeit einer Klassenbildung, indem man alle äquivalenten Größen zu einer Klasse zusammenfaßt und jedes einzelne Element als Repräsentant dieser Klasse betrachtet. Die weiteren Relationen könnten dann für diese Klassen definiert oder axiomatisch gefordert werden. Da Euklid jedoch die Klassenbildung nicht kennt und nur mit den Repräsentanten arbeitet, ziehen wir es vor, auch im weiteren Aufbau des Axiomensystems von den „Elementen von M" und nicht von den „Äquivalenzklassen gleicher Elemente" als neuen Elementen eines neuen Bereichs zu sprechen. Es steht ja nichts im Wege, die so erklärten Relationen (Ordnung usw.) bei Bedarf sinngemäß auf die zugehörigen Klassen zu übertragen, deren Repräsentanten die in Rede stehenden Elemente sind. Da dieser Zuordnungsprozeß umkehrbar ist im Sinne eines Überganges von einer Klasse zu jedem beliebigen ihrer Repräsentanten, ist es doch nur eine Frage der jeweiligen Zweckmäßigkeit, wie man vorgeht. Auch in einer allgemeinen Größenlehre, die wir im Grunde bei unseren Betrachtungen immer mit im Auge haben, würde man doch zweckmäßigerweise so vorgehen und nur bei Bedarf die Klassenbildung heranziehen und die definierten Relationen mit ihren Bezeichnungen auf die Klassen übertragen (durchgeführt in III.1, pag. 108).

Die Gleichwertigkeit der Repräsentanten ein und derselben „Äquivalenzklasse" kommt in unserem Axiomensystem im „Ersetzungsaxiom" A.5 zum Ausdruck. Es erspart bei jeder neuen Relation den Beweis der Unabhängigkeit von den zufällig gewählten Repräsentanten. Bei der Addition (s. w. u.) erspart A.5 beispielsweise ein sonst erforderliches Axiom des Inhalts, daß die Addition gleich großer Elemente immer wieder gleich große Elemente ergibt: Aus der nach AD.4 und A.1 geltenden Beziehung $a_1 + a_2 = a_1 + a_2$ folgt nämlich bei $a_1 = b_1$ und $a_2 = b_2$ nach A.5 sofort $a_1 + a_2 = b_1 + b_2$. Euklid benutzt hier sein Axiom $I.Ax.2$ („*Wenn Gleichem Gleiches hinzugefügt wird, sind die Ganzen gleich.*"), wie es z. B. im Beweis von I.45 geschieht, dehnt aber dessen Anwendung auch auf die „natürlichen Vielfachen" aus (vgl. $I.41$), so daß es unter Beachtung seines *Axioms 3* (s. pag. 26) durchaus gerechtfertigt erscheint, ein allgemeines Ersetzungsaxiom zu formulieren.

Bei der Einführung der „Ordnung" steht man vor der Frage, ob man sie axiomatisch (Teil II des Axiomensystems) oder über die Addition (s. u.) einführen soll. Beide Wege müssen zu den Grundbeziehungen der Relation $>$ bzw. $\geqq$ führen, die wir im Anschluß an die Einführung der Addition behandeln wollen. Bei axiomatischer Einführung wären sie unter den Nummern AD.3 (Existenz der „Ordnung"), A.6—A.8 (Eigenschaften der Ordnung) und A.11, A.12 (Zusammenhang mit der Addition) in unser Axiomensystem aufzunehmen.

Der III. Teil dieses Systems beschäftigt sich mit der für die Elemente von M existierenden Verknüpfung, der „Addition" also. Sie ist von so fundamentaler, von so ursprünglicher Art, daß wir sie (genau wie Euklid) nicht explizit definieren, sondern durch ihre wichtigsten Eigenschaften einführen wollen. Anschaulich gesprochen handelt es sich hier um einen Verschmelzungsprozeß, bei dem zwei (und damit beliebig viele) Größen zu einer Größe *derselben* Art zusammengefaßt werden: Strecken werden zu einer neuen Strecke, Flächen zu einer neuen Fläche usw.

Betrachtet man (im Hinblick auf eine allgemeine Größenlehre) neben den geometrischen auch physikalische Größen, so wird hier der Verschmelzungsprozeß am Beispiel der Gewichte auf einer Waage besonders deutlich: Für EUKLID wäre es nicht damit getan, mehrere Gewichte nebeneinander, d.h. getrennt, auf die gleiche Waagschale zu legen. Erst zusammengeschmolzen, d.h. als *ein* neues Element (und zwar des alten Bereichs der Gewichte), sind sie als „Summe" im Euklidischen Sinne zu bezeichnen. Der Verfasser der Elemente bleibt also stets im selben Bereich der Einzelgrößen, was wir ja selbst für die Bildung der Verhältnisse festgestellt haben.

Neben der „Addierbarkeit" ist die Anordnung das typische Merkmal von Größen. Für EUKLID gehört sie zu den stillschweigenden Voraussetzungen (vgl. *t.a.4*). Für die Rückführung auf die Addition (statt der ebenso möglichen axiomatischen Einführung: s. o.) sprechen zwei Stellen im II. Buch der Elemente, und zwar die Sätze *II.12* und *13*. Dort geht es um die Verallgemeinerung des Satzes des Pythagoras auf das stumpfwinklige bzw. spitzwinklige Dreieck, wo das Quadrat über der „Grundseite" jeweils größer bzw. kleiner ist als die Summe der Quadrate über den gegenüberliegenden Seiten. In dem Beweis von *12* heißt es: *„also ist $CB^2 = CA^2 + AB^2 + 2CA \cdot AD$. Folglich ist CB^2 um $2CA \cdot AD$ größer als $CA^2 + AB^2$."* und im Beweis von *13*: *„also sind $CB^2 + BA^2 = AC^2 + 2CB \cdot BD$. Folglich ist AC^2 allein um $2CB \cdot BD$ kleiner als $CB^2 + BA^2$."* Das führt zu folgender Definition:

D.0	Existiert zu zwei Elementen $a, b \in M$ mit $a \neq b$ ein Element c_1 mit $a = b + c_1$, so nennt man a (um c_1) „größer als b" (b um c_1 „kleiner als a"); existiert hingegen ein Element c_2 mit $a + c_2 = b$ (eines von beiden gibt es nach A.13 immer), so nennt man a (um c_2) „kleiner als b" (b um c_2 „größer als a"); geschrieben: $a > b$ ($b < a$) bzw. $a < b$ ($b > a$).

Aus dieser Definition und den Axiomen folgen sofort die wichtigsten Grundbeziehungen der Ordnung:

S.(A.6)	Für je zwei Elemente aus M gilt stets eine der Beziehungen $a > b$, $a = b$, $a < b$.

Beweis: a) Ist $a = b$, so gilt die Behauptung.

b) Ist $a \neq b$, so existiert nach A.13 entweder
c_1 mit $a = b + c_1$, d.h. $a > b$, oder
c_2 mit $a + c_2 = b$, d.h. $a < b$. W.z.b.w.

S.(A.7)	Die Relationen $>$, $=$, $<$ schließen sich gegenseitig aus.

Beweis: Folgt sofort aus A.13.

S.(A.8)	$a > b$, $b > c \Rightarrow a > c$.

Beweis: $a = b + k_1$, $b = c + k_2$ (nach Vor. und D.0)
$\Rightarrow a = (c + k_2) + k_1$ (A.5)
$= c + (k_2 + k_1)$ (A.9)
$= c + k_3$,   (AD.4)
d.h. $a > c$.   (D.0)   W.z.b.w.

$$\boxed{\text{S.(A.11)}\quad a+b>a.}$$

Beweis: $\quad a+b=a+b$ $\qquad$ (A.1)

$\quad\Rightarrow\quad c=a+b,$ $\qquad$ (AD.4)

$\quad$ d.h. $\quad c>a$ $\qquad$ (D.0)

$\quad\Rightarrow\quad a+b>a.$ $\qquad$ (A.5) $\qquad$ W.z.b.w.

$$\boxed{\text{S.(A.12)}\quad a>b,\ c_1=c_2\Rightarrow a+c_1>b+c_2}\qquad\text{(Monotonie der Addition)}$$

Beweis: $a=b+k$ $\qquad$ (Vor; D.0)

$\quad\Rightarrow\quad a+c_1=(b+k)+c_2$ $\qquad$ (A.1; A.5)

$\quad\Rightarrow\quad a+c_1=b+(k+c_2)$ $\qquad$ (A.9)

$\quad\Rightarrow\quad a+c_1=b+(c_2+k)$ $\qquad$ (A.10)

$\quad\Rightarrow\quad a+c_1=(b+c_2)+k$ $\qquad$ (A.9)

$\quad$ d.h. $\quad a+c_1>b+c_2.$ $\qquad$ (D.0) $\qquad$ W.z.b.w.

Zum Auftreten dieser Beziehungen in den Elementen: vgl. *I.19, 25; I.21, 24; I.Ax.8* und *I.Ax.4*.

Zur Existenz der Differenz (A.13), zum Eudoxischen Maßaxiom (A.14) und zur Existenz der 4. Proportionale (A.15) wird an den betreffenden Stellen Näheres gesagt. Zur Abrundung der Größenlehre fehlt dann noch die Forderung der „Unterteilbarkeit", die Euklid ebenfalls stillschweigend voraussetzt (s. unsere späteren Bemerkungen zu Satz *V.5*). Wir denken hierbei vor allem an die in der Physik immer wieder praktizierte Bildung von Untereinheiten, z.B. $1\,\text{m}=100$ cm usw. Daß auch hierbei wieder die „Unabhängigkeit von der Wahl der Repräsentanten" gilt, zeigen die Sätze *I.37* und *38*, in denen zum Beweis benutzt wird, daß „die Hälften gleicher Ganzen aber gleich sind" (vgl. auch das (interpolierte) Axiom *I.Ax.6*).

Daß wir bei diesen und den voraufgehenden Bemerkungen vor allem Stellen aus den ersten Büchern zitieren, soll die allgemeine Verwendung der betreffenden Gedanken in den Elementen, also auch außerhalb der Proportionenlehre, zeigen. Die Bedeutung für Buch V wird ja im kommenden Teil ausführlich dargelegt. Bevor wir damit beginnen, seien die bei der Erörterung von Euklids Definitionen formulierten Definitionen für unser System noch einmal im Zusammenhang aufgeführt:

$\boxed{\text{D.1}}$ Unter einer „Größe" verstehen wir ein Element der Menge M, d.h. jedes Ding $a, b, c, \ldots$, das den Axiomen A.1 bis A.16 genügt.

$\boxed{\text{D.2}}$ Ein „Vielfaches der Größe a", genauer gesagt das „n-Fache" von a, ist erklärt durch

$$na=a_1+a_2+\cdots+a_n,$$

wo $a_i=a$ für $i=1, 2, \ldots, n$.

$\boxed{\text{D.3}}$ a nennt man in diesem Falle einen „Teil", genauer gesagt den „n-ten Teil" der Größe na.

$\boxed{\text{D.4}}$ Ein vorgegebenes System von Größen, das unserem Axiomensystem A genügt, soll ein „Modell von A" heißen; die Elemente desselben Modells sollen „gleichartig", genauer „maßvergleichbar", heißen.

| D. 5 | Wir nennen vier Größen a, b, a', b' (a, $b \in M$; a', $b' \in M'$) „verhältnisgleich" oder „in Proportion stehend", geschrieben $a:b = a':b'$, wenn für beliebige n- bzw. m-fache von ihnen stets gilt: |

$$na \gtreqless mb \Leftrightarrow na' \gtreqless mb'.$$

| D. 6 | Sind die Größen a, b, a', b' verhältnisgleich (s. D.5), so sollen sie (in dieser Reihenfolge) als „1., 2., 3. und 4. Proportionale" bezeichnet werden. |

| D. 7 | Gibt es n-Fache von a und a' sowie m-Fache von b und b' derart, daß $na > mb$ und gleichzeitig $na' \leq mb'$, so wollen wir sagen, daß die Größen a, b „größeres Verhältnis haben" als die Größen a', b'. |

| D. 8 | Stehen die Größen a, b_1, b_2, c in Proportion, gilt also $a:b_1 = b_2:c$, und sind b_1 und b_2 gleich b, so soll die Beziehung $a:b = b:c$ „stetige Proportion" heißen und die Größe b „mittlere Proportionale" der Größen a und c. |

| D. 9 | Stehen vier Größen in Proportion, $a:b = a':b'$, so sollen a und a' sowie b und b' in diesem Zusammenhang „entsprechende Größen" heißen, und zwar a und a' „Vorderglieder", b und b' „Hinterglieder". |

| D. 10 | Die nach Axiom A.13 zu zwei Größen a, b mit $a \neq b$ stets vorhandene Größe c nennen wir die „Differenz", und zwar bei $a = b + c_1$ die „Differenz von a und b", geschrieben $c_1 = a - b$, und bei $a + c_2 = b$ die „Differenz von b und a", geschrieben $c_2 = b - a$. |

Diese Definitionen liefern im Verein mit unseren Axiomen die schon früher (pag. 25—27, 42, 45/46) entwickelten wichtigen Hilfssätze, die wir für die folgende kritische Analyse der eigentlichen Sätze des V. Buches ebenfalls noch einmal im Zusammenhang anführen wollen. Von EUKLID werden sie größtenteils stillschweigend vorausgesetzt.

t.a.10	S.1	$na + ma = (n + m)\,a$	
t.a.9	S.2	$na + nb = n\,(a + b)$	
t.a.11	S.3	$n\,(ma) = (nm)\,a$	
t.a.17	S.4	$a > b,\ c > d \Rightarrow a + c > b + d$	
	S.5	$a \gtreqless b \Rightarrow na \gtreqless nb$	
	S.6	$a + c \gtreqless b + c \Rightarrow a \gtreqless b$	(„Kürzungsregel")
	S.7	$na \gtreqless ma \Rightarrow n \gtreqless m$	
	S.8	$a:b = a:b$	(Reflexivität)
t.a.20	S.9	$a:b = a':b' \Rightarrow a':b' = a:b$	(Symmetrie)
El.V.11	S.10	$\left.\begin{array}{l} a:b = a':b' \\ a':b' = a'':b'' \end{array}\right\} \Rightarrow a:b = a'':b''$	(Transitivität)
t.a.15	S.11	$a:b = a':b' \Rightarrow b:a = b':a'$	
	S.12	$a:b = a':b',\ a = b \Rightarrow a' = b'$	
	S.13	$k\,(a - b) = ka - kb$ für $a > b$	
	S.14	$(n-m)\,a = na - ma$ für $n > m$	

$t.a.21$

S.15	$a \gtreqqless b \Rightarrow a-c \gtreqqless b-c$ für $a,b>c$
S.16	$a-c \gtreqqless b-c \Rightarrow a \gtreqqless b$ für $a,b>c$
S.17	$(a-b)+b=a$
S.18	$(a+b)-a=(b+a)-a=b$

Die ausführlichen Beweise dieser Sätze machen bei Benutzung der an den angegebenen Stellen jeweils genannten Hilfsmittel keine Schwierigkeiten. Als Beispiel sei der Beweis der Kürzungsregel S.6 unter Verwendung der auf pag. 27 zitierten Hilfsmittel einmal im einzelnen durchgeführt:

Behauptung: $a+c \gtreqqless b+c \Rightarrow a \gtreqqless b$.

Beweis: 1. Vorauss.: $a+c>b+c$;   Beh.: $a>b$.

   Angenommen, $a \not> b$,   d.h. $a \leq b$.   (A.6; A.7)

    a) $a=b \Rightarrow a+c=b+c$;   (A.5)

    b) $b>a \Rightarrow b+c>a+c$ (A.12)

        $\Rightarrow a+c<b+c$.   (AD.3)

Beide Annahmen führen auf Widersprüche zur Voraussetzung, also ist $a>b$. W.z.b.w.

   2. Vorauss.: $a+c=b+c$;   Beh.: $a=b$.

   Angenommen, $a \neq b$,   d.h. $a \gtrless b$.   (A.6; A.7)

    a) $a>b \Rightarrow a+c>b+c$;   (A.12)

    b) $b>a \Rightarrow b+c>a+c$ (A.12)

        $\Rightarrow a+c<b+c$;   (AD.3)

ebenfalls im Widerspruch zur Voraussetzung, d.h. $a=b$. W.z.b.w.

   3. Beh.: $a<b$. Beweis analog zu 1.

Mit unserem Handwerkszeug, d.h. den Axiomen, Definitionen und Hilfssätzen, wohl versehen wollen wir uns nun an die kritische Untersuchung der Sätze des V. Buches machen:

4. Zu den Sätzen von Buch V

a) Die Größensätze (1—6). Wir werden alle Sätze einheitlich in der Weise behandeln, daß wir sie nach Wiedergabe im Wortlaut (in der Thaerschen Übersetzung) möglichst „wortgetreu" in unser System einbauen und auf der Grundlage unseres Axiomen- und Definitionensystems beweisen. Der Vergleich mit der Deduktion Euklids liefert gegebenenfalls Ansätze zur Kritik, wobei dann auch die Sekundärliteratur zu Worte kommen soll. Eine Würdigung der Bedeutung des betreffenden Satzes für den Aufbau der Proportionenlehre bzw. des Euklidischen Systems der Elemente unter Heranziehung der Aufstellungen I (pag. 15) und II (pag. 15—17) wird die Behandlung jeweils abrunden. Die Bedeutung der Sätze für die Homomorphismentheorie soll dagegen erst im Teil III (pag. 123) im Zusammenhang gebracht werden.

Satz 1. *Bei beliebig vielen Größen, die einzeln Gleichvielfache von gleichviel weiteren Größen sind, ist die Summe von der Summe Ebensovielfaches wie die einzelne Größe von der (zugehörigen) einzelnen.*

In unserem System erhalten wir den Satz:

$$S.19 \quad a_1 = n\,b_1,\ a_2 = n\,b_2,\ \ldots,\ a_k = n\,b_k \Rightarrow$$
$$a_1 + a_2 + \cdots + a_k = n\,(b_1 + b_2 + \cdots + b_k).$$

Wir beweisen ihn durch fortgesetzte Anwendung von A.9 und S.2:

$$
\begin{aligned}
a_1 + a_2 + \cdots + a_k &= n\,b_1 + n\,b_2 + \cdots + n\,b_k && \text{(Vor; A.5)}\\
&= (n\,b_1 + n\,b_2) + \cdots + n\,b_k && \text{(A.9)}\\
&= n\,(b_1 + b_2) + n\,b_3 + \cdots + n\,b_k && \text{(S.2)}\\
&= (n\,(b_1 + b_2) + n\,b_3) + \cdots + n\,b_k && \text{(A.9)}\\
&= n\,(b_1 + b_2 + b_3) + \cdots + n\,b_k && \text{(S.2, A.9)}\\
&= \cdots && \text{(A.9, S.2)}\\
&= n\,(b_1 + b_2 + \cdots + b_k). && \text{W.z.b.w.}
\end{aligned}
$$

EUKLID selbst beweist seinen *Satz 1* unter Beschränkung auf 2 Summanden $(k=2)$ für die Verdoppelung $(n=2)$, spricht aber im Beweisgang stets von „beliebig vielen Größen" und „Gleichvielfachen". Wollen wir die Euklidischen Beweisgrundlagen im einzelnen herauspräparieren, so müssen wir die Folgerungen näher betrachten, vor allem dort, wo ohne Begründung, d.h. ohne Angabe der benutzten Axiome, Definitionen und Sätze, gefolgert wird; denn im Regelfall führt EUKLID die für jeden Beweisschritt benutzte Aussage sorgfältig und umständlich an. Gerade dort aber, wo ein Schritt als selbstverständlich, als nicht der Begründung bedürftig angesehen wird, muß unser Interesse einsetzen; denn dort finden wir die Euklidischen „Selbstverständlichkeiten", die keines Axioms gewürdigt werden; was allerdings nicht heißt, daß nicht auch unter den begründeten Schritten hier und da „Lücken" oder „Sprünge" konstatiert werden müssen.

Der Beweis läuft nun unter Benutzung der gewählten „Konkretisierung" (s. o.) folgendermaßen (die abkürzende „algebraische" Schreibweise ist so gewählt, daß keine Textstelle verfälscht wird oder gar verloren geht):

Vorauss.: $A\,B = A\,G + G\,B,$ wo $A\,G = G\,B = e,$
$\qquad\quad C\,D = C\,H + H\,D,$ wo $C\,H = H\,D = f.$

Diese Voraussetzung benutzt unter Berufung auf *V, Def.2* (Wortlaut pag. 22) das „Vielfache" offensichtlich als n-fache Summe, so wie wir es als Definition D.2 eingeführt haben. Dabei wird die Summe selbst (offensichtlich von der „Streckenaddition" — vgl. Buch II — her) stillschweigend als bekannt vorausgesetzt (s. t.a.5).

Beh.: $A\,B + C\,D = 2\,(e + f).$

(Wörtlich: Ich behaupte, daß auch $A\,B + C\,D$ von $e + f$ Ebensovielfaches ist wie $A\,B$ von e.)

Beweis: $A\,B = A\,G + G\,B,\qquad C\,D = C\,H + H\,D;$ (s.o.)
$\qquad\quad A\,G = e \qquad G\,B = e \qquad\qquad\quad (V, Def.2)$
$\qquad\quad C\,H = f \qquad H\,D = f$
$\qquad\quad A\,G + C\,H = e + f \qquad G\,B + H\,D = e + f.$

EUKLID benutzt hier ohne besonderen Hinweis den Satz: $a = b,\ c = d \Rightarrow a + c = b + d$, den man mit A.5, dem Ersetzungsaxiom, sofort erhält. EUKLID selbst könnte sich hierbei immerhin auf sein Axiom *I, Ax.2* berufen: „*Wenn Gleichem Gleiches hinzugefügt wird, sind die Ganzen gleich.*" Ein entsprechender Hinweis fehlt jedoch.

Der Beweis fährt fort:

$$\Rightarrow AB + CD = 2(e+f) \quad \text{(wörtlich: also enthält } AB+CD \text{ ebensoviel Teile} =$$
$$e+f, \text{ wie } AB \text{ Teile} = e \text{ enthält).}$$

Die hier vorgenommene Deduktion lautet im einzelnen offenbar:

$$\Rightarrow (AG+CH) + (GB+HD) = (e+f) + (e+f) \quad \text{(wieder mit } I, Ax.2 \text{ zu begrün-}$$
$$\text{den; s.o.).}$$

$$\Rightarrow (AG+GB) + (CH+HD) = (e+f) + (e+f) \quad \text{(hier wird das ass. und das komm.}$$

t. a. 7 / t. a. 8   Gesetz für Größen vorausgesetzt).

$$\Rightarrow AB + CD = (e+f) + (e+f) \quad \text{(nach Voraussetzung)}$$
$$\Rightarrow AB + CD = 2(e+f). \text{ W.z.b.w. (d.h. } (e+f) + (e+f) = 2(e+f)).$$

Dieser letzte Übergang ist nur zu rechtfertigen, wenn man entweder beim Vielfachenbegriff $na = a + \cdots + a$ für a stillschweigend auch beliebige Aggregate zuläßt, oder aber (bei Geltung von ass. und komm. Gesetz) ein Distributivgesetz voraussetzt. Beides aber läuft letztlich darauf hinaus, daß man an der stillschwei-

t. a. 9   genden Annahme von S.2, d.h. von $na + nb = n(a+b)$, dem distributiven Gesetz für natürliche Zahlen als Operatoren, nicht herumkommt.

Man sollte die Bedeutung dieser Kritik nicht unterschätzen, handelt es sich doch hier (und auch im folgenden noch) um Stellen, wo implizite Axiome herauspräpariert werden. Das kommt m.E. in den Kommentaren nicht genügend zum Ausdruck. Die *Sätze 1—3, 5* und *6* (*4* handelt bereits von einer Proportion) werden entweder gar nicht (Hankel, Becker, v. d. Waerden, Fladt) oder „nur in kurzer Zusammenfassung" (Dijksterhuis) als „einfache Theoreme der konkreten Arithmetik" (Heath nach de Morgan) erwähnt, die „praktisch alle durch Aufspaltung in ihre Einheiten bewiesen werden, deren Vielfache gebraucht werden" (Heath, Hist. S. 386).

Die einzige Andeutung, die eventuell im Sinne unserer obigen Kritik verstanden werden könnte, finden wir bei Thaer, wenn er (S. 70) schreibt: „Wie in *II,1* handelt es sich um einen Fall des distributiven Gesetzes der Multiplikation; die additiven Eigenschaften sind wie die der Anordnung für Größen schon bei den Definitionen vorausgesetzt." Für Simon (Eucl. S. 112) „beruht der Beweis ganz und gar auf Anschauung bzw. auf der Voraussetzung, daß das komm. und ass. Gesetz für die betr. Größenreihe erwiesen ist", was nach Obigem offensichtlich nicht ausreicht.

Für die Proportionenlehre ist *Satz 1* nur Hilfssatz für die Beweise von *V, 5, 8* und *12* — eine ähnliche Rolle spielt der ihm entsprechende Satz *VII,5* für die Zahlenlehre —, der im weiteren Verlauf der Elemente nicht mehr auftritt (s. Aufstellungen I und II).

Satz 2. *Wenn eine erste Größe von einer zweiten Gleichvielfaches ist wie eine dritte von einer vierten, während noch eine fünfte von der zweiten Gleichvielfaches ist wie eine sechste von der vierten, dann müssen auch zusammen erste und fünfte von der zweiten Gleichvielfaches sein wie dritte und sechste von der vierten.*

In unserem System lautet der Satz:

$$\boxed{\text{S.20} \quad \begin{aligned} a_1 &= n\,a_2, & a_5 &= m\,a_2 \\ a_3 &= n\,a_4, & a_6 &= m\,a_4 \end{aligned} \Rightarrow \begin{aligned} a_1 + a_5 &= k_1 a_2 \\ a_3 + a_6 &= k_2 a_4 \end{aligned} \quad \text{mit} \quad k_1 = k_2.}$$

Der Beweis fußt auf S.1:

$$a_1 + a_5 = n\,a_2 + m\,a_2 = (n + m)\,a_2, \qquad\qquad \text{(A.5; S.1)}$$
$$a_3 + a_6 = n\,a_4 + m\,a_4 = (n + m)\,a_4, \qquad\qquad \text{(A.5; S.1)}$$
$$\text{d.h.} \quad k_1 = n + m = k_2. \qquad\qquad \text{W.z.b.w.}$$

EUKLIDs Beweis arbeitet wieder wie bei *Satz 1* mit der „Anzahl der Teile" (n-fache Addition: *t.a.2*, pag. 22) und benutzt als unmittelbar einleuchtend, also ohne Berufung auf eine frühere Aussage (daher die scheinbare Voraussetzungslosigkeit von *Satz 2* in unserer Aufstellung I), die Tatsache: Bestehen die Summanden zweier Summen entsprechend aus der gleichen Anzahl von Teilen, so haben auch die Summen selbst die gleiche Anzahl von Teilen. Das aber ist unser Satz S.1, der, wie sein Beweis zeigt, als Voraussetzungen die Existenz der Summe (*t.a.5*), die Definition des n-Fachen (*t.a.2*), das Ersetzungsaxiom (hier wieder durch *I, Ax.2* zu ersetzen) und das ass. Gesetz (*t.a.7*) erfordert, deren Fehlen bei EUKLID bereits bei *Satz 1* aufgezeigt wurde. Im Prinzip setzt EUKLID bei seinem Beweis also den zu beweisenden Satz voraus!

t.a.10

Für die benutzten Größen a_i ist hier die Voraussetzung etwas schwächer als bei S.19. Während dort alle a_i und b_i aus demselben Modell stammen mußten, genügt hier bei S.20 die Forderung, daß einerseits a_1, a_5 und a_2 und andererseits a_3, a_6 und a_4 gleichartig (s. D.4) sein müssen. Die Formulierung würde also besser lauten $a_1 = n\,b$, $a_2 = m\,b$, also $a_1 + a_2 = (n + m)\,b$ und $a_1' = n\,b'$, $a_2' = m\,b'$, also $a_1' + a_2' = (n + m)\,b'$, entspräche dann allerdings nicht so übersichtlich der Euklidischen Formulierung.

Die Bedeutung von *Satz 2* beschränkt sich auf die Proportionenlehre. Er dient zum Beweis der *Sätze 3, 6* und *17* (s. Aufst. I und II). Dementsprechend findet er bei den Kommentatoren keine Erwähnung, nur SIMON widmet ihm die gleiche Bemerkung wie dem *Satz 1* (s.o.), während THAER in seinen Anmerkungen den Satz in Bruchform wiedergibt, über die im Anschluß an *Satz 3* und an *Satz 6* noch zu sprechen sein wird.

Satz 3. *Wenn eine erste Größe von einer zweiten Gleichvielfaches ist, wie eine dritte von einer vierten, und man bildet Gleichvielfache der ersten und dritten, dann müssen über gleiches weg auch die neugebildeten Größen Gleichvielfache der zugehörigen sein, die eine von der zweiten, die andere von der vierten.*

Zu der Formulierung „über gleiches weg" s. *Def.17* auf pag. 46, obwohl man sich streng genommen nicht auf diese Definition berufen kann, da sie den Begriff nur innerhalb von Proportionen definiert, worauf schon HEIBERG hinweist (s. HEATH, 13 B. II S. 141). Wir können hier auf diesen Begriff verzichten.

Für uns ist *Satz 3* eine Anwendung von S.3 (pag. 26) und lautet:

$$\boxed{\text{S.21} \quad \begin{aligned} a_1 &= n\,a_2 \\ a_3 &= n\,a_4 \end{aligned} \Rightarrow \begin{aligned} m\,a_1 &= k_1\,a_2 \\ m\,a_3 &= k_2\,a_4 \end{aligned} \quad \text{mit} \quad k_1 = k_2.}$$

$$\text{Beweis:} \quad \begin{aligned} a_1 &= n\,a_2 \\ a_3 &= n\,a_4 \end{aligned} \underset{\text{(A. 5)}}{==\Rightarrow} \begin{aligned} m\,a_1 &= m\,(n\,a_2) \\ m\,a_3 &= m\,(n\,a_4) \end{aligned} \underset{\text{(S. 3)}}{==\Rightarrow} \begin{aligned} m\,a_1 &= (m\,n)\,a_2, \\ m\,a_3 &= (m\,n)\,a_4, \end{aligned}$$
$$\text{d.h.} \quad k_1 = m\,n = k_2. \qquad \text{W.z.b.w.}$$

Auch hier brauchen nicht alle Größen gleichartig zu sein; es genügt die Gleichartigkeit von a_1 und a_2 sowie von a_3 und a_4. Die konsequente Formulierung müßte also lauten $a = n\,b$, $a' = n\,b' \Rightarrow m\,a = k_1\,b$, $m\,a' = k_2\,b'$ mit $k_1 = k_2$.

Euklid selbst arbeitet unter Beschränkung auf $m = 2$ wieder mit der Anzahl der Teile (unter stillschweigender Voraussetzung des ass. Gesetzes: t.a.7.) und stützt seinen Beweis auf *Satz 2*. Unser Beweis entspricht im wesentlichen diesem Gedankengang.

Was die wenigen Kommentare betrifft, so bringt Heath (S. 142) über die Beschäftigung mit der Heibergschen Bemerkung hinaus nur die formelmäßige Fassung von *Satz 3*, so wie er es auch bei *1* und *2* macht (s.u.). Simon (S. 113) beschränkt sich auf dieselbe Bemerkung wie zu *1* und *2* (s. bei *Satz 1*). Dijksterhuis (Deel II S. 64) stellt im Anschluß an Euklids Beschränkung auf $m = 2$ die Frage, ob diese Einschränkung nicht für die Anwendung von *Satz 2*, der ja faktisch auch nur für zwei Summanden bewiesen wurde (s.o.), unbedingt notwendig sei und ob dies bedeute, daß Euklid die Behauptung somit nicht *allgemein* beweise. Er antwortet darauf: „Dies ist jedoch sehr wohl der Fall. Gerade die absichtliche und für den Beweis unentbehrliche Einschränkung auf die Zweifachen von a und c weist auf die Absicht hin, daß größere Vielfache von a und c aufgebaut werden müssen durch jedesmalige Hinzufügung einer neuen Größe a oder c. Man erhält somit fortwährend Summen zweier Größen und darauf ist der Satz $V, 2$ gerade zugeschnitten." Interessant ist der daraus gezogene Schluß Dijksterhuis': „Es ist deutlich, daß wir es hier tatsächlich zu tun haben mit einer Beweisführung durch vollständige Induktion, einer Methode, die durch die Griechen niemals explizit formuliert worden ist, wovon sie die Anfänge jedoch wohl mehr intuitiv anwandten. Die Proposition $V, 3$ führt den Schritt von 1 auf 2 aus, derweil $V, 2$ in die Lage versetzt, den Schritt von n nach $n+1$ zu tun." Wichtiger für unsere Untersuchungen ist die Form, in der Thaer in seinen Anmerkungen (S. 70) die drei *Sätze 1—3* wiedergibt. Nach dem Hinweis, „Größen durch lateinische Buchstaben, ganze Zahlen durch griechische (wir benutzen aus drucktechnischen Gründen die Symbole n, m), Messungen durch den Bruchstrich, Verhältnisse durch den Doppelpunkt bezeichnen zu wollen, bringt er die *Sätze 1—3* in folgender Form:

$$\text{Satz 1:}\quad \text{Aus } n = \frac{a}{e} = \frac{c}{f} = \cdots \quad \text{folgt } \frac{a+c+\cdots}{e+f+\cdots} = n = \frac{a}{e}.$$

$$\text{Satz 2:}\quad \text{Aus } n = \frac{a}{c} = \frac{d}{f}, \quad m = \frac{b}{c} = \frac{e}{f}, \ldots \quad \text{folgt } \frac{a+b+\cdots}{c} = \frac{d+e+\cdots}{f}$$
$$= n + m + \cdots.$$

$$\text{Satz 3:}\quad \text{Aus } n = \frac{a}{b} = \frac{c}{d}, \quad m = \frac{e}{a} = \frac{g}{c} \text{ folgt } \frac{e}{b} = \frac{g}{d} = n\,m$$

Auch Simons Auffassung geht in diese Richtung; denn er schreibt (S. 112): „Der *Satz 1* ist der heute (!) soviel gebrauchte: Sind mehrere (Strecken-, Flächen-, etc.) Brüche (?) einander gleich, so ist die Summe der Zähler dividiert durch die Summe der Nenner gleich jedem der Brüche."

Ob man nun wie Thaer von „Messungen" oder wie Simon von „Brüchen" spricht, vor der obigen Schreibweise der Sätze sei ausdrücklich gewarnt. Sie verführt dazu, wesentlich mehr in die Euklidischen Sätze hineinzulegen als wirklich darinsteckt. Eine solche Vorwegnahme des Rechnens mit Verhältnissen, auch wenn es unter dem Decknamen des „Messens" geschieht, erscheint in keiner Weise gerechtfertigt: Weder hier noch beim weiteren Aufbau des Buches V bringen die Sätze oder Beweise einen einzigen Hinweis, der eine solche Deutung rechtfertigen würde. Wir werden im Gegenteil an mehreren Stellen darauf hinzuweisen haben, daß Euklid das „Rechnen mit Verhältnissen" ausdrücklich vermeidet.

Außerdem würden bei dieser Auffassung die obigen Sätze doppelt erscheinen: Sehen wir uns nämlich die *Sätze 12, 24* und *22* an, so würden sich diese nach dem vorausgegangenen Thaerschen Hinweis von den *Sätzen 1—3* nur durch den Doppelpunkt statt des Bruchstriches unterscheiden, während in Wirklichkeit, wie Aufstellung I (pag. 15) gut ausweist, die ersten drei Sätze zum Beweis der in *12, 24* und *22* behandelten Proportionen gebraucht werden.

Das weist auch gleich auf die Bedeutung der in den späteren Büchern nicht mehr gebrauchten Sätze hin: Sie dienen ebenso wie *5* und *6* (s.u.) zur Klärung der im Größenbereich des V. Buches geltenden Zusammenhänge und erinnern an die distributiven Formeln, die beim Nachweis auftreten, daß ein bestimmter Modul die gewöhnlichen ganzen Zahlen als Operatoren (hier also als Multiplikatorenbereich) besitzt (vgl. v. d. WAERDEN, Mod. Algebra I S.148). Es muß jedoch beachtet werden, daß es sich bei EUKLIDs Größenbereich, wie später zusammenfassend gezeigt wird, nicht um einen Modul, sondern nur um eine kommutative additive *Halb*gruppe mit den natürlichen Zahlen als Operatoren handelt.

Nach *Satz 3* unterbricht EUKLID die Folge der „distributiven Sätze", die er mit *5* und *6* (s.u.) noch vervollständigt, um zunächst einmal mit den gerade bewiesenen *Sätzen 2* und *3* eine erste Verhältnisgleichheit zu beweisen:

Satz 4. *Hat eine erste Größe zur zweiten dasselbe Verhältnis wie die dritte zur vierten, dann müssen auch bei beliebiger Vervielfältigung Gleichvielfache der ersten und dritten zu Gleichvielfachen der zweiten und vierten, entsprechend genommen, dasselbe Verhältnis haben.*

Unter Verwendung der „Verhältnisgleichheit" (s. D.5 pag. 36) lautet dieser Satz:

$$\boxed{\text{S. 22} \qquad a:b = a':b' \Rightarrow n\,a:m\,b = n\,a':m\,b'.}$$

Vorauss.: $\overline{n}\,a \gtreqless \overline{m}\,b \Rightarrow \overline{n}\,a' \gtreqless \overline{m}\,b'$ für jedes $\overline{n}$ und $\overline{m}$, (D.5)

d.h. auch für $\overline{n} = n_1 n$ und $\overline{m} = m_1 m$.

Beweis: $(n_1 n)\,a \gtreqless (m_1 m)\,b \Rightarrow (n_1 n)\,a' \gtreqless (m_1 m)\,b'$, (Vor)

$n_1(n\,a) \gtreqless m_1(m\,b) \Rightarrow n_1(n\,a') \gtreqless m_1(m\,b')$, (S.3)

also $n\,a:m\,b = n\,a':m\,b'$. W.z.b.w. (D.5)

Die erforderlichen Voraussetzungen gehen schon aus der Schreibweise hervor: $a, b \in M$, $a', b' \in M'$.

Der Beweis EUKLIDs stimmt — abgesehen von der Formulierung und den Bezeichnungen — mit unserem überein, setzt also (wie im Prinzip schon *Satz 3*) *t.a.11* den von uns benutzten Satz S.3 stillschweigend voraus.

Aus den drei letztgenannten stillschweigenden Voraussetzungen t.a.9—11 wird deutlich, daß es sich bei den t.a.'s durchaus nicht nur um „verkappte Axiome" handeln muß. Sieht man sich die Beweise unserer drei Sätze S.1 bis S.3 an, mit denen die drei t.a.'s ja identisch sind, so sieht man, daß die bisher herauspräparierten t.a.'s zusammen mit bei EUKLID vorhandenen Voraussetzungen durchaus eine Basis liefern, die drei „distributiven Gesetze für Operatoren" zu beweisen:

t.a.9 (Satz S.2) würde erfordern: t.a.5 (Summe), t.a.2 (*n*-fache Addition), t.a.7 (assoziatives Gesetz), t.a.8 (komm. Gesetz), während unser Ersetzungsaxiom, wie schon oben erwähnt, durch *I, Ax.2* vertreten werden könnte.

t. a. 10 (Satz S. 1) ist beweisbar mit: t. a. 5 (s. o.), t. a. 2, t. a. 7 und I, $Ax. 2$.

t. a. 11 (Satz S. 3) schließlich erforderte zum Beweis: t. a. 5, t. a. 2, t. a. 7, t. a. 8.

Die damit bis jetzt herauspräparierten t. a.'s zeigen also keineswegs „Minimalcharakter".

Doch zurück zu *Satz 4*: Soweit er in der Euklid-Literatur erwähnt wird, beschränken sich die diesbezüglichen Bemerkungen in der Regel auf die Angabe des Satzes in Form einer Proportion und mehr oder weniger kurze Hinweise zum Beweis (Heath, Dijksterhuis, Simon, Fladt).

Darüber hinausgehende Hinweise finden sich bei Heath (13 B.), Thaer und Becker. Heath (13 B. II S. 144) beschäftigt sich nach einer Auseinandersetzung mit dem griechischen Text (für uns weniger interessant) und einem Porisma (s. später *V, 7* Zus.) mit der schon von Simson aufgeworfenen Frage nach den beiden „Spezialfällen" von *Satz 4*, nämlich

$$a : b = a' : b' \Rightarrow n\, a : b = n\, a' : b'$$

und

$$a : b = a' : b' \Rightarrow a : m\, b = a' : m\, b'.$$

Ihr Beweis entspricht dem von *Satz 4* selbst (s. o.), indem man statt $n_1 n$ nur n_1 setzt oder statt $m_1 m$ nur m_1. Man könnte diesen Beweis, wie es übrigens schon de Morgan tat, für überflüssig halten, ergeben sich doch die beiden Sonderfälle einfach dadurch, daß man in *Satz 4* für n oder m direkt 1 einsetzt. Aber so einfach uns dies erscheint, den Griechen war dieser Schritt verwehrt: Für sie war die Einheit keine Zahl!

Wem die Definition der Zahl (*VII, Def. 2* s. pag. 20) diese Auffassung noch nicht deutlich genug zum Ausdruck bringt, der möge sich von der in den Elementen geübten Praxis überzeugen lassen (s. a. unsere Hinweise an späteren typischen Stellen).

Auch die Kommentatoren gehen zum Teil darauf ein: Der für die griechische Mathematik kompetente v. d. Waerden beginnt in der „Erw. Wissenschaft" sein Kapitel über die griechische Zahlentheorie (S. 180) mit dem Hinweis, daß mit Zahlen stets ganze positive Zahlen gemeint sind, und schränkt dies dann in einer Fußnote noch weiter ein: „Die Griechen schließen sogar die Einheit von den Zahlen aus, weil die Einheit keine Vielheit ist. Das führt zu umständlichen Formulierungen wie: ‚Wenn a eine Zahl oder 1 ist …'"

Bei Simon (S. 352) lesen wir: „Auch Nikomachus teilt die altpythagoreische Ansicht, daß die unzerlegbare 1 keine Zahl sei. Diese Ansicht hat sich von Boetius bis in die Rechenbücher des 18. Jahrhunderts gehalten, wenn Nikomachus sie auch nicht so klar ausgesprochen hat, wie der vielleicht etwas ältere Astronom Theon von Smyrna." Es dürfte auch hier wieder ein Beispiel dafür vorliegen, „wie die Griechen besondere Fälle nicht unter einen allgemeinen Begriff aufnehmen" (Dijksterhuis S. 98). Speziell für Euklid bestätigt Pfleiderer (S. 101): „Aber Euclid, der sich an die eigentlichen Ausdrücke hält, enthält sich, das Einfache unter den Vielfachen, die Einheit unter den Zahlen zu begreifen." Derselbe Kommentator sagt sogar in einem Fall ähnlich dem unsrigen von den auftretenden Faktoren: „was auch p, q für ganze Zahlen (mit Ausschluß der Einheit) bedeuten".

Daß diese Einheit, die nach *VII, Def. 1* „*das ist, wonach jedes Ding eines genannt wird*", begrifflich gar nicht so einfach zu erfassen ist, hat die Mengenlehre gezeigt. Ihr zufolge ist (Hasse/Scholz S. 33/34) Einheit „modern gesprochen die gemeinsame Eigenschaft aller Klassen, denen ein und nur ein Element angehört, wobei ‚ein und nur ein' so definiert werden kann, daß wenn x und y Elemente einer solchen Klasse sind, x mit y identisch ist". Doch dieser Betrachtungsweise entzieht sich die Eudoxisch-Euklidische Zahl, da sie (ibid.) „selbst eine Menge ist und nicht nur, wie in der Mengenlehre, die gemeinsame Eigenschaft aller zu einer vorgegebenen Menge äquivalenten Mengen".

Nach dieser Betrachtung der beiden Spezialfälle von *Satz 4* und der Rolle der Einheit bei Euklid bleiben noch (s. o.) die Bemerkungen von Thaer und

Becker zu diskutieren: Thaer gibt auch diesen Satz in „moderner Form" wieder und schreibt als Anmerkung dazu: „Aus $a:b=c:d$, $n=\dfrac{e}{a}=\dfrac{f}{c}$, $m=\dfrac{g}{b}=\dfrac{h}{d}$ folgt $e:g=f:h$ oder $na:mb=nc:md$. Modern: Multiplikation einer reellen Zahl mit einer rationalen gibt ein von der Darstellung der reellen Zahl unabhängiges Resultat."

Auch hier müssen wir wieder den Einwand machen, daß diese „Darstellung" weit über Euklid hinausgeht. Über die Problematik der Auffassung der „Messung" als Bruch, wie es hier bei $n=\cdots$ und $m=\cdots$ geschieht, wurde schon pag. 58 gesprochen, während die noch weitergehende Annahme einer „Multiplikation einer reellen Zahl mit einer rationalen" bei Euklid keinerlei Stütze findet. Hierzu gilt in vollem Umfang das bereits auf pag. 43 über das Auftreten des Produkts Gesagte und wir brauchen daher diese Problematik nicht erneut aufzurollen.

Becker schließlich zeigt — allerdings im Zusammenhang seiner Betrachtungen (Eud.-Stud. I S. 325) — daß man *Satz 4* auch noch mit Hilfe der *Sätze 15* und *16* beweisen kann. (Es sei daran erinnert, daß man den Inhalt dieser wie aller anderen Sätze von Buch V auf pag. 16/17 nachschlagen kann.) Es ergibt sich:

$$a:b=c:d \Rightarrow \quad a:\quad c=\quad b:\ d \qquad \text{(nach } V,\ 16)$$
$$\Rightarrow na:\ nc=mb:md \qquad \text{(nach } V,\ 15)$$
$$\Rightarrow na:mb=\ nc:md \qquad \text{(nach } V,\ 16).$$

Dieser Beweis ist, wie die Aufstellung I (pag. 15) zeigt, von den *Sätzen 2* und *3* unabhängig und greift, was die „Größensätze" *1—3* betrifft, nur auf *1* zurück, und zwar mittelbar über *Satz 12*. Dennoch kann er nicht als echter Ersatz für Euklids Beweis angesehen werden, da er wegen der Anwendung des „Vertauschungssatzes" *16* (s. d.) Gleichartigkeit aller vier Größen voraussetzt, während bei Euklids Beweis nur je zwei Größen gleichartig sein müssen.

Nach diesem ersten Proportionensatz kehrt Euklid noch einmal zu den Größensätzen zurück und schließt noch zwei Distributivsätze über Differenzen an, deren Besonderheit es ist, vollkommen isoliert zu stehen, d. h. an keiner Stelle der Elemente gebraucht zu werden, und zwar weder im V. Buche zum Beweis noch in den späteren Büchern bei irgendeiner Anwendung. Das steht in klarem Widerspruch zu Pfleiderers Ansicht (S. 118), wenn er von diesen Sätzen sagt: „*Satz 4* steht unschicklich zwischen *Satz 1, 2, 3* und *Satz 5, 6*, welche Conversen sind von *Satz 1, 2*, sich auch, wie jene, auf Gleichvielfache überhaupt beziehen, und Vorbereitungssätze sind zu den die Proportionalgrößen betreffenden." Die einzigen Proportionssätze des V. Buches, die Differenzen enthalten, sind nämlich *Satz 17* bzw. *18* und *Satz 19*, und diese greifen eindeutig auf die Größensätze *1* und *2* zurück (s. Aufst. I), es sei denn, man wählt für *V, 18* nicht den Beweis der Elemente (s. d.). Doch zunächst den Wortlaut:

Satz 5. *Wenn eine Größe von einer Größe Gleichvielfaches ist wie ein Stück von einem Stück, dann muß auch der Rest vom Rest Gleichvielfaches sein wie das Ganze vom Ganzen.*

Das Wort „Stück" (griech. ἀφαιρεϑέν) wird nicht näher definiert, sondern im naiven Sinne gebraucht; es entspricht dem Wort „Teil" (griech. μέρος), wie es in dem auf pag. 26 erwähnten Axiom *I, A x.8* verwendet wird. Zum „Rest" (griech. καταλειπομενον oder λοιπόν) s. ebendort *I, A x.3*.

In unserem System lautet der Satz:

$$\boxed{\;\text{S.23}\quad \begin{aligned} a &= n\,b, & a &> a_1 \\ a_1 &= n\,b_1, & b &> b_1 \end{aligned}\ \Rightarrow\ \begin{aligned} a - a_1 &= k\,(b - b_1) \\ \text{mit}\quad k &= n. \end{aligned}\;}$$

Der Beweis benötigt (neben der Definition des „Restes" als Differenz — s. D.10 pag. 45) das distributive Gesetz für Differenzen, das als S.13 bewiesen wurde:

$$\begin{aligned} \text{Beweis:}\quad a - a_1 &= n\,b - n\,b_1 && \text{(Vor.; A.5)} \\ &= n\,(b - b_1). && \text{(S.13)} \end{aligned}$$

Euklid führt den Beweis zu seinem *Satz 5* folgendermaßen (wir verwenden Gleichungen für das bei ihm in Worten Ausgedrückte):

Vorauss.: I. $AB = nCD$,   II. $AE = nCF$.

Behaupt.: $EB = AB - AE = nFD = n(CD - CF)$.

Beweis: Die Größe CG genüge der Beziehung (III.) $EB = nCG$.

t.a.12 Hier wird also neben der Existenz eines „Stückes" (vgl. t.a.6 pag. 45) einer Größe auch noch der n-te Teil CG einer beliebigen Größe EB vorausgesetzt, eine sehr wesentliche implizite Annahme (s.u.). Damit ist:

$$\begin{aligned} AE &= nCF && \text{(II.)} \\ EB &= nCG && \text{(III.)} \\ \hline \text{d.h.}\quad AB &= nGF && (V,1) \\ \text{ferner}\quad AB &= nCD && \text{(I.)} \\ \hline \text{also}\quad GF &= CD. \end{aligned}$$

t.a.13   Diese Folgerung $GF = CD$, wenn $nGF = nCD$ ist, ist axiomatisch nicht belegt. Nur für $n = 2$ findet sich in Buch I:

Axiom 6. „*Die Halben von demselben sind einander gleich.*"

$$\begin{aligned} \text{Weiter ist dann:}\quad GF - CF &= CD - CF && (I, Ax.3, \text{s.o.}) \\ \text{d.h.}\quad GC &= FD. && (\text{s.o.}) \\ \text{Es war}\quad EB &= nCG; && \text{(III.)} \\ \text{also}\quad EB &= nFD. && \text{W.z.b.w.} \end{aligned}$$

In diesem Beweis stecken also zwei neue stillschweigende Voraussetzungen.

Die erste davon wird von allen Kommentatoren hervorgehoben, die diesen Satz einer kritischen Bemerkung würdigen. Bereits Pfleiderer (S. 99) weist darauf hin, daß die Teilung der gegebenen Strecke EB in eine angegebene Anzahl gleicher Teile weder vorher gelehrt noch in den Elementen als Postulat angenommen wird. Er zählt die bis dahin behandelten Teilungsprobleme auf: *I,9*: Halbierung eines Winkels, *I,10*: Halbierung einer Strecke, *III,30*: Halbierung eines Bogens, und weist auch auf Satz *VI,9* hin — was die übrigen Kommentatoren ebenfalls tun —, mit dem gelehrt wird, „*von einer gegebenen Strecke einen vorgeschriebenen Teil abzuschneiden*".

Dieser Satz könnte auf den ersten Blick die fehlende Voraussetzung liefern, doch er steht nicht zufällig erst im VI. Buch. Er gilt nämlich nur für Strecken und erfordert zu seinem Beweis den ersten Strahlensatz (*VI,2*). Zwar würde der Satz *VI,1* den Geltungsbereich auch noch auf gewisse Flächen (Dreiecke, Parallelogramme und damit auch Rechtecke und Quadrate) ausdehnen, die Sätze *XII,1* und *2* weiterhin auf ähnliche Vielecke und Kreise und Sätze wie *XI, 25, 32; XII, 5, 6, 13, 14* schließlich auf Körper wie Spate, insbesondere Quader, Pyramiden, Zylinder und Kegel, doch sind dies eben nur *spezielle* Größen, während die Sätze von Buch V ja für *alle* Größen gelten sollen.

Nun, unser Beweis zeigt, daß *Satz 5* auch ohne die Existenz des n-ten Teils bewiesen werden kann. Das steht im Einklang mit den Kommentatoren (HEATH, THAER, DIJKSTERHUIS, SIMON, PFLEIDERER, SIMSON), die alle den Simsonschen Ersatzbeweis (s. HEATH II S. 146) anführen, der statt mit dem n-ten Teil mit dem n-fachen arbeitet. Das erfordert zwar, worauf die Kommentatoren nicht hinweisen, auch eine t.a. (s. unsere Bem. zu t.a.5 bzw. t.a.2), aber immerhin nur eine bereits vorher gemachte und keine neue.

SIMSONs (und natürlich auch unser) Beweis vermeidet auch die zweite oben erwähnte stillschweigende Voraussetzung, den Schluß von $na=nb$ auf $a=b$, den SIMON mit dem Gegenbeispiel $6\times72°=6\times12°$, aber $72°\neq12°$, kritisiert. SIMSON nimmt ihn unter die von ihm zunächst zusätzlich eingeführten Axiome auf (vgl. DIJKSTERHUIS II S. 65).

Die der eigentlichen Proportionenlehre vorausgeschickten reinen Größensätze beendet EUKLID mit

Satz 6. *Wenn zwei (erste) Größen Gleichvielfache von zwei (zweiten) Größen sind und irgendwelche Stücke (der ersten) Gleichvielfache von denselben (zweiten), dann sind auch die Reste denselben (zweiten) entweder gleich oder Gleichvielfache von ihnen.*

In unserem System lautet der Satz:

$$\boxed{\text{S. 24} \quad \begin{array}{llll} a=nc, & b=mc, & a>b \\ a'=nc', & b'=mc', & a'>b' \end{array} \Rightarrow \begin{array}{l} a-b=k_1c \\ a'-b'=k_2c \end{array} \text{ mit } k_1=k_2.}$$

Beweis: $\quad a-b=nc-mc=(n-m)c \qquad$ (Vor., A.5, S.14)
$\qquad\qquad a'-b'=nc'-mc'=(n-m)c',$
$\qquad\quad$ d.h. $\quad k_1=n-m=k_2.\qquad$ W.z.b.w.

EUKLID führt den Beweis von *Satz 6* folgendermaßen:

Vorauss.: $\quad AB=ne, \qquad AG=me, \qquad AB>AG;$
$\qquad\qquad\quad CD=nf, \qquad CH=mf, \qquad CD>CH.$

Behaupt.: $\quad GB=AB-AG=k_1e$
$\qquad\qquad\quad HD=CD-CH=k_2f \quad$ mit $\quad k_1=k_2.$

Beweis: $\qquad$ 1. Fall: $\quad GB=e$ (d.h. $k_1=1$); Beh.: $HD=f.$

$\qquad\qquad$ Angenommen, $CK=f$, dann $AB=AG+GB \qquad\qquad$ (Vor.)
$\qquad\qquad\qquad\qquad\qquad\qquad\quad =me+e=ke;\qquad\qquad$ (V,2)
$\qquad\qquad\qquad\qquad\qquad\quad KH=CH+KC \qquad\qquad$ (Vor.)
$\qquad\qquad\qquad\qquad\qquad\qquad\quad =mf+f=kf.\qquad\qquad$ (V,2)

$\qquad$ Nach Vor.: $\quad AB=ne,$ also $k=n$, d.h. $KH=nf,$
$\qquad\qquad\qquad\quad CD=nf,$ also $KH=CD.$

Dieser letzte Schluß wird in der Thaerschen Übersetzung (S. 22) begründet mit: „*Ax.5* verallgemeinert". HEATH (S. 147/148) hat für diese Folgerung keine Begründung, ohne jedoch im kritischen Apparat darauf einzugehen. Auch bei den übrigen Kommentatoren findet sich kein Hinweis.

Der Satz, der dem Thaerschen Gedankengang zugrunde liegt, lautet offensichtlich $f_1=f_2 \Rightarrow nf_1=nf_2.$ *Axiom 5* („*Die Doppelten von demselben sind einander gleich"*) ist nur ein Spezialfall dieser Aussage für $n = 2$. Ist jedoch eine solche Schlußweise erforderlich? Der Schluß von $KH = nf$ und $CD = nf$ auf $KH = CD$ läßt sich mit *Axiom 1* begründen: *„Was demselben gleich ist, ist auch einander gleich."* Das würde auch das Fehlen jedes begründenden Hinweises (Heath, s.o.) erklären: Während nämlich die Anwendung von *Axiom 1* in den ersten beiden Büchern immer noch ausdrücklich gekennzeichnet wird (vgl. *I, 1, 2* usw. und *II, 4, 8* usw.), ist Euklid hierin vom III. Buche ab merklich großzügiger. Als Beispiel mögen die *Sätze 5* und *6* dieses Buches genügen. Zudem geht es ja nicht (was die Thaersche Argumentation unbedingt erforderlich machen würde) um dieselben Vielfachen zweier *gleicher* Größen f_1, f_2, sondern um die Gleichvielfachen derselben Größe f.

Der Beweis fährt nun fort:

$$KH - CH = CD - CH, \quad \text{(Hinweis auf } Ax.3, \text{ s. pag. 26, fehlt)}$$
d.h. $KC = HD$.

Wegen $KC = f$ (s.o.) ist also auch $HD = f$.

(Auch hier fehlt der Hinweis auf Axiom *I*, *Ax.1*, was die obige Vermutung nur stützen kann.)

Der Beweis für den 1. Fall von *Satz 6* ist damit geführt und es bleibt noch der 2. Fall: $GB = ke$; Behauptung: $HD = kf$.

Hierzu erwähnt Euklid nur, daß sich dieser Zusammenhang „ähnlich zeigen läßt". In der Tat braucht man nur die Hilfsgröße $CK = kf$ zu machen. Der unvoreingenommene Leser fragt sich, warum Euklid nicht sofort *diesen* Beweis geführt hat, der doch den ersten überflüssig macht. Nun, für die Griechen ist er nicht überflüssig; denn schon die Formulierung von *Satz 6* zeigt in aller Deutlichkeit, was wir eben hervorgehoben haben, daß nämlich für die Griechen das „Einfache" etwas ganz anderes ist als das „Vielfache" und sich ihm nicht als Spezialfall unterordnet, sondern eine eigene Betrachtung erfordert.

b) Die Proportionalsätze. Nach diesen beiden reinen „Größensätzen", über deren isolierte Stellung in den Elementen wir bereits gesprochen haben, beginnt nun die eigentliche Proportionenlehre:

Satz 7. *Gleiche Größen haben zu einer festen Größe dasselbe Verhältnis, ebenso die feste Größe zu gleichen.*

In unserem System lauten die entsprechenden Sätze:

S.25 $a = b \Rightarrow a:c = b:c$	und
S.26 $a = b \Rightarrow c:a = c:b$.	

Sie ergeben sich sofort aus der Definition der Verhältnisgleichheit (D.5) bei Verwendung von $a = b$. S.26 folgt außerdem aus S.25 mit Hilfe von S.11 (s.u.).

Euklid führt den Beweis ähnlich, bildet aber zunächst Vielfache von a, b, c, da für ihn die *Definition 5* (pag. 35) nur so zu erfüllen ist. Die *ein*fachen Größen selbst erfüllen für ihn die Definition nicht. Das ist eine weitere Bestätigung für die obige Bemerkung über Einfaches und Vielfaches.

Unsere Sätze S.25 und S.26 sind Spezialfälle von

> S.27 $a = b$, $c = d \Rightarrow a:c = b:d$,

der ebenfalls sofort aus D.5 folgt, und auf den auch THAER hinweist. Voraussetzung ist dabei, daß alle vier Größen a, b, c, d gleichartig sind, d.h. nach D.4 aus dem gleichen System M (oder M' etc.) stammen. Das Gleiche gilt natürlich für S.25 und S.26.

Mit Ausnahme von HANKEL bietet *Satz 7* selbst (der sog. „Zusatz" folgt weiter unten) den Kommentatoren keine besonderen Probleme. Sie erwähnen ihn (THAER auch die obige Verallgemeinerung) und weisen z.T. noch darauf hin, daß er mit *Def.5* bewiesen wird (HEATH, DIJKSTERHUIS). Das ist alles. Und doch liefert 7 (neben *Satz 11*; s.d.) wichtige Hinweise für den Euklidischen Gleichheitsbegriff, der uns auf pag. 24 u. 49 schon einmal beschäftigt hat.

Hören wir zunächst einmal HANKEL (S. 397) zu *Satz 7*: „Den Beweis dafür hätte sich EUKLID offenbar sparen können, wenn er eine allgemeine Definition des Begriffs der Gleichheit aufgestellt hätte. Da er aber nur den in den Axiomen niedergelegten Begriff der Gleichheit hat, so muß er jetzt auf diesen seinen Beweis aufbauen, und zwar folgendermaßen: Nach den Axiomen ist, da $a = b$, auch $ma = mb$, und daher zugleich $ma \gtreqless nc$ und $mb \gtreqless nc$, daher ... usw."

Nun, auch in diesem Beweis sind noch zwei problematische Stellen: Da ist zunächst der Übergang $a = b \Rightarrow ma = mb$. Das erinnert auf den ersten Blick an den beim Beweis von *Satz 6* verwendeten Satz (s.d.), und man fragt sich erstaunt, warum dann nicht auch hier der begründende Hinweis erscheint: „Ax.5 verallgemeinert"? Doch bei näherem Zusehen entdeckt man, daß hier nicht die m-Fachen von „demselben" (dort $f_1 \equiv f_2$) auftreten, sondern nur von den gleichen Größen a und b die Rede ist, deren m-Fache dann gleich sind. Doch ließe sich auch dies mit EUKLID begründen, und zwar mit *Axiom 2*: „*Wenn Gleichem Gleiches hinzugefügt wird, sind die Ganzen gleich.*" Die wiederholte Anwendung dieses Axioms führt nämlich von $a = b$ über $2a = 2b$ zu $ma = mb$, wobei das $2a = 2b$ stark an das (von HEIBERG als unecht bezeichnete *Axiom 5* (Wortlaut s.o. pag. 63) erinnert, das jedoch von den „Doppelten von *demselben*" spricht. Wir können also feststellen, daß hier nur ein begründender Hinweis fehlt, nicht aber eine stillschweigende Voraussetzung vorliegt.

Das ist bei der zweiten problematischen Stelle anders, wenn nun aus $d = e$ (im Thaerschen Text) und $d \gtreqless f$ gefolgert wird, daß entsprechend $e \gtreqless f$ ist. Wir erinnern uns (s. pag. 26), daß für den Begriff „größer" nur das *Axiom 8* auftritt, das ihn stillschweigend voraussetzt. Wie also soll man hier begründen? Wir fassen gleich mehrere Fälle zusammen, die EUKLID bei vorliegender Gleichheit als keines Beweises bzw. keiner besonderen Begründung für notwendig erachtet, wenn er bei der Ordnung wie bei der Addition stillschweigend voraussetzt, daß in diesen Zusammenhängen jede Größe durch jede gleich große ersetzbar sein soll (unser „Ersetzungsaxiom" A.5).

t.a.14

Die Anwendung der Ersetzung scheint bei EUKLID jedoch eine Einschränkung zu erfahren; denn sonst könnte aus $a:c = a:c$ mittels $b = a$ sofort $a:c = b:c$ gefolgert werden, ja sogar mit $b = a$ und $d = c$ sofort die Verallgemeinerung $a:c = b:d$. Wie aber der obige Beweis zeigt, läßt EUKLID hier nur die Begründung durch *Def.5* zu. Den tieferen Grund hierfür werden wir beim Beweis von *V,15* erfahren (pag. *77*).

Die Frage, wann der *Satz 7* in der Form von S. 25 und wann in der Form von S. 26 zu verwenden ist, wird vielleicht durch einen Hinweis von BECKER beantwortet, der in seiner EUDOXOS-Studie I (S. 318) schreibt: „Überhaupt ist in der alten Theorie ein Verhältnis stets mit dem größeren Glied als Vorderglied zu schreiben, weil das ja die Anthyphairesis (s. Teil I) verlangt. Die fast ausnahmslose griechische Gewohnheit, Verhältnisse mit einem größeren Vordergliede anzusetzen, geht vermutlich auf diesen Umstand zurück."

Somit wäre dann bei $a>c$ S. 25 zu nehmen und bei $c>a$ S. 26. Auch die Formulierung der Sätze, in denen Differenzen auftreten (vgl. S. 17 u. 18), weist auf diese Gewohnheit hin, da stets von der Differenz zwischen Vorderglied und Hinterglied die Rede ist und niemals umgekehrt. Doch wie ist es mit der „Umkehrung" nach *Def. 13*?

Unter den regulären 25 Sätzen des V. Buches sucht man das Theorem $a:b = c:d \Rightarrow b:a = d:c$ vergeblich. Man findet es als wahrscheinlich von Theon (s. Heath 13 B. II S. 54) eingefügten „Zusatz" zu dem gerade behandelten *Satz 7*, wo es heißt:

Zusatz. *Hiernach ist klar, daß Größen, die in Proportion stehen, auch bei Umkehrung (V. Def. 13) in Proportion stehen müssen.*

In unserem System erscheint dieser Satz als S.11 (s. pag. 42). Man braucht gar nicht erst die Kommentatoren zu zitieren, sondern sieht auf den ersten Blick, daß diese Umkehrung weder als Porisma von *Satz 7* (vom Spezialfall $a=b$, $c=d$ abgesehen) noch als solches von *Satz 4*, wo einige Manuskripte den Zusatz bringen, bezeichnet werden kann. Sie erfordert ihren eigenen Beweis direkt mit *Def.5*, auch wenn dieser (s. S. 11 pag. 42) nur zwei Zeilen erfordert. Euklid jedenfalls bringt ihn nicht und Thaer (s. Bem. zu *V, Def.5*) rechnet dementsprechend die Umkehrung zu den „einfachen Tatsachen, die unmittelbar aus dieser Definition folgen", und die Euklid benutzt, „ohne sie erst in Sätze zu formulieren".

t. a. 15

Nach Aufstellung I findet *V, 7 Zus.* in den Elementen mehrfache Verwendung (Beweise von *V, 20, 21, 23, 24*), wird jedoch bei Heath (zum Unterschied von Thaer) dort nie zitiert. Das spricht eindeutig für die Thaersche Auffassung (s. o.), und wir müssen diesen Sachverhalt dementsprechend zu den stillschweigenden Voraussetzungen Euklids rechnen, auch wenn er leicht zu beweisen gewesen wäre.

Satz 8. *Von ungleichen Größen hat die größere zu einer festen Größe größeres Verhältnis als die kleinere; und die feste Größe hat zur kleineren größeres Verhältnis als zur größeren.*

In unserem System erhalten wir die Sätze (I. Hauptsatz der Proportionenlehre):

$$\boxed{\begin{array}{ll} \text{S.28} & a>b,\, c \text{ beliebig} \Rightarrow a:c>b:c, \\ \hline \text{S.29} & a>b,\, c \text{ beliebig} \Rightarrow c:b>c:a. \end{array}}$$

Zum Beweis von S.28 haben wir zu zeigen, daß es entsprechend Definition D.7 (pag. 36) geeignete Vielfache von a, b und c gibt derart, daß $na>mc$, $nb\leqq mc$ ist. Wegen des doppelten Auftretens von mc genügt die Konstruktion von $na>mc\geqq nb$.

1. Liegt c (oder ein Vielfaches mc von c) von vornherein „zwischen" a und b, d.h. ist $a>c\geqq b$ bzw. $a>mc\geqq b$, so leistet $n=1$ das Verlangte.

2. Genügt c dieser Bedingung nicht, so ist wegen der totalen Ordnung in M (A.6, A.7) entweder I. $b>c$ oder II. $c\geqq a$. In beiden Fällen betrachten wir die Differenz $a-b$, die wegen $a>b$ nach D.10 und A.13 ein Element aus M ist.

Nach dem Eudoxischen Axiom A.14 gibt es nun ein n_1 mit $n_1(a-b)>c$, wenn nicht schon von vornherein $a-b>c$ ist. In Verbindung mit S.13 erhalten wir also stets zwei Größen n_1a, n_1b, die sich um mehr als c unterscheiden.

I. Ist nun $b>c$, d.h. nach A.11, A.8 bestimmt $n_1b>c$, so gibt es nach A.14 solche m_i, daß $m_ic>n_1b$. Wir nehmen das kleinste mit dieser Eigenschaft; es sei m_k, d.h. $m_kc>n_1b$, aber $(m_k-1)c<n_1b$. Da die Differenz von n_1a und n_1b nach Voraussetzung $>c$ ist, erhalten wir: $n_1a>m_kc\geqq n_1b$, d.h. das Verlangte.

II. Ist hingegen $c\geqq a$, so ist nur noch der Fall $c\geqq n_1a$ zu untersuchen, da $n_1a>c$ durch I. miterledigt wird. Sei also $c\geqq n_1a$. Wieder gibt es nach A.14 n_i mit $n_in_1a>c$. Von diesen n_i sei n_2 das kleinste mit den verlangten Eigenschaften, d.h. $(n_2-1)n_1a\leqq c$. Da wegen $n_2n_1a-n_2n_1b=n_2n_1(a-b)$ (S.13) die neue Differenz gewiß größer als c ist (A.11, A.8), gilt: $n_2n_1a>c\geqq n_2n_1b$.

In jedem Falle gibt es also Vielfache mit $na>mc\geqq nb$, d.h. $na>mc$, $nb\leqq mc$. Also ist nach Definition D.7 die Relation $a:c>b:c$ erfüllt. W.z.b.w.

S.29 wäre ähnlich zu beweisen. Wir wollen ihn jedoch mit folgendem Hilfssatz sofort aus S.28 folgern:

$$\boxed{\text{S.}30 \qquad a:b>a':b' \Rightarrow b':a'>b:a.}$$

Der Beweis folgt aus der Definition D.7: Vor.: $na>mb$, $na'\leqq mb'$, die wir auch schreiben können: $mb'\geqq na'$, $mb<na$.

I. Damit ist für $mb'>na'$ bereits alles bewiesen; denn D.7 ist erfüllt.

II. Ist hingegen $mb'=na'$, so setzen wir $na-mb=d$ (D.10) und unterscheiden:

1. $b\leqq d$; dann ist $(m+1)b'>na'$ $\hfill$ (S.1, A.11)
und nach Voraussetzung $(m+1)b\leqq na$. Das heißt aber nach D.7: $b':a'>b:a$.

2. $b>d$; dann gibt es nach A.14 ein $\bar{n}d>b$ und damit ist nach S.5: $\bar{n}mb'\geqq \bar{n}na'$, $\bar{n}mb<\bar{n}na$ mit $\bar{n}na-\bar{n}mb=\bar{n}(na-mb)=\bar{n}d$ und $b<\bar{n}d$. $\hfill$ (S.13)
Das ist aber wieder Fall 1. In jedem Falle gibt es also geeignete Vielfache mit $m'b'>n'a'$ und $m'b\leqq n'a$, d.h. nach D.7 ist $b':a'>b:a$. W.z.b.w.

Damit folgt aber aus S.28 sofort $c:b>c:a$, d.h. S.29.

Sehen wir uns nun an, wie EUKLID *Satz 8* beweist:

Voraussetzung: $AB>c$, d beliebig.

Behauptungen: I. $AB:d>c:d$;

II. $d:c>d:AB$.

Beweis von I.: Angenommen, $BE=c$.

(Wir betrachten nun $AB-BE=AE$ und vergleichen mit EB, wo $AE+EB=AB$. Daß ein solcher Vergleich möglich ist, d.h. daß auch für „Reste" eine Ordnung gilt, wird genau so stillschweigend vorausgesetzt, wie daß sie in Proportion stehen können. Das bedeutet, daß EUKLID den Sachverhalt $a,b\in M \Rightarrow a-b\in M$ (für $a>b$) als t.a. benutzt und damit die Reste als Elemente seines Größenbereichs ansieht.)

1. $AE<EB$ $(=c)$. Nun existiert nach *Def.4* (s. pag. 29) ein Vielfaches $\overline{m}AE$ mit $\overline{m}AE=FG>d$.

t.a.16 (am linken Rand, Höhe der vorletzten Prosazeilen)

(Man beachte die Begründung. Sie setzt nach *Def. 4* voraus, daß AE und d ein „Verhältnis zueinander haben".)

Ferner bilde man $\overline{m}EB = GH$ und $\overline{m}c = k$, sowie die Vielfachen von d: $d, 2d = l$, $3d = m, \ldots, \overline{n}d = n > k$, während $(\overline{n}-1)d \leqq k$.

Angenommen, $\overline{n} = 4$, d.h. $n = 4d > k$.

$$k < n \; (= \overline{n}d), \quad k \geqq (\overline{n}-1)d = m \; (\text{da } \overline{n} = 4 \text{ und } m = 3d).$$

$$\left. \begin{array}{l} FG = \overline{m}AE \;\; (\text{s.o.}) \\ GH = \overline{m}EB \;\; (\text{s.o.}) \end{array} \right\} \Rightarrow FH = FG + GH = \overline{m}(AE + EB) = \overline{m}AB$$
$$(\text{nach } Satz\ 1)$$

$$\left. \begin{array}{l} FG = \overline{m}AE \;\; (\text{s.o.}) \\ k = \overline{m}c \;\; (\text{s.o.}) \end{array} \right\} \Rightarrow \begin{array}{l} FH = \overline{m}AB \;\; (\text{s.o.}) \\ k = \overline{m}c. \end{array}$$

$$\left. \begin{array}{l} GH = \overline{m}EB \;\; (\text{s.o.}), \; EB = c \\ k = \overline{m}c \;\; (\text{s.o.}) \end{array} \right\} \Rightarrow GH = \overline{m}c = k.$$

$$k \geqq m \quad (\text{s.o.}), \; GH = k \Rightarrow GH \geqq m$$

$$\left. \begin{array}{l} GH \geqq m \\ FG > d \quad (\text{s.o.}) \end{array} \right\} \Rightarrow FH = FG + GH > d + m.$$

t.a.17

(Daß eine solche „Addition zweier Ungleichungen" in dieser Weise durchführbar ist, wird stillschweigend vorausgesetzt.)

$$d + m = d + 3d = 4d = n \Rightarrow FH > n, \quad \text{ferner} \quad k \leqq n.$$

$$\left. \begin{array}{ll} \text{Damit ist mit} & FH = \overline{m}AB \\ \text{und} & k = \overline{m}c \\ \text{sowie} & n = \overline{n}d \end{array} \right\} \begin{array}{l} \text{auch } \overline{m}AB > \overline{n}d, \; \overline{m}c \leqq \overline{n}d, \\ \text{d.h. } AB : d > c : d. \;\; \text{W.z.b.w.} \end{array}$$

Zur Behauptung II sagt Euklid: „Man konstruiere ebenso";

$$\text{dann } n > k \;\; (\text{s.o.}), \quad \text{mit} \quad n = \overline{n}d \quad \text{und} \quad FH = \overline{m}AB,$$
$$n \leqq FH \;\; (\text{s.o.}); \qquad\qquad\qquad k = \overline{m}c \quad (\text{s.o.})$$

ergibt sich $\overline{n}d > \overline{m}c$ und $\overline{n}d \leqq \overline{m}AB$, d.h. nach *V, Def. 7*
$$d : c > d : AB. \;\; \text{W.z.b.w.}$$

2. $AE > EB$. Der Beweis geht den gleichen Weg wie im 1. Fall und liefert keine neuen Einsichten.

Der Fall $AE = EB$, der die Aufzählung der möglichen Fälle erst vollständig machen würde, ist nicht erwähnt.

Die Kommentatoren bringen den Satz im allgemeinen mit Beweis, der in der Regel als zu umständlich (Heath, S. 152; Dijksterhuis, S. 67) angesehen wird. Vor allem erscheint die zusätzliche Einführung der Größe k ($= GH$) als völlig überflüssig. Heath fügt daher den kürzeren Beweis von Simson an, der auch den Fall $AE = EB$ mit erfaßt. Dijksterhuis (s.o.) gibt selbst einen kürzeren Beweis mit einer Zusammenfassung in moderner Schreibweise, die auch v. d. Waerden (S. 310) übernimmt.

Wie der Vergleich von Euklids Beweis mit unserem zeigt, liegt hier ein weiterer Beleg vor für die pag. 60 ausführlich erörterte Tatsache, daß für die Griechen das Einfache kein Sonderfall des Vielfachen bedeutet, sondern extra betrachtet werden muß: „Die Eins ist für die griechische Mathematik keine Zahl" sagt Dijksterhuis an dieser Stelle.

THAER hebt noch die ohne Begründung benutzte Annahme hervor, „daß wenn die gegebenen Größen Verhältnis haben, gleiches auch für ihre Differenzen zutrifft", die wir in schärferer Formulierung als t.a.16 oben bereits erwähnt haben. Auf diese Differenzen wird nämlich das in *Def.4* (s. pag. 29) steckende Archimedische Axiom angewandt, das damit an dieser Stelle in EUKLIDS System eingeht. Für welche Sätze es dadurch mittelbar zu den Voraussetzungen gehört, zeigt unsere Aufstellung I. BECKER (S. 320) erläutert die Bedeutung dieses Axioms am Gegenbeispiel der Differenz zweier geradliniger Winkel, die mit einem hornförmigen Winkel gar nicht ohne weiteres verglichen werden kann.

Satz 9. *Größen, die zu einer festen Größe dasselbe Verhältnis haben, sind einander gleich; und Größen, zu denen die feste Größe dasselbe Verhältnis hat, sind gleich.*

Mit dieser Umkehrung von *Satz 7* erhalten wir die beiden Umkehrungen unserer Sätze S.25 und S.26:

$$\boxed{\begin{array}{ll} \text{S.31} & a:c = b:c \Rightarrow a = b \\ \text{S.32} & c:a = c:b \Rightarrow a = b. \end{array}} \qquad \text{und}$$

Wir können hier EUKLIDS Beweise übernehmen:

31.: Vorauss.: $a:c = b:c$; Beh.: $a = b$.

Angenommen, $a \neq b$, etwa $a > b$, dann ist nach S.28 $a:c > b:c$ im Widerspruch zur Voraussetzung; entsprechend für $b > a$. Also $a = b$. W.z.b.w.

32.: Vorauss.: $c:a = c:b$; Beh.: $a = b$.

Angenommen, $a \neq b$, etwa $a > b$, dann ist nach S.29 $c:a < c:b$ im Widerspruch zur Voraussetzung; entsprechend für $b > a$. Also $a = b$. W.z.b.w.

Man hätte hier auch aus $c:a = c:b$ nach S.11 sofort $a:c = b:c$ und damit nach S.31 $a = b$ folgern können.

Voraussetzung für beide Sätze ist, daß a, b, c gleichartige Größen, d.h. Elemente desselben Modells, sind. Zur „totalen Ordnung" des Euklidischen Größensystems s. unsere Bemerkungen zum folgenden *Satz 10*.

Die Kommentatoren beschränken sich auf die Angabe des Satzes und den Hinweis, daß er aus *V,8* durch indirekten Beweis gefolgert wird. SIMSON (bei HEATH, S. 154) gibt zwar einen ausführlicheren Beweis, der sich im Prinzip jedoch nicht von dem Euklidischen unterscheidet, da er nur die dort summarisch genannten Schritte einzeln ausführt.

BECKER (S. 320) hebt noch hervor, daß im Beweise keine „transfiniten" Schlußweisen verwandt werden und somit der benutzte Schluß auch in der intuitionistischen („finiten") Logik zulässig sei.

Für unsere Gleichheitsbetrachtungen (s.o.) spielen diese Sätze eine besondere Rolle: Sie zeigen, daß wir tatsächlich mit Klassen gleicher Elemente arbeiten können: Stammen also die Hinterglieder (Vorderglieder) einer Proportion aus derselben Klasse, so gehören auch die Vorderglieder (Hinterglieder) miteinander derselben Klasse an. In Formeln haben wir (Umkehrungen von S.27):

$$\boxed{\begin{array}{ll} \text{S.31a} & a:b = c:d, \ b = d \Rightarrow a = c, \\ \text{S.32a} & a:b = c:d, \ a = c \Rightarrow b = d. \end{array}} \qquad \begin{array}{l} \text{(A.5; S.31)} \\ \text{(A.5; S.32)} \end{array}$$

Man könnte hier die Frage stellen, ob es nicht Erleichterungen brächte, wenn diese Sätze früher bewiesen würden. Wollte man dabei im Euklidischen System bleiben, so könnte man — wie Aufstellung I pag. 15 zeigt — nach *Satz 1* sofort die *Sätze 7* und *8* beweisen und mit diesen dann *9* und *10*. Doch brächte das keine Vereinfachung; denn die übersprungenen Sätze (*2—6*) sind ohnehin, von *4* abgesehen, nur reine Größensätze. Wir würden also nur die Anordnung ändern, ohne Beweisvorteile damit zu erkaufen.

In *unserem* System hätten sie im Anschluß an Satz S.12 einen passenden Platz, brächten aber auch hier keine Beweiserleichterungen, da die folgenden Sätze S.13 bis S.24 sich zunächst noch mit anderen Dingen beschäftigen.

Von den vier Sätzen, die die Größenrelationen zwischen zwei Gliedern mit den Verhältnisrelationen zwischen vier Gliedern in Beziehung setzen, fehlt noch der

Satz 10. *Von Größen, die zu einer festen Größe Verhältnis haben, ist die, die größeres Verhältnis hat, die größere; und die, zu der die feste Größe größeres Verhältnis hat, die kleinere.*

Dieser Umkehrung von *Satz 8* entsprechen in unserem System die Umkehrungen der Sätze S.28 und S.29:

S.33	$a:c > b:c \Rightarrow a > b,$
S.34	$c:b > c:a \Rightarrow b < a.$

Bevor wir sie beweisen, wollen wir uns zunächst den scheinbar einwandfreien Beweis Euklids ansehen:

I. Vor.: $a:c > b:c$;　Beh.: $a > b$.

Angenommen, $a \not> b$, d.h. $a \leqq b^{+})$.

1. $a = b \Rightarrow a:c = b:c$　$(V,7)$ Widerspruch zur Vorauss.

2. $a < b \Rightarrow a:c < b:c$　$(V,8)$ Widerspruch zur Vorauss.

　　$\Rightarrow a \not\leqq b \Rightarrow a > b$.　W.z.b.w.

II. Vor.: $c:b > c:a$;　Behaupt.: $b < a$.

Angenommen, $b \not< a$, d.h. $b \geqq a.^{+})$

1. $b = a \Rightarrow c:b = c:a$　$(V,7)$ Widerspruch zur Vorauss.

2. $b > a \Rightarrow c:b < c:a$　$(V,8)$ Widerspruch zur Vorauss.

　　$\Rightarrow b \not\geqq a \Rightarrow b < a$.　W.z.b.w.

Auf den ersten Blick erscheinen diese beiden Beweise einwandfrei, doch sie enthalten zwei wichtige stillschweigende Voraussetzungen:

Da ist zunächst die so selbstverständlich erscheinende Annahme (s. $^{+}$), daß $a \not> b$ gleichbedeutend ist mit $a \leqq b$. Das setzt aber stillschweigend voraus, daß der zugrunde liegende Größenbereich „total geordnet" ist, d.h. daß für zwei Größen a, b *t.a.18*　stets eine und nur eine der Beziehungen $a > b$, $a = b$, $a < b$ gilt. Dies steckt keineswegs bereits in der schon als t.a.4 geforderten Existenz der Größer-(Kleiner-) Relation, sondern muß zusätzlich gefordert werden (vgl. Teil II unseres Axiomensystems pag. 48).

Für die Kommentatoren scheint diese totale Ordnung eine Selbstverständlichkeit zu sein; denn sie wird nirgendwo einer Erwähnung für notwendig gehalten. Nur Hasse und Scholz weisen einmal (S. 19) auf die unausgesprochene Benutzung dieses „Axioms" hin, allerdings im Zusammenhang mit Buch XII, wo beim Beweis von *Satz XII,2* auch auf die Verwendung der folgenden Annahme eingegangen wird.

a.19   Bei dieser zweiten noch weitergehenden Annahme handelt es sich darum, daß auch die Relationen $a:b>c:d$, $a:b=c:d$ und $a:b<c:d$ sich gegenseitig ausschließen. Hier merken die Kommentatoren mit Ausnahme von SIMON, V. D. WAERDEN (bei beiden kein Hinweis) und BECKER („*Satz 9* und *10* sind leichte Folgerungen aus *8*, die wie bei EUKLID bewiesen werden können" — EUD.-Stud. I S. 320) an, daß sich zwar $a:b>c:d$ und $a:b=c:d$ bzw. $a:b<c:d$ und $a:b=c:d$ nach den Definitionen *V, Def.7* und *Def.5* gegenseitig ausschließen, $a:b>c:d$ und $c:d>a:b$ aber nicht. Man sieht sofort, daß ein Zahlenpaar m, n, das nach *Def.7* mit $na>mb$ zugleich $nc\leqq md$ bewirkt, mit *Def.5* im Widerspruch steht, wo mit $na>mb$ stets auch $nc>md$ sein muß. Dagegen erscheint durch *Def.7* nicht ausgeschlossen, daß einerseits ein Zahlenpaar n_1, m_1 mit $n_1a>m_1b_1$ und $n_1c\leqq m_1d$ existiert und andererseits ein solches n_2, m_2 mit $n_2c>m_2d$ und gleichzeitig $n_2a\leqq m_2b$.

EUKLID arbeitet offensichtlich mit der Größer(Kleiner)-Beziehung in der vertrauten Weise, ohne zu berücksichtigen, daß es sich hier nicht um Größen, sondern um die Relationen „größeres" bzw. „gleiches Verhältnis haben" handelt, für die allein das in den Definitionen *V, Def.7* und *Def.5* Festgelegte gilt.

Der erste, der auf diesen „serious flaw in the proof as given in the text" hinwies, war offenbar SIMSON (EUKLID-Übersetzung von 1756 — s. HEATH 13 B. II S. 156/57), der bemerkte, daß man die Ausdrücke „größer" und „kleiner" nicht in gleicher Weise in bezug auf Größen verwenden kann wie in bezug auf Verhältnisse, wenn man einen Satz später für die Gleichheit (genauer für ihre Transitivität) einen grundsätzlichen Unterschied zwischen Größen und Verhältnissen annimmt. Ihm (SIMSON) schließen sich die anderen Kommentatoren (HEATH, THAER, DIJKSTERHUIS) an und bringen auch seinen Ersatzbeweis für *Satz 10*, der mit der Annahme arbeitet (SIMSONs 4. Axiom): $nA>nB\Rightarrow A>B$. Doch auch ein Ersatzbeweis von DE MORGAN liegt vor (s. DIJKSTERHUIS S. 68/69), der den Widerspruch über gleiche Faktoren aus *Def.7* herleitet, wie es auch THAER in seinen Anmerkungen (S. 71) macht.

Für unser System ließen sich die bei EUKLID unzulänglichen Beweise übernehmen, da man mit den vorhandenen Mitteln nach Einführung von Verhältnissen als Größenpaaren die totale Ordnung dieser Menge beweisen und in diesem Zusammenhange zeigen könnte, daß sich in den obigen Beziehungen die Relationen $<$, $=$, $>$ gegenseitig ausschließen (vgl. III.1).

Da wir die totale Ordnung von M jedoch bereits in unserem Axiomensystem gefordert haben, ist die Anlehnung an SIMSON (s.o.) für uns hier günstiger. Die totale Ordnung von M setzt übrigens SIMSON genau so stillschweigend voraus wie EUKLID; denn seine zusätzlichen Axiome (s. HEATH S. 137), von denen oben das 4. erwähnt wurde, enthalten sie so wenig wie sie bei EUKLID explizit zu finden ist.

Vor.: $a:c>b:c$;   Beh.: $a>b$.

Beweis (für S.33): $a:c>b:c$,

$$\text{d.h. } na>mc, \quad nb\leqq mc \tag{D.7}$$

$$\text{oder } na>mc, \quad mc\geqq nb. \tag{AD.3; A.2}$$

Damit ist $na>nb$ (A.8; A.5)

und weiter $a>b$. $a\leqq b$ hätte nämlich nach S.5 sofort $na\leqq nb$ als Widerspruch zur Folge, während die totale Ordnung durch die Axiome der Gruppe II (s. pag. 48) gesichert ist.   W. z. b. w.

Beweis (für S.34): Hier kann man entsprechend verfahren oder nach S.30 die Voraussetzung umformen zu $a:c > b:c$.

Die Anwendung von S.33 liefert dann $a > b$.

Satz 11. *Mit demselben Verhältnis zusammenfallende Verhältnisse fallen auch miteinander zusammen.*

In unserem System entspricht diesem Satz die schon als S.10 bewiesene Aussage (s. pag. 42): $a:b = a':b'$, $a':b' = a'':b'' \Rightarrow a:b = a'':b''$, d.h. die Transitivität der Verhältnisgleichheit.

Unser dort geführter Beweis benutzte neben der Definition der Verhältnisgleichheit (D.5) nur die allgemeine logische Beziehung $(A \Rightarrow B \wedge B \Rightarrow C) \Rightarrow (A \Rightarrow C)$, also weder die Transitivität der Größer-Beziehung für Größen (A.8) noch die Transitivität der Größengleichheit (A.3). Ebenso geht Euklid vor. Das bedeutet, daß die Transitivität der Verhältnisgleichheit bzw. der Relation „größeres Verhältnis haben" *nicht* von der Transitivität der Gleichheit bzw. der Größer-Beziehung für Größen abhängt, eine immerhin etwas überraschende Feststellung.

Wichtiger jedoch als die Frage, wie Euklid diesen *Satz 11* beweist, ist die Feststellung, daß er ihn beweist, und zwar mit Hilfe der sich aus *V, Def.5* ergebenden *Größen*beziehungen. Wären ihm die Verhältnisse Individuen, hier etwa A, A' und A'', so lautete der Satz $A = A' \wedge A' = A'' \Rightarrow A = A''$ und würde sofort aus $Ax.1$ („*Was demselben gleich ist, ist auch einander gleich*") folgen. Daß diese Argumentation nicht benutzt wird, bedeutet, daß *Satz 11* trotz des Auftretens des Wortes „Verhältnis" (s. unsere Erörterung pag. 28) nicht als Kronzeuge für das Auftreten von selbständigen Verhältnissen benutzt werden kann, sein eigener Beweis verbietet diese Möglichkeit.

Diese Ansicht steht nur teilweise im Einklang mit der Auffassung der beiden Kommentatoren, die sich mit diesem Satz näher beschäftigen. Es sind dies Hankel und Dijksterhuis, während die übrigen den Satz ohne kritischen Kommentar bringen; nur Thaer (S. 71) stellt lapidar fest: „$V,11$ entspricht $Ax.1$, muß aber bewiesen werden", ohne auf die Frage nach dem Warum näher einzugehen.

Hankels Stellungnahme zu *Satz 11* (S. 397/98) wurde z.T. schon an früherer Stelle erwähnt (pag. 29), wird aber erst jetzt in vollem Umfang verständlich: Er ist der Meinung, daß man erst nach dem Beweis dieses Satzes berechtigt ist, „die Verhältnisse in einer Proportion ... einander gleich zu setzen. Denn das Gleichheitszeichen in $a:b = c:d$ ist von uns eigentlich nur vorgreifend gebraucht worden. (Die älteren Geometer schreiben daher auch $a:b \doteq c:d$. Da Euklid sich dieses Umstandes ganz bewußt ist, so könnte hieraus schon ein Beweis gegen die Echtheit der *4. Def.*[1] gewonnen werden.) Erst von jetzt an kann ein Verhältnis als ein Etwas für sich betrachtet werden, von dem Gleichheit ausgesagt werden kann im Sinne des *Axioms 1*."

Wir sind nicht der Ansicht, daß die Transitivität einer Relation automatisch etwas über das in Relation Stehende aussagt. So wird hier die Transitivität der für Größen definierten Relation „in gleichem Verhältnis stehen" ($V, Def.5$) bewiesen, was keineswegs bedeutet, daß damit irgendwelche Paare von Größen selbständiges Leben gewinnen. Die besondere Form des zitierten Gleichheitszeichens

---

[1] Hankel meint hier die von den späteren Historikern und Kommentatoren nicht mehr aufgeführte (da unechte) *Definition 4*: „Eine Proportion ist die Gleichheit zweier Verhältnisse". Bei ihm verschieben sich also die Nummern der folgenden Definitionen je um eins.

bestätigt nur, daß es sich hier nicht um die „gewöhnliche" Gleichheit zweier Individuen handelt. Es leuchtet zudem nicht recht ein, wie etwas zunächst nur Definiertes (*V, Def. 3*) erst durch einen Satz (*V, 11*) zum Individuum werden soll.

Ähnliche Argumente lassen sich gegen DIJKSTERHUIS vorbringen, der zwar zunächst (S. 68/69) sehr richtig feststellt, daß der Beweis von *Satz 11* (statt der Berufung auf *Axiom 1*) ein überzeugendes Argument gegen den Größencharakter der Verhältnisse ist, dann aber (im „Anhang" S. 272) eben diesen Beweis ansieht „als treffendes Merkmal einer Betrachtung eines Verhältnisses als etwas sui generis." Wo wird denn dieses „Etwas sui generis" von EUKLID wirklich als solches behandelt?

Im Satzgefüge der Elemente spielt der *Satz 11* eine ungemein wichtige Rolle, da die „Übertragung der Verhältnisgleichheit" nicht nur in den weiteren Sätzen des V. Buches (s. Aufst. I), sondern auch für den Aufbau aller weiteren geometrischen Bücher, d.h. für Buch VI und die Bücher X—XIII, unentbehrlich ist (s. Aufst. II); man beachte dazu die 21malige Anwendung in Buch X. Diese Bedeutung des Satzes wird verständlich, wenn man sich die bereits erwähnte wichtige Rolle der Verhältnisgleichheit und ihrer verschiedenen Umformungen (an Stelle unserer heutigen Gleichungen) für die griechische Mathematik noch einmal vor Augen führt.

Der entsprechende Satz für die Transitivität der Relation „größeres Verhältnis haben", d.h.

$$a:b > a':b', \quad a':b' > a'':b'' \;\Rightarrow\; a:b > a'':b'',$$

fehlt bezeichnenderweise bei EUKLID und wäre wegen des Wortlauts der Definition (Auftreten von $>$ und $\leqq$ nebeneinander) für ihn auch nicht leicht zu beweisen gewesen.

Satz 12. *Stehen beliebig viele Größen in Proportion, dann müssen sich alle Vorderglieder zusammen zu allen Hintergliedern zusammen verhalten wie das einzelne Vorderglied zum (zugehörigen) einzelnen Hinterglied.*

Für unser System haben wir unter Verwendung von D.9 (pag. 44) den Satz:

$$\boxed{\;\text{S.35} \quad \begin{aligned} &a_1:b_1 = a_2:b_2 = \cdots = a_k:b_k \Rightarrow \\ &(a_1 + a_2 + \cdots + a_k):(b_1 + b_2 + \cdots + b_k) = a_1:b_1.\end{aligned}\;}$$

Zum Beweis benutzen wir unseren Satz S.4 (s. pag. 26):

$$\begin{array}{lll}
\text{Voraussetzung:} & n\,a_1 \gtreqless m\,b_1 \Rightarrow n\,a_2 \gtreqless m\,b_2, & \text{(D.5)} \\
& n\,a_2 \gtreqless m\,b_2 \Rightarrow n\,a_3 \gtreqless m\,b_3, & \text{(D.5)} \\
& \;\cdot\;\cdot\;\cdot\;\cdot\;\cdot\;\cdot\;\cdot & \text{(D.5)} \\
& n\,a_{k-1} \gtreqless m\,b_{k-1} \Rightarrow n\,a_k \gtreqless m\,b_k. & \text{(D.5)}
\end{array}$$

$$\begin{array}{lll}
\text{Beweis:} & n\,a_1 \gtreqless m\,b_1 \Rightarrow n\,a_1 \gtreqless m\,b_1, & (\text{A} \Rightarrow \text{A}) \\
& n\,a_2 \gtreqless m\,b_2, & \text{(Vor.)} \\
& \;\cdot\;\cdot\;\cdot\;\cdot\;\cdot\;\cdot & \\
& n\,a_k \gtreqless m\,b_k. & \text{(Vor.)}
\end{array}$$

$$\begin{array}{ll}
n\,a_1 \gtreqless m\,b_1 \Rightarrow n\,a_1 + n\,a_2 + \cdots + n\,a_k \gtreqless m\,b_1 + m\,b_2 + \cdots + m\,b_k & \text{(S.4; A.5)} \\
\quad \Rightarrow n\,(a_1 + a_2 + \cdots + a_k) \gtreqless m\,(b_1 + b_2 + \cdots + b_k), & \text{(S.2)}
\end{array}$$

$$\begin{array}{lll}
\text{d.h.} & a_1:b_1 = (a_1 + \cdots + a_k):(b_1 + \cdots + b_k) & \text{(D.5)} \\
\text{oder} & (a_1 + \cdots + a_k):(b_1 + \cdots + b_k) = a_1:b_1. \quad \text{W.z.b.w.} & \text{(S.9)}
\end{array}$$

Voraussetzung für das Bestehen von S.35 ist die Gleichartigkeit aller a_i und b_i.
EUKLID beweist seinen *Satz 12* folgendermaßen:
Vorauss.: $a:b=c:d=e:f$.
Behaupt.: $a:b=(a+c+e):(b+d+f)$.
Man beachte die Vertauschung der beiden Seiten verglichen mit dem Wortlaut
des Satzes: stillschweigende Voraussetzung der „Symmetrie" der Verhältnisgleich-
heit, d.h. von S.9.

t.a.20

Beweis: Wir bilden $g=\overline{n}a,\qquad h=\overline{n}c,\qquad k=\overline{n}e,$
$\qquad$ ferner $l=\overline{m}b,\qquad m=\overline{m}d,\qquad n=\overline{m}f.$
(In der beigefügten Streckenschar ist $\overline{n}=2,\overline{m}=3$.)
Wegen $a:b=c:d=e:f$ gilt:
$$g>l \Rightarrow h>m \Rightarrow k>n$$
$$g=l \Rightarrow h=m \Rightarrow k=n \quad\Big\} \quad \text{nach } V,\ Def.5.\ \text{D.h.}$$
$$g<l \Rightarrow h<m \Rightarrow k<n$$
$$g>l \Rightarrow g+h+k>l+m+n \qquad \text{(keine Begründung: erneute stillschweigende}$$

Verwendung von t.a.17; s. pag. 68)
$$g=l \Rightarrow g+h+k=l+m+n \qquad \text{(nach } Axiom\ 2\text{: \, ,,}Wenn\ Gleichem\ Gleiches\ hin\text{-}$$
zugefügt wird, sind die Ganzen gleich.")
$$g<l \Rightarrow g+h+k<l+m+n \qquad \text{(k. Begründ.).}$$
Ferner ist $\quad g+h+k=\overline{n}(a+c+e)$ $\qquad\qquad\qquad\qquad$ $(V,1)$
$\qquad$ und $\quad g\qquad\ =\overline{n}a,$ $\qquad\qquad\qquad\qquad\qquad\qquad$ (s.o.)
$\qquad$ sowie $\quad l+m+n=\overline{m}(b+d+f)$ $\qquad\qquad\qquad\qquad$ $(V,1)$
$\qquad$ und $\quad l\qquad\ =\overline{m}b.$ $\qquad\qquad\qquad\qquad\qquad\qquad$ (s.o.)

Also $\qquad \overline{n}a \gtreqless \overline{m}b \Rightarrow \overline{n}(a+c+e) \gtreqless \overline{m}(b+d+f),$
d.h. $\qquad a:b=(a+c+e):(b+d+f).\qquad$ W.z.b.w. $\qquad\qquad$ $(V, Def.5)$

Die Kommentatoren gehen alle auf diesen Satz nicht näher ein. Sie erwähnen nur
seinen Wortlaut (oder die „Formel") und z.T. noch die Tatsache, daß er mittels $V,1$
und $V, Def.5$ bewiesen wird.

Die Bedeutung des Satzes für den Aufbau der Proportionenlehre zeigt Aufstellung I (pag. 15): EUKLID benötigt ihn zum Beweis seines Spezialfalles $V,15$
(s.d.). Außerdem findet er laut Aufstellung II in den Büchern VI, X und XII
Verwendung, und zwar bei der „Zusammenfassung" von Proportionen, wofür
$VI, 20$ (Übergang von Dreiecken zu Vielecken) ein typisches Beispiel ist.

Satz 13. *Hat eine erste Größe zur zweiten dasselbe Verhältnis wie die dritte zur
vierten, während die dritte zur vierten größeres Verhältnis hat als die fünfte zur
sechsten, dann muß auch die erste zur zweiten größeres Verhältnis haben als die
fünfte zur sechsten.*

Für uns lautet dieser Satz:

$$\boxed{\text{S.36}\quad a:b=a':b',\quad a':b'>a'':b'' \Rightarrow a:b>a'':b''.}$$

Den Beweis führen wir mit Hilfe von D.5 und D.7:
Vorauss.: $\quad$ 1. Für alle n, m gilt $na \gtreqless mb \Rightarrow na' \gtreqless mb'$;
$\qquad\qquad\quad$ 2. es gibt n', m' mit $n'a'>m'b'$ und $n'a'' \leq m'b''$.

Behaupt.: Es gibt n', m' mit $n'a > m'b$ und gleichzeitig $n'a'' \leq m'b''$.

Beweis: Wir gehen von der zweiten Voraussetzung aus: $n'a' > m'b'$; dann muß auch $n'a > m'b$ sein, da sonst nach Voraussetzung 1 $n'a' \leq m'b'$ wäre, entgegen der Voraussetzung 2. Damit erhalten wir $n'a > m'b$ und $n'a'' \leq m'b''$, d.h. nach Def. D.7 $a:b > a'':b''$. W.z.b.w.

Hierbei ist nicht erforderlich, daß alle sechs Größen untereinander gleichartig sind; es genügt die Voraussetzung, daß jeweils a und b, a' und b', a'' und b'' gleichartig sind, d.h. aus demselben Modell stammen.

Den Beweis der Elemente zu *Satz 13* brauchen wir nicht aufzuführen; er entspricht dem unsrigen und ist — bis auf eine leicht zu schließende Lücke — vollständig.

Hier wird nun jeder unbefangene Beobachter zu der Behauptung neigen, daß EUKLID eindeutig mit Verhältnissen arbeitet, und zwar im Sinne von Elementen mit bestimmten Eigenschaften. BECKER (S. 319) bringt diese Auffassung (jedoch im Gegensatz zu HEATH (S. 160) und THAER (s. o.), d.h. entgegen HEIBERG) bereits in der Formulierung des Satzes zum Ausdruck, wenn er sagt: „Ist ein Verhältnis gleich einem zweiten und das zweite größer als ein drittes, so ist das erste größer als das dritte." Ja, man könnte noch einen Schritt weitergehen und die Aussage von *Satz 13* so auffassen, daß hier gezeigt wird, daß die Verhältnisse eine geordnete Menge bilden. Was ist dazu zu sagen?

Unser Axiomensystem (s. pag. 48) zeigt im Absatz II, welche Eigenschaften die Elemente eines Bereichs erfüllen müssen, wenn von totaler Ordnung gesprochen werden soll. Untersuchen wir die Elemente daraufhin, so ließe sich *Def.7* zunächst als Definition dieser Ordnung auffassen. Ob die Bedingung II.6 erfüllt ist, wird schon nicht mehr explizit ausgesprochen, immerhin aber könnte man den Beweis zu $V,10$ heranziehen, wo das Bestehen dieser Eigenschaft stillschweigend vorausgesetzt wird. Dann aber läßt uns EUKLID im Stich: Was das Erfülltsein von II.8 angeht, so sind sich die Kommentatoren — wie pag. 71 gezeigt — einig, daß das gegenseitige Ausschließen von $>$ und $<$ ausdrücklich hätte gezeigt werden müssen, bevor man es verwendet. Ganz eindeutig wird die Sache dann bei II.8: Die Transitivität der Größer-Beziehung fehlt bei EUKLID völlig und wäre für ihn (s. o.) wohl auch kaum zu beweisen gewesen.

Doch nicht nur die totale Ordnung der Verhältnisse, sondern bereits ihr Elementcharakter wird durch den Beweis von *Satz 13* in Frage gestellt. Wenn die Verhältnisse hier als Elemente aufgefaßt werden sollten, so stünde gemäß t.a.14 (pag. 65) nichts im Wege, den dort vollzogenen Schluß von $e = d$ und $d \geq f$ auf $e \geq f$ von Größen direkt auf Verhältnisse zu übertragen, d.h. $a':b'$ in der $<$-Beziehung direkt durch $a:b$ zu ersetzen. Daß EUKLID jedoch seinen Weg eindeutig über die Relationen „gleiches" bzw. „größeres Verhältnis haben" (*Def.5* u. 7) nimmt, spricht ebenso wie der Wortlaut des Satzes, in dem nur von Größen und nicht von Verhältnissen die Rede ist, deutlich für unsere These. Es wird nicht der letzte Hinweis sein, den uns EUKLID liefert.

Wenn man unter diesem Aspekt nach dem Inhalt von *Satz 13* fragt, so wird die Antwort gar nicht so schwer: Hier wird ähnlich wie in *Satz 11* eine Relation zwischen vier Größen mit einer weiteren Relation zwischen vier Größen gewissermaßen „gekoppelt", was dadurch ermöglicht wird, daß die beiden Quadrupel zwei Größen gemeinsam haben. Die neue Relation geht dann praktisch „über diese beiden Größen hinweg" (eine Redewendung Euklids!) und verbindet die beiden ersten Glieder des ersten Quadrupels mit den beiden letzten des zweiten.

Ähnlich läßt sich übrigens der Parallelsatz

$$\boxed{\text{S.37} \quad a:b>a':b',\ a':b'=a'':b'' \ \Rightarrow\ a:b>a'':b''}$$

beweisen (D.5; D.7), den Euklid schon bei *Satz 14* stillschweigend benutzt und wohl aus *Satz 13* folgert. Das ist logisch nicht in Ordnung, genau so wenig wie die Auffassung Simsons (Heath II S. 162), wenn er diesen Satz als „Korollar" zu *Satz 13* bezeichnet. Ein Korollar ist ein Satz, der unmittelbar aus einem bewiesenen Satz folgt, was hier ja keineswegs der Fall ist, wohl verläuft der Beweis ähnlich, ist aber weder mit dem obigen identisch noch ein Teil von ihm. Diese Bemerkung trifft auch den Heathschen Hinweis, daß verglichen mit *13* nur die beiden Voraussetzungen „vertauscht" sind.

Diese Angaben bei Heath sind übrigens der einzige Kommentar zu *Satz 13*; alle übrigen Verfasser beschränken sich auf die Angabe des Satzes und z.T. seines Beweises. Zum Ordnungsbegriff finden sich keinerlei Hinweise.

Im Euklidischen System spielt *13* die Rolle eines reinen Hilfssatzes für *14*, *20* und *21* (Aufst. I), was auch dadurch erhärtet wird, daß er in keinem der späteren Bücher Verwendung findet (s. Aufst. II).

Satz 14. *Hat eine erste Größe zur zweiten dasselbe Verhältnis wie die dritte zur vierten und ist dabei die erste größer als die dritte, dann muß auch die zweite größer sein als die vierte, gleich, wenn gleich, und kleiner, wenn kleiner.*

Hier vergleicht Euklid wieder die in Proportion stehenden Größen und wir übernehmen:

$$\boxed{\text{S.38} \quad a:b=c:d,\ a \gtreqless c \Rightarrow b \gtreqless d}$$

Beweis: 1. $a>c \Rightarrow a:b>c:b$, (S.28)

$$\frac{c:d=a:b;}{}$$ (Vor.; S.9)

also $c:d>c:b$, (S.36)

d.h. $b>d$. W.z.b.w. (S.34)

2. $a<c$. Beweis analog zu 1. liefert $b<d$.

3. $a=c \Rightarrow a:b=c:b$, (S.25)

$$\frac{c:d=a:b;}{}$$ (Vor.; S. 9)

also $c:d=c:b$, (S.10)

d.h. $b=d$. W.z.b.w. (S.9; S.32)

Voraussetzung für diesen Vergleich ist die Gleichartigkeit aller vier Größen a, b, c, d.

Euklid bringt den Beweis wie unter 1. und beruft sich dabei auf seine Sätze $V,8$, *13* und *10*. Der bei uns auftretende Satz S.9 zeigt jedoch, daß auch hier die Symmetrie der Verhältnisgleichheit in den Beweis eingeht; sie wird von Euklid *(t.a.20)* wie schon beim Beweis von *Satz 12* stillschweigend vorausgesetzt. — Die Fälle 2. und 3. überläßt Euklid dem Leser mit dem schon bekannten Hinweis: „Ähnlich läßt sich auch zeigen ..." Dabei darf man dann nicht vergessen, die hierbei erforderlichen Sätze herauszupräparieren, da sonst u.U. wesentliche Grundlagen des vollständigen Beweises übersehen werden.

SIMSON (s. HEATH II S. 163) führt die Beweise ähnlich aus wie wir, geht aber im Falle der Gleichheit über $a=c \Rightarrow a:b=a:d$, benutzt also das „Ersetzungsaxiom", um dann mit $V,9$ zum Ziel zu kommen. Das ist eine Praxis, die EUKLID nicht gebilligt haben würde, da die Ersetzung von Größen in Proportionen für ihn besonderen Bedingungen unterliegt, wie wir pag. 65 bereits erwähnten und beim Beweis von *Satz 15* noch einmal diskutieren müssen. — Daß der Beweis für den Fall der Gleichheit indirekt geführt werden muß, wie THAER (S. 71) in seinen Anmerkungen behauptet, wird durch unseren obigen Beweis (Verwendung von $V,7$, $t.a.20$, $V,11, 9$ und dem angeblichen „Korollar" zu $V,13$ — s.d.) widerlegt. — Die übrigen Kommentatoren bringen nur den Satz selbst, z.T. mit EUKLIDs Beweis.

Für BECKER (EUD.-Stud. I S. 316) dient $V,14$ zusammen mit *20* und *21* der „spezifisch eudoxischen" Vorbereitung von $V,16, 22, 23$. „Diese Theoreme können also nicht in der alten anthyphairetischen Theorie (s. Teil I.3) gestanden haben; sie sind ihrer Begriffsbildung ganz fremd." Dieser Satz dürfte dementsprechend eindeutig Eigentum des EUDOXOS sein.

Im Aufbau der Proportionenlehre ist *Satz 14* „Hilfssatz" (wie ihn auch V. D. WAERDEN E.W. S. 311 nennt) vor allem für den grundlegenden „Vertauschungssatz" $V,16$ sowie für *Satz 18* (s. Aufst. I); er hat jedoch auch eigene Bedeutung, wie seine Verwendung in den Büchern VI, XII und XIII beweist (s. Aufst. II).

Satz 15. *Teile haben zueinander dasselbe Verhältnis wie Gleichvielfache von ihnen zueinander.*

Wir haben hier den wichtigen „Erweiterungs-" und wegen der Symmetrie der Verhältnisgleichheit (S.9) auch „Kürzungssatz". Er lautet unter Verwendung von D.2 und D.3:

$$\boxed{\text{S.39} \qquad a:b=n\,a:n\,b.}$$

$$
\begin{aligned}
\text{Beweis:} \quad & \overline{n}\,a \gtreqless \overline{m}\,b \Rightarrow n\,(\overline{n}\,a) \gtreqless n\,(\overline{m}\,b) && \text{(S.5)}\\
& \Rightarrow \overline{n}\,(n\,a) \gtreqless \overline{m}\,(n\,b) && \text{(S.3)}\\
& \Rightarrow a:b=n\,a:n\,b. \quad \text{W.z.b.w.} && \text{(D.5)}
\end{aligned}
$$

Eine weitere Beweismöglichkeit bestünde durch Verwendung der Reflexivität der Verhältnisgleichheit und des Satzes S.35, von dem S.39 ein Spezialfall ist: $a_1=a_2=\cdots=a_k=a$; $b_1=\cdots=b_k=b$ (vgl. pag. 73). Man benötigt zu diesem Beweis S.8, S.35 und D.2. Diese Deduktion ist nicht einfacher als unsere obige, liegt aber wegen der Verwendung der Reflexivität außerhalb Euklidischer Gewohnheiten (s.u.).

EUKLID selbst bringt folgenden Beweis:

Vorauss.: $A\,B=n\,c$, $DE=n\,f$; Beh.: $c:f=A\,B:DE$.

Beweis: Man zerlege $A\,B$ in seine mit c gleichen Teile:

$$A\,B=A\,G+G\,H+H\,B \qquad \text{(d.h. } n=3\text{);}$$

ebenso DE in seine mit f gleichen Teile:

$$DE=D\,K+K\,L+L\,E \qquad \text{(d.h. } n=3\text{).}$$

Dann ist die Anzahl der Stücke von $A\,B$ gleich der von DE. Wegen $A\,G=G\,H=H\,B$ und $D\,K=K\,L=L\,E$ ist $A\,G:D\,K=H\,G:K\,L=H\,B:L\,E$ (nach $V, 7, 11$) und weiter nach $V, 12$: $AG + GH + HB : DK + KL + LE = AG : DK$, d.h. $AG : DK = AB : DE$ (Verwendung von t.a. 14 (pag. 65)).

Also ist wegen $AG = c$ und $DK = f$ nach $V, 7, 11$ auch $c : f = AB : DE$. W.z.b.w.

In diesem Beweis fällt zunächst der umständliche Übergang von $AG = GH = HB$ und $DK = KL = LE$ zu $AG : DK = HG : KL = HB : LE$ auf, der mit Hilfe von $V, 7$ und 11 ausgeführt wird und im einzelnen folgendermaßen aussieht:

$$\left.\begin{array}{l} a = b \Rightarrow a : a' = b : a' \quad (V, 7) \\ a' = b' \Rightarrow b : a' = b : b' \quad (V, 7) \end{array}\right\} \Rightarrow a : a' = b : b'. \quad (V, 11)$$

Entsprechend ergibt sich $b : b' = c : c'$.

Hier läge doch nahe, von $a : a' = a : a'$ (Reflexivität folgt direkt aus *Def. 5*: siehe unseren Satz S. 8) durch „Ersetzung" sofort zu $a : a' = b : b' = c : c'$ überzugehen. Daß Euklid einen solchen Schritt jedoch nicht vollzieht, mußten wir schon beim Beweis von *Satz 7* (pag. 65) feststellen. Während wir dort aber noch vermuten konnten, daß es ihm dabei um die Vermeidung des „Ersetzungsaxioms" bei Proportionen gehe, zeigt sich hier, daß der Grund ein anderer ist; denn das Ersetzungsaxiom (t.a. 14) findet gerade hier schon zwei Zeilen später Verwendung (s.o.). Dementsprechend bleibt nur die Folgerung, daß Euklid die triviale Proportion $a : a' = a : a'$ trotz der Möglichkeit ihrer direkten Gewinnung aus *Def. 5 nicht* zur Verfügung steht. In der Tat wird weder vorher (s. *Satz 7*) noch später irgendwo von ihr Gebrauch gemacht. — Die Verwendung von t.a. 14 hätte sich vermeiden lassen, ist aber für Euklid eine so selbstverständliche stillschweigende Annahme, daß dazu für ihn kein Anlaß besteht.

Die Kommentatoren gehen auf die obigen Fragen nicht ein; sie beschränken ihre Bemerkungen auf die Angabe von Formel und Beweis und den Hinweis, daß es sich hier um einen Spezialfall von $V, 12$ handelt. Die „Kurzschreibweise" von Thaer: „Aus $k = \dfrac{a}{c} = \dfrac{d}{f}$ folgt $c : f = a : d$." können wir aus den früher (s. pag. 58) bereits dargelegten Gründen nicht billigen.

Die Rolle von *Satz 15* im Euklidischen System ist nicht nur die eines Hilfssatzes für *16* (einzige Anwendung in Buch V), sondern der Satz findet auch in den Büchern VI, XII und XIII Anwendung (s. Aufst. II). Hier geht es, von einer Ausnahme ($XII, 8$) abgesehen, wo durch 6 gekürzt wird, stets um den einfachen Sonderfall $n = 2$. In der Zahlenlehre der Bücher VII—IX erscheint die Kürzungsregel in Gestalt der Sätze $VII, 17$ und 18, die wegen der Kommutativität nach $VII, 16$ äquivalent sind.

Nach diesen Vorbereitungen beweist Euklid nun „gewisse Fälle der Umformung von Proportionen im Sinne der Definitionen $V, Def. 12—16$" (Heath). Er beginnt mit

Satz 16: *Stehen vier Größen in Proportion, so müssen sie auch vertauscht in Proportion stehen.*

Unter Verwendung von *Def. 12* (s. pag. 44) erhalten wir damit den grundlegenden „Vertauschungssatz", den nun ganz einfach zu beweisenden II. Hauptsatz der Proportionenlehre (I. Hauptsatz s. pag. 66):

$$\boxed{\text{S. 40} \quad a : b = c : d \Rightarrow a : c = b : d.}$$

Zum Beweis haben wir zu zeigen, daß $na \gtreqless mc \Rightarrow nb \gtreqless md$ (nach Definition D.5).

$a:b = na:nb$	(S.39)	
$a:b = c:d$	(Vor.)	
$na:nb = c:d$	(S.9/10)	
$c:d = mc:md$	(S.39)	
$na:nb = mc:md$	(S.10)	
$na \gtreqless mc \Rightarrow nb \gtreqless md$	(S.38)	
d.h. $\quad a:c = b:d$	(D.5)	

Dies ist der gleiche Weg, den auch EUKLID geht.

Voraussetzung ist hier natürlich, daß alle vier Größen a, b, c, d gleichartig sind, d.h. aus dem gleichen Modell stammen.

Mit dem gerade bewiesenen Satz S.40 und den schon früher abgeleiteten Sätzen S.9 und S.11 stehen nun die Mittel zur Verfügung, aus einer Proportion alle abgeleiteten zu gewinnen:

S.41 $\quad a:b = c:d \Rightarrow 1) \; a:b = c:d$	(Ident.)
$\Rightarrow 2) \; a:c = b:d$	(S.40)
$\Rightarrow 3) \; b:a = d:c$	(S.11)
$\Rightarrow 4) \; b:d = a:c$	(S.40; S.9)
$\Rightarrow 5) \; c:d = a:b$	(S.9)
$\Rightarrow 6) \; c:a = d:b$	(S.40; S.11)
$\Rightarrow 7) \; d:c = b:a$	(S.11; S.9)
$\Rightarrow 8) \; d:b = c:a$	(S.40, 11, 9)

Die erforderlichen Voraussetzungen sind überall dort, wo S.40 Verwendung findet, Gleichartigkeit aller vier Größen, in den übrigen Fällen Gleichartigkeit von a, b einerseits und c, d andererseits.

Die Bedeutung von *Satz 16* für die Proportionenlehre findet auch in den Kommentaren der Mathematik-Historiker ihren Niederschlag. Für v. D. WAERDEN (E.W. S. 310/11) gehört *V,16* (neben *V,12* mit *V,15* als Spezialfall) zu den „Haupteigenschaften der Proportionen", während die voraufgehenden Sätze *V,8, 9, 10* und *14* von ihm ausdrücklich als Hilfssätze bezeichnet werden (es fehlen dann allerdings *V,7* und vor allem *V,11*, ohne die man nicht zu *Satz 16* kommt). Aus diesen Hilfssätzen, so schreibt v. D. WAERDEN, „folgt mit einem Schlag für beliebige Größen, verblüffend einfach, *der äußerst wichtige* Satz über die Vertauschung der Mittelglieder, den auch ARISTOTELES erwähnte", um dann nach der Skizzierung des Beweises die Frage zu stellen: „Ist das nicht ein Meisterwerk der Logik?"

In der Tat kommt die Eleganz des Euklidischen Gedankenganges erst dann voll zur Geltung, wenn man sich die Bedeutung der von v. D. WAERDEN mit Recht so betonten Beliebigkeit der Größen klarmacht: Wir sind doch gewohnt, den Sachverhalt des Satzes in der Form $a:b = c:d \Rightarrow ad = bc \Rightarrow ad = cb \Rightarrow a:c = b:d$ zu beweisen, eine Deduktion, die für EUKLID nur beim Spezialfall von Strecken gangbar ist (mit Hilfe von *VI,16*), da nur für diese die Produkte ad und bc „sinnvoll" sind, und zwar als Rechtecke. Er muß also einen ungleich kunstvolleren Weg gehen, und die Fülle der zunächst zu schaffenden Voraussetzungen (lt. Aufst. I: *Def.2, 5, 7, 12; Sätze 1, 7—15*) zeigt die Schwierigkeiten, aber auch die Genialität ihrer Behebung.

Auch BECKER (EUD.-Stud. I S. 321) beschäftigt sich im Rahmen seiner Betrachtungen der voreudoxischen Proportionenlehre (s. Teil I) ausführlicher mit *Satz 16*.

Dieses Theorem gehört in jener Theorie nicht zu den für allgemeine Größen beweisbaren Sätzen, da es „eng mit dem Begriff der Multiplikation von Größen mit Größen und von Verhältnissen mit Verhältnissen zusammenhängt", einer Aufgabe, die in dieser Theorie nicht unmittelbar lösbar ist, da es „keine einfache Formel gibt, die aus den Teilnennern zweier Kettenbrüche (den Teilungszahlen der entsprechenden Anthyphairesis) die Teilnenner desjenigen Kettenbruchs zu berechnen gestattet, dessen Wert gleich dem Produkt der Werte der beiden ersten Kettenbrüche ist. Unsere übliche Multiplikationsformel für Verhältnisse $(a:b) \cdot (c:d) = ac:bd$ setzt voraus, daß die Produkte ac und bd definiert sind, auch wenn a, b, c, d allgemeine Größen sind. Das ist aber nicht der Fall, sondern definiert ist zunächst nur $a+b$ und $a+a=2a$, $a+a+a=3a$ usw., d.h. ma, wo m eine natürliche Zahl ist" (eine Bestätigung unseres Axiomensystems!).

Nach der „Multiplikation von allgemeinen Größen" geht Becker in seinem Zusammenhang auch auf den „Begriff der Multiplikation von Verhältnissen" ein, den Euklid ebenfalls „nicht eigentlich kennt". „Dagegen wird von ihm ein spezieller Fall davon, die ‚Komposition' der Verhältnisse $a:b$ und $b:c$ zu $a:c$ benutzt, wenn auch nicht definiert. Definiert wird nur der besondere Fall der duplicata und triplicata ratio (s. *Def.9* und *10*) oder proportio." Da diese Betrachtungen für das noch zu diskutierende Problem des „Rechnens mit Verhältnissen" von Bedeutung sind, werden wir es an Ort und Stelle, d.h. bei den *Sätzen 22* und *23*, aufgreifen, zumal Becker diese Sätze mit *16* in engen Zusammenhang bringt.

Hier ist noch wichtig, daß Becker das Charakteristische der Euklidischen Argumentation sorgfältig herauspräpariert: Es sind die mit Hilfe von $V,15$ eingeführten Produkte na, nb, mc, md, die dann über *Satz 14* direkt zur typisch Eudoxischen Bedingung $(na \gtreqless mc \Rightarrow nb \gtreqless md)$ für die Verhältnisgleichheit $a:c=b:d$ führen. Es ist Beckers Verdienst, darauf hingewiesen zu haben (S. 322), daß „ohne die Einführung der ‚Vergleichsverhältnisse' (wir würden sagen: der Hilfsproportion $na:nb = mc:md$) der *Satz 16* rein auf Grund der *Sätze 7—11, 13—14* ebensowenig zu beweisen ist, wie mit Hilfe der ‚algorithmischen" *Sätze 12, 17—19* allein. Denn es gibt Funktionen zweier Variablen $f(x, y)$, die allen Sätzen *7—11, 13, 14* gehorchen, aber doch nicht der Bedingung *16*."

Auch die Bedeutung des „archimedischen" Axioms (s. unsere Bemerkungen zu *Def. 4*) für die *Sätze 16, 22, 23* hebt Becker (a.a.O.) gebührend hervor, sieht aber dennoch die Leistung des Eudoxos nicht primär in der Hinzunahme dieses Axioms, sondern in der Einführung einer neuen Beweismethode und von dieser Beweismethode aus einer neuen Definition der Verhältnisgleichheit; denn für Becker ist Eudoxos erst durch die Betrachtung der wichtigsten Eigenschaften der nach der alten (antaneiretischen) Definition gleichen Verhältnisse zu der charakteristischen Eigenschaft $na \gtreqless mb \Rightarrow na' \gtreqless mb'$ gekommen, die er dann seinem Aufbau als *Definition 5* zugrunde legte. Sie erst bewirkte die große Allgemeinheit der Aussagen.

Ohne diese Hilfe kann *Satz 16* tatsächlich nur für Spezialfälle bewiesen werden. Neben dem oben schon erwähnten Weg über die Produktgleichung (Verwendung von $VI,16$), der nur für den Spezialfall von vier Strecken gilt, erwähnt Becker unter Berufung auf Heath (S. 165) noch den Beweis von Smith und Bryant von 1901, der immerhin einer gewissen Verallgemeinerung fähig ist: Diese Deduktion stützt sich auf den *Satz VI,1* („*Dreiecke sowie Parallelogramme unter derselben Höhe verhalten sich zueinander wie die Grundlinien*"), der es offensichtlich ermöglicht, 2 Flächen mit 2 Strecken ins Verhältnis zu setzen, womit dann über $V,11$ auch die Möglichkeit besteht, eine „Streckenproportion" durch eine „Flächenproportion" zu ersetzen und umgekehrt.

Neben Sätzen aus dem ersten Buch der Elemente benötigt $VI,1$ außer V, *Def.5* die Sätze $V,11$ und *15* explizit (s. Euklids Beweis) und damit implizit (s. Aufst. I): $Ax.2$, *Def.2* und *5*, *Sätze 1, 7* und *12*. Das sind verglichen mit Euklids Beweis eine ganze Reihe von Voraussetzungen weniger; denn es werden nicht benötigt: *Def.7* und die Sätze $V,8—10$ sowie $V,13—14$. Das macht zunächst stutzig, wenn man an das für $V,8$ erforderliche Eudoxische Axiom denkt, und man fragt sich, ob der Beweis doch „nichtarchimedisch" geführt werden kann. Doch lassen wir uns nicht täuschen;

die im geometrischen Teil des Beweises mit Selbstverständlichkeit angefügten weiteren Flächen zeigen sofort den stillschweigend vorausgesetzten archimedischen Charakter der behandelten Größenbereiche.

Die geringere Zahl der Voraussetzungen zeigt dann auch bald ihre Folgen: Man kann zwar die Gültigkeit des Satzes über die von SMITH und BRYANT gezeigte Anwendung auf Strecken und Flächen hinaus auf Spate (mittels *XI, 25*) und Zylinder (mittels *XII,13*) ausdehnen, worauf auch BECKER hinweist (S. 324), doch von einer echten Allgemeingültigkeit ist man weit entfernt. Und auch der von HEATH (S. 165) angeführte Vorteil dieses Weges, daß „certainly the proofs are more easy to follow than EUCLID's" scheint mir ein sehr subjektiver zu sein.

Dies sind die wichtigsten Hinweise der Kommentatoren, die über die Angabe des Satzes und seines Beweises und den Hinweis auf die Gleichartigkeit aller vier Größen hinausgehen. Daß „die übrigen altbekannten Eigenschaften der Proportionen nun ohne jede Mühe folgen" (V. D. WAERDEN), speziell die acht Umformungen (s.o. pag. 79) und aus *V,12* „alle Formen der korrespondierenden Addition" (THAER S. 71), ist hinreichend deutlich geworden. So bleibt uns nur der Abschluß mit der von DIJKSTER-HUIS (S. 72) so treffend formulierten Würdigung: „Bei der Betrachtung dieses eleganten Beweises kann man nicht unterlassen, den sinnreichen Bau der Verhältnislehre des EUDOXOS zu bewundern. Wird hier doch ein Resultat erreicht, daß für uns fast unlöslich verbunden zu sein scheint mit der Haupteigenschaft der Proportionen, die die Gleichheit des Produkts der inneren und des Produkts der äußeren Glieder besagt. Diese Haupteigenschaft ist für die griechische Mathematik jedoch eine vollkommen sinnlose Behauptung. Die Redensart ‚Produkt zweier allgemeiner Größen' bedeutet nichts."

c) Die Kompositionssätze. Bei den nun folgenden drei Sätzen geht es um das In-Proportion-Stehen von Differenzen oder Summen. EUKLID beginnt mit dem

Satz 17. *Stehen Größen verbunden in Proportion, so müssen sie auch getrennt in Proportion stehen.*

Wollte man den Satz wortgetreu formulieren (s. *Def.14* und *15* auf pag. 45), so käme man zu

$$\boxed{\text{S.42} \quad (a+b):b = (a'+b'):b' \Rightarrow (a-b):b = (a'-b'):b'.}$$

EUKLID meint aber hier, wie auch aus seinem Beweis hervorgeht, den Sachverhalt, der sich auf folgende zwei Weisen ausdrücken läßt:

$$\boxed{\begin{array}{ll} \text{S.43} & a:b = a':b' \Rightarrow (a-b):b = (a'-b'):b' \\ \text{S.44} & (a+b):b = (a'+b'):b' \Rightarrow a:b = a':b'. \end{array}} \quad \text{oder}$$

Gleichartigkeit aller vier Größen wird hier nicht benötigt, und wie man sofort sieht, genügt es, S.43 zu beweisen, da S.44 und S.42 dann folgen: S.44 durch Ersetzung (A.5) von a durch a_1+b, d.h. $a_1 = a-b$, und von a' durch a_1+b', d.h. $a_1' = a'-b'$, was durch Einführung der Differenzen nach D.10 und A.13 möglich ist; S.42 durch Kombination von S.43 und S.44 mit Hilfe der schon pag. 72 erwähnten „logischen Transitivität".

Wegen der Differenzbildung ist $a > b$ vorauszusetzen, was aber bei EUKLID ohnehin die Regel ist, wenngleich die allgemeine Proportion $a:b = a':b'$ an keiner Stelle der Elemente auf $a \gtreqless b$ untersucht wird. BECKER hat für diese Regel eine einleuchtende Erklärung von der Tradition der alten antaneiretischen Theorie her, die bereits pag. 65/66 zitiert wurde. In der Tat, wenn man die Sätze des V. Buches daraufhin untersucht, so stellt man ausnahmslos fest, daß zu allen Sätzen die die

Größen veranschaulichenden Strecken so gewählt werden, daß die erste größer ist als die zweite.

Selbst für *Satz 19* stellt man entgegen der von Thaer verwendeten Figur im Original (vgl. auch Heath S. 174) die „klassische" Annahme $AB > CD$ fest. Die Sätze $V, 7$—10 liefern sogar für beide Fälle $a > b$ bzw. $a < b$ je eine „passende" Proportion. Auch der „Vertauschungssatz" *16* ist kein Gegenbeispiel, da sowohl b als auch c kleiner als a gewählt werden, so daß $a:b = c:d$ und $a:c = b:d$ beide der Bedingung genügen. Wenn wir einmal von den „Zwischenproportionen" bei den Sätzen „über gleiches weg" (*20—23*) absehen, so gibt es nur eine Stelle, wo gegen diese Auffassung verstoßen werden *muß*, und das ist $V, 7$ *Zus.*, wo entweder nur in der Voraussetzung $a:b = a':b'$ oder nur in der Behauptung $b:a = b':a'$ das erste Glied größer sein kann als das zweite. Doch gerade dieser Satz gilt als unecht.

Euklid beweist seinen *Satz 17* in der Form von S.43, was aus dem in der Behauptung auftretenden Hinweis auf *Def. 15* (pag. 45) hervorgeht. Dieser Beweis Euklids ist umständlich und ein weiterer Beleg dafür, daß Verhältnisse bei ihm keine Größen sind, mit denen gerechnet werden kann; sonst würde nämlich aus $a:b = c:d$ durch beiderseitige Subtraktion von $b:b$ sofort die Behauptung folgen. Doch auf solche „Rechnungen mit Verhältnissen" kommen wir noch.

Wir beweisen S.43 zunächst in unserem System und benötigen wieder die Definition D.5, deren fundamentale Bedeutung für den Aufbau des Buches V mehr und mehr in Erscheinung tritt.

Vorauss.: $a:b = a':b'$, $a > b$ (d.h. $a' > b'$ nach S.40, S.38);

Behaupt.: $(a - b):b = (a' - b'):b'$;

$$\text{Beweis: 1.} \quad na > (n+m)\,b \Rightarrow na - nb > (n+m)\,b - nb \qquad \text{(S. 15)}$$
$$\Rightarrow n(a-b) > (nb + mb) - nb \qquad \text{(S. 13; S. 1)}$$
$$\Rightarrow n(a-b) > mb; \qquad \text{(S. 18)}$$
$$\text{2.} \quad na = (n+m)\,b \Rightarrow na - nb = (n+m)\,b - nb \qquad \text{(S. 15)}$$
$$\Rightarrow n(a-b) = mb; \qquad \text{(s. o.)}$$
$$\text{3.} \quad na < (n+m)\,b \Rightarrow n(a-b) < mb, \qquad \text{(s. o.)}$$
$$\text{d.h.} \quad na \gtreqless (n+m)\,b \Rightarrow n(a-b) \gtreqless mb.$$

Diese Folgerung gilt auch rückwärts, wie man sich leicht überzeugt:

$$n(a-b) \gtreqless mb \Rightarrow na - nb \gtreqless (nb + mb) - nb \qquad \text{(S. 13/18)}$$
$$\Rightarrow na \gtreqless (n+m)\,b. \qquad \text{(S. 16, S. 1)}$$

Also ist (I.) $na \gtreqless (n+m)\,b \Leftrightarrow n(a-b) \gtreqless mb.$

Ferner gilt $na \gtreqless (n+m)\,b \Rightarrow na' \gtreqless (n+m)\,b'$ (Vor.; D.5)
$$\Rightarrow na' - nb' \gtreqless (n+m)\,b' - nb' \qquad \text{(S. 15)}$$
$$\Rightarrow n(a' - b') \gtreqless (nb' + mb') - nb' \qquad \text{(S. 13; S. 1)}$$
$$\Rightarrow n(a' - b') \gtreqless mb'. \qquad \text{(S. 18)}$$

Also ist (II.) $na \gtreqless (n+m)\,b \Rightarrow n(a' - b') \gtreqless mb'.$ (s. o.)

Kombination der Aussagen I. und II. ergibt:

$$n(a-b) \gtreqless mb \Rightarrow n(a' - b') \gtreqless mb', \quad \text{d.h. nach D.5:}$$
$$(a-b):b = (a' - b'):b'. \quad \text{W.z.b.w.}$$

Wir wollen das für diesen Beweis benutzte logische Schema für die folgende Kritik des Euklidischen Beweises ausdrücklich festhalten: $(A \Leftrightarrow B,\ A \Rightarrow C) \Rightarrow (B \Rightarrow C)$. Um also $B \Rightarrow C$ zu folgern, ist $B \Rightarrow A$ unbedingt nötig.

Damit ist S.43 voll bewiesen und somit nach den Bemerkungen auf pag. 81 auch die Sätze S.44 und S.42.

Die Rechnung dazu ist zwar elementar, aber doch ziemlich umständlich. Wir benötigen sie jedoch für die folgende Analyse des Euklidischen Beweises. Wie einfach der Beweis in der Endomorphismentheorie der Proportionenlehre wird, zeigt die spätere Betrachtung.

Schauen wir uns nun EUKLIDs Beweis von *Satz 17* näher an:

Vorauss.: $AB:EB = CD:FD$;

Behaupt.: $AE:EB = CF:FD$;

Beweis: Man bilde $GH = nAE$, $LM = nCF$, $KO = mEB$;

$\qquad\qquad\qquad\ HK = nEB$, $MN = nFD$, $NQ = mFD$.

$$\overline{GK = nAB}, \qquad \overline{LN = nCD} \qquad\qquad\qquad (Satz\ 1)$$

Folglich $HK + KO = HO = nEB + mEB = (n+m)EB$ $\qquad$ (*Satz 2*)

und $MN + NQ = MQ = nFD + mFD = (n+m)FD$. $\qquad$ (*Satz 2*)

Nach Vor. ist $nAB \gtreqless (n+m)EB\ \Rightarrow\ nCD \gtreqless (n+m)FD$,

d.h. $GK \gtreqless HO\quad \Rightarrow\quad LN \gtreqless MQ$.

Bis hierhin ist der Beweis völlig in Ordnung.

t.a.21

Nun sei $GK > HO$ (**A**), dann ist $GK - HK > HO - HK$ (es wird also stillschweigend $a > b \Rightarrow a - c > b - c$ gefolgert, d.h. unser Satz S.15), d.h. $GH > KO$(**B**). Andererseits gilt $GK > HO$ (**A**) $\Rightarrow LN > MQ$ (s.o.), d.h. (wie oben) $LN - MN > MQ - MN$ oder $LM > NQ$ (**C**).

Folglich gilt: $GH > KO$ (**B**) $\Rightarrow LM > NQ$ (**C**).

Dieser Schluß ist unzulässig; denn es wird gefolgert (s. *fette* Buchstaben):

$$\left.\begin{array}{l} \boldsymbol{A \Rightarrow B} \\ \boldsymbol{A \Rightarrow C} \end{array}\right\} \Rightarrow (\boldsymbol{B \Rightarrow C}).$$

Das wäre jedoch nur möglich bei $\boldsymbol{B \Rightarrow A}$, was nicht bewiesen wird. Die benötigte „Umkehrung" würde übrigens neben der Möglichkeit, jede Strecke als Differenz zu schreiben, unseren Satz S.16, also den Kehrsatz von t.a.21 (s.o.), erfordern. — „Ähnlich" werden die beiden anderen Fälle ($GK = HO$ und $GK < HO$) gezeigt.

Der Rest des Beweises ist dann einwandfrei: $GH \gtreqless KO \Rightarrow LM \gtreqless NQ$, d.h. $nAE \gtreqless mEB \Rightarrow nCF \gtreqless mFD$ (s.o.). Das bedeutet nach *Def.5*: $AE:EB = CF:FD$. W.z.b.w.

Daß a, b (AB, EB) und ebenso a', b' (CD, FD) gleichartig sein müssen, wird besonders deutlich, wenn man sich klar macht, daß bei diesem Satz $a - b$ und b als „Teile" von a und ebenso $a' - b'$ und b' als Teile von a' aufgefaßt werden. Die Gleichartigkeit von a (oder b) mit a' (oder b') ist dagegen nicht erforderlich, was wir schon mit der Schreibweise zum Ausdruck gebracht haben.

Die Auffassung von $a - b$ und b als Teile von a vertreten auch HEATH (13B. II S. 168), der im Kommentar den *Satz 17* in den Formen S. 43 und S. 44 bringt, und

Dijksterhuis (S. 73/74), der im übrigen nur die Beweishilfsmittel nennt. Kritische Bemerkungen zu diesem Satz finden sich bei keinem der Kommentatoren. Die meisten beschränken sich auf die Formel in Gestalt von S. 43 und den Beweis.

Becker (Eud.-Stud. I S. 319) bringt den antaneiretischen Beweis dieses in seiner Theorie für allgemeine Größen beweisbaren Satzes (vgl. auch S. 316). — Auf den Thaerschen Hinweis (S. 71) „Subtraktion der 1", d.h. $a:b-1=c:d-1$ oder $(a-b):b=(c-d):d$, wollen wir erst später im Anschluß an *Satz 24* eingehen.

Die Bedeutung des Satzes für das Euklidische System ergibt sich aus den Aufstellungen I und II (pag. 15): Er erfordert zu seinem Beweis bei weitem nicht den Aufwand des vorhergehenden *Satzes 16* und könnte bereits im Anschluß an *Satz 2* gebracht werden, was allein aus Gründen der Systematik nicht geschieht. Er wird als Voraussetzung erst für den Beweis der Sätze $V,18$ und *19* und damit auch für $V,24$ und *25* gebraucht. Daß er auch selbständig eine gewisse Bedeutung hat, zeigt seine Verwendung in Buch X.

Die Umkehrung von *Satz 17* bringt

Satz 18. *Stehen Größen getrennt in Proportion, so müssen sie auch verbunden in Proportion stehen.*

Wortgetreu würde er als Umkehrung von S. 42 lauten:

$$\text{S. 45} \qquad (a-b):b=(a'-b'):b \Rightarrow (a+b):b=(a'+b'):b'.$$

Euklid meint jedoch (vgl. Bemerkung zu *Satz 17*):

$$\text{S. 46} \qquad a:b=a':b' \Rightarrow (a+b):b=(a'+b'):b' \qquad \text{bzw.}$$
$$\text{S. 47} \qquad (a-b):b=(a'-b'):b' \Rightarrow a:b=a':b',$$

d.h. die Umkehrungen der Sätze S. 44 bzw. S. 43, und beginnt den Beweis des in S. 46 ausgedrückten Sachverhalts wie folgt:

Vorauss.: $AE:EB=CF:FD$;

Behaupt.: $AB:EB=CD:FD$;

Beweis: Angenommen, $AB:EB \neq CD:FD$.

Dieser Beweisansatz überrascht nicht, liegt es doch ganz im Rahmen Euklidischer Gepflogenheiten, die Umkehrung eines bereits bewiesenen Satzes indirekt zu beweisen. Allerdings erwartet man nun entsprechend der bereits bei *Satz 10* (pag. 70/71) stillschweigend vorausgesetzten „totalen Ordnung der Verhältnisse" (t.a. 19) eine reductio ad absurdum der beiden Fälle

1) $AB:EB>CD:FD$ und 2) $AB:EB<CD:FD$,

die etwa folgendermaßen geschehen könnte:

Beweisannahme 1) liefert lt. *Def. 7*

$$nAB>mEB \Rightarrow nCD \leqq mFD \qquad \text{oder umgeformt}$$
$$nAB-nEB>mEB-nEB \Rightarrow nCD-nFD \leqq mFD-nFD,$$

(nach t.a. 21)

d.h. $\qquad n(AB-EB)>(m-n)EB \Rightarrow n(CD-FD) \leqq (m-n)FD,$

(t.a. 16; vgl. $V,5$ und *6*)

d.h. $\qquad n\,A\,E > (m-n)\,E\,B \Rightarrow n\,C\,F \leqq (m-n)\,F\,D.$ (Vor. u. Zeichn.)

Wegen der Vorauss. $C\,F:F\,D = A\,E:E\,B$ (Umstellung: t.a.20)
folgt daraus aber

$$n\,C\,F \leqq (m-n)\,F\,D \Rightarrow n\,A\,E \leqq (m-n)\,E\,B, \qquad \text{(nach } V, \textit{Def.}\,5\text{)}$$

im Widerspruch zur umgeformten Beweisannahme.

Ebenso führt die Annahme 2) zum Widerspruch.

Einen solchen Beweis, der zudem das sonst völlig überflüssige Auftreten der Sätze $V,5$ und 6 rechtfertigen und dem auch der Simsonsche Gedankengang (s.u.) nahekommen würde, sucht man jedoch bei EUKLID vergeblich. Dort wird nämlich die angenommene Ungleichheit durch einen „Kunstgriff" zu einer Gleichheit gemacht:

Angenommen, $A\,B:E\,B \neq C\,D:F\,D$ (bei EUKLID nicht als Formel, sondern in Worten), dann müßte es ein $x \gtrless F\,D$ geben mit $A\,B:E\,B = C\,D:x$.

Das ist eine der weitestgehenden stillschweigenden Voraussetzungen, die EUKLID in seinen Elementen macht, bedeutet sie doch nicht mehr und nicht weniger als die Annahme der *Existenz der 4. Proportionale* zu drei gegebenen Größen. Sie, und nicht die tatsächlich ausgesprochenen Voraussetzungen EUKLIDs, liefert den entscheidenden Unterschied zwischen dem Zahlbereich der Bücher VII—IX und dem Größenbereich der hier in Rede stehenden Teile der Elemente, wozu im III. Teil dieser Arbeit noch einiges zu sagen sein wird.

t.a.22

Schon CLAVIUS (Ausgabe von 1607 S. 436) hebt wie CAMPANUS (S. 3) hervor, daß dem V. Buch ein Axiom zugrunde liegt, welches der Erstgenannte wie folgt formuliert: „Das Verhältnis, das irgendeine Größe zu einer anderen hat, das wird jede beliebige gegebene Größe zu irgendeiner anderen haben und eben dasselbe wird irgendeine Größe zu jeder gegebenen Größe haben" (nach SIMON, Gesch. S. 256).

Diese Existenz muß für EUKLID, und zwar schon von EUDOXOS her, völlig selbstverständlich gewesen sein; denn sie wird auch den „Exhaustionsbeweisen" des XII. Buches der Elemente, das ja ebenfalls von EUDOXOS stammt, stillschweigend zugrunde gelegt, wie man sich sofort beim Beweis von Satz $XII,2$ überzeugen kann. Das Gleiche geschieht, wie auch v. d. WAERDEN (S. 306), FLADT (S. 24), HASSE/SCHOLZ (S. 25) und BECKER (Eud. Stud. II S. 369) bemerken, in allen „analogen" Beweisen dieses Buches.

Daß es sich hier nicht um eine Verlegenheitslösung handelt, geht schon daraus hervor, daß der Beweis von $V,18$ ohne Schwierigkeiten sowohl indirekt (s.o.) wie direkt (s.u.) zu führen ist, ohne daß man die Existenz der 4. Proportionale benötigt. Die Gültigkeit von $V,18$ ist also *nicht* an diese Voraussetzung gebunden. Daß es sich mit den Sätzen des XII. Buches ebenso verhält, heben die gerade genannten Kommentatoren ausdrücklich hervor, wobei HASSE und SCHOLZ (S. 26/27) die Entbehrlichkeit explizit nachweisen. Es wäre auch (wieder nach HASSE/SCHOLZ) das „einzige Axiom, in welchem die Existenz von Elementen gefordert wird, die nicht mit Zirkel und Lineal konstruierbar sind", was allerdings wegen $VI,12$ dann nicht zutrifft, sobald die drei Ausgangsgrößen als Strecken gegeben sind.

Bevor wir auf die Bedeutung der Existenzannahme näher eingehen, wollen wir zunächst den Beweis von $V,18$ zu Ende führen:

Euklid unterscheidet nun zwei Fälle:

1. $x = DG < FD$ mit $AB : EB = CD : DG$,

   d.h. $AE : BE = CG : DG$; (*Satz 17*)

   andererseits ist $AE : BE = CF : FD$, (Vor.)

   also $CG : DG = CF : FD$. (*Satz 11*)

   Nun ist aber $CG > CF$ (genauer $CD - GD > CD - FD$).

(Auch hierin steckt wieder eine stillschweigende Voraussetzung, nämlich $a - b > a - c$, falls $b < c$.)

   Es folgt dann $GD > FD$. (*Satz 14*)

   Das aber ist ein Widerspruch zur Annahme $DG < FD$.

2. Ebenso führt $x > FD$ zum Widerspruch.

   Also ist $x = FD$, d.h. $AB : EB = CD : FD$.   W.z.b.w.

Wir beweisen S.46 direkt, und zwar in Euklidischer Weise analog zum Beweis von S.43 (pag. 82). Damit haben wir auch sofort die Gültigkeit von S.45 und S.47 gezeigt (vgl. die Bemerkungen zu S.42 bis S.44 pag. 81).

Vorauss.: $a : b = a' : b'$;

Behaupt.: $(a + b) : b = (a' + b') : b'$.

Beweis: $na \gtreqqless (m - n)\,b \Rightarrow na + nb \gtreqqless (m - n)\,b + nb$ (A.12; A.5)

$\Rightarrow n(a + b) \gtreqqless (mb - nb) + nb$ (S.2; 14)

$\Rightarrow n(a + b) \gtreqqless mb,$ (S.17)

d.h. (I.) $na \gtreqqless (m - n)\,b \Rightarrow n(a + b) \gtreqqless mb.$

Diese Aussage gilt auch umgekehrt:

$n(a + b) \gtreqqless mb \Rightarrow na + nb \gtreqqless (mb - nb) + nb$ (S.2; 17)

$\Rightarrow (na + nb) - nb \gtreqqless ((mb - nb) + nb) - nb$ (S.15)

$\Rightarrow na \gtreqqless mb - nb$ (S.18)

$\Rightarrow na \gtreqqless (m - n)\,b.$ (S.14)

Zusammen mit I. haben wir dann also:

(II.) $na \gtreqqless (m - n)\,b \Leftrightarrow n(a + b) \gtreqqless mb.$

Nach Voraussetzung ist:

$na \gtreqqless (m - n)\,b \Rightarrow na' \gtreqqless (m - n)\,b'$

$\Rightarrow na' + nb' \gtreqqless (m - n)\,b' + nb'$ (A.12; 5)

$\Rightarrow n(a' + b') \gtreqqless (mb' - nb') + nb'$ (S.2/14)

$\Rightarrow n(a' + b') \gtreqqless mb',$ (S.17)

d.h. (III.) $na \gtreqqless (m - n)\,b \Rightarrow n(a' + b') \gtreqqless mb'$;

zusammen mit II. also

$n(a + b) \gtreqqless mb \Rightarrow n(a' + b') \gtreqqless mb'$ und nach D.5:

$(a + b) : b = (a' + b') : b'$.   W.z.b.w.

Die Voraussetzungen über Gleichartigkeit der Größen sind dieselben wie bei S.42 bis S.44. Die weitere Voraussetzung, daß bei allen auftretenden Differenzen der Form $a - b$ auch $a > b$ ist, sei noch einmal erwähnt (vgl. D.10); sie ist auch sonst stets erfüllt.

EUKLID hätte bei dieser Beweisführung wohl wieder auf die Umkehrbarkeit der Aussage I, d.h. auf II., verzichtet und $a > b \Rightarrow a + c > b + c$ ohne Beweis benutzt (vgl. seinen Beweis von *Satz 17* pag. 83). Die Existenz der 4. Proportionale hätte er dann nicht vorauszusetzen brauchen. Die so naheliegende Beweismöglichkeit von *V,18* ohne die 4. Proportionale wird es wohl gewesen sein, die SACCHERI wie SIMSON zu der Bemerkung (s. PFLEIDERER S. 33) veranlaßt haben, der in den Elementen vorgetragene Beweis „sei dem Geiste EUKLIDs nicht angemessen". Nun, dafür gibt es nach den obigen Bemerkungen zum XII. Buch eine einleuchtende Erklärung: EUKLID hat die in Rede stehenden Deduktionen ohne wesentliche Änderungen von EUDOXOS übernommen.

Für einen einwandfreien Einbau dieses Komplexes in sein System hätte EUKLID die Existenz der 4. Proportionalen entweder axiomatisch fordern oder in der für ihn charakteristischen Weise durch Konstruktion beweisen müssen. Daß die „Berechnung" des 4. Gliedes einer Proportion aus den drei anderen sich „ohne weiteres" aus den Sätzen EUKLIDs vornehmen ließe und von EUKLID nur des rein theoretischen Charakters der Elemente wegen übergangen worden sei, wie es TROPFKE (S. 9) behauptet, ist zumindest irreführend; denn die vierte Proportionale läßt sich im Euklidischen System „ohne weiteres" nur für einen Spezialfall gewinnen, nämlich für Strecken.

Dies geschieht durch Satz *VI,12*, der lehrt, „*zu drei gegebenen Strecken die vierte Proportionale zu finden*".

Die Konstruktion basiert auf dem als *VI,2* bewiesenen „1. Strahlensatz". Man hat jedoch auch bei diesem Satz den Eindruck, daß für EUKLID die *Existenz* der hier konstruierten Strecke eine Selbstverständlichkeit ist und es ihm in *VI,12* allein auf die Gewinnung ihrer jeweiligen Länge ankommt. Dafür spricht auch die Tatsache, daß er keinen entsprechenden Satz vor *V,18* eingebaut hat; hier wird nämlich keine bestimmte 4. Proportionale zu drei gegebenen Größen gebraucht, sondern nur die Tatsache, daß eine solche existiert. Daß *VI,12* selbst ohnedies nicht dafür in Frage käme, liegt schon am Fehlen seiner Allgemeingültigkeit, die ja für Buch V verlangt werden müßte (vgl. dazu DIJKSTERHUIS S. 101 und HASSE/SCHOLZ S. 30). *VI,12* hat also keineswegs die Schlüsselstellung für *V,18*, wie man es nach manchen Kommentatoren annehmen müßte (vgl. HEATH 13 B. II S. 170 und Hist. S. 389).

Wesentlich einleuchtender erscheinen die Argumente BECKERs zur Erklärung der Selbstverständlichkeit, mit der EUKLID die Existenz der vierten Proportionale voraussetzt: In seiner EUDOXOS-Studie II setzt sich BECKER speziell mit der Frage auseinander „Warum haben die Griechen die Existenz der 4. Proportionale angenommen?" Es geht ihm dabei um den Nachweis von Stetigkeitsgedanken nach Art des Dedekindschen Axioms bei den Griechen, weil er mit HASSE und SCHOLZ (S. 26), die er auch zitiert, die Ansicht vertritt, „daß es im höchsten Grade wahrscheinlich ist, daß die Alten unter dem Eindruck der anschaulichen Evidenz dieses Stetigkeitsaxioms das nicht formulierte Existenzpostulat adoptiert haben". Es erregte, wie er in der IV. EUDOXOS-Studie (S. 379/80) noch einmal betont, bei den griechischen Mathematikern keinen Anstoß, weil es „begründbar ist mittels eines dem Dedekindschen entsprechenden Stetigkeitsaxioms". Bei EUKLID selbst findet BECKER dazu allerdings keine Belege (s. seine Bem. S. 370).

Sucht man nun nach brauchbaren „Ersatzbeweisen", so können dies nur solche sein, die die Existenz der 4. Proportionale tatsächlich nicht erfordern, und nicht solche, die sie nur verschleiern. Ein Beispiel für die erstere Art ist der Simsonsche Ersatzbeweis: So wie *V,17* (s.d.) mittels *V,1, 2* wird *V,18*, die Umkehrung von *V,17*, mittels $V, 5$ und 6, den Umkehrungen von $V, 1$ und 2, bewiesen. Heath (S. 171; übrigens auch Dijksterhuis S. 74/75) bringt diesen Beweis, bezeichnet ihn aber selbst als „intolerably long and difficult to follow". Der Grundgedanke steckt in unserer ersten reductio ad absurdum (pag. 84).

Ein Beweis der zweiten Art ist der von Saccheri, der mit $VI, 1, 2, 12$ (im Anschluß an $V, 17$) arbeitet und damit nicht nur die Größen auf Strecken und Flächen beschränkt, sondern auch (in Gestalt der Flächenlehre mit ihrer stetigen Vergrößerbarkeit) die vierte Proportionale schon darin hat. Ähnlich gehen auch Smith und Bryant vor (s. Heath S. 171; vgl. auch Simon).

Wenn man sich schon auf Spezialfälle beschränkt, so gibt es den einwandfreien Beweis mittels $V, 16$ und $V, 12$:

$$a:b = c:d$$
$$\Rightarrow a:c = b:d \qquad\qquad (V, 16)$$
$$\Rightarrow (a+b):(c+d) = b:d \qquad\qquad (V, 12)$$
$$\Rightarrow (a+b):b = (c+d):d, \qquad\qquad (V, 16)$$

der aber wegen der Verwendung von $V, 16$ nur gilt, wenn alle vier Größen a, b, c, d gleichartig sind. Er wird von Todhunter im Anschluß an Austin gebracht (s. Heath 13B. II S. 172; Dijksterhuis II S. 74/75).

Auf die scheinbar so einfache Erklärung Thaers: „Addition der Eins" (wohl in Gestalt von $b:b$) wollen wir erst im Anschluß an *Satz 24* bei der „Addition von Proportionen" eingehen, wollen aber hier schon erwähnen, daß sich die Addition von 1 in der algorithmischen Theorie Beckers (Eudoxos-Stud. I S. 319/320) sozusagen „auf natürliche Weise" ergibt und $V, 18$ für allgemeine Größen beweisbar macht.

Die für uns wichtigste Frage ist die nach der Bedeutung der Existenz der 4. Proportionale für die Proportionenlehre. Diese Existenz besagt zunächst einmal, daß mit drei vorgegebenen Größen, von denen mindestens zwei (etwa a, b) gleichartig sind, stets eine Proportion „angesetzt" werden kann $a:b = a':x'$, die mit $V, 7$ *(Zus.)* auch lauten könnte $a:b = x_1':b_1'$.

Dabei zeigt die Euklidische Praxis, daß trotz der Beschränkung des V. Buches auf die Betrachtung von Strecken (zur Veranschaulichung) nicht daran gedacht ist, die 4. Proportionale etwa nur zu drei gleichartigen Größen zu fordern. In Satz $XII, 2$ beispielsweise wird die Existenz eines Flächenstückes angenommen, das größer oder kleiner ist als ein gegebener Kreis und sich zu einem anderen gegebenen Kreis verhält wie zwei Quadrate von Durchmessern zueinander.

Wir müssen uns jedoch hüten, aus der Existenzforderung zu weit gehende Folgerungen zu ziehen: Daß es nun möglich ist, ein gegebenes „Verhältnis" in ein solches mit beliebig vorgegebenem „Nenner" bzw. „Zähler" zu verwandeln, ließe sich — allerdings nur im Rahmen von Proportionen — mit Hilfe der Transitivität des *Satzes 11* zeigen. Die Ersetzung eines selbständigen Verhältnisses durch ein „gleichwertiges" jedoch fehlt schon deshalb, weil es solche selbständigen Verhältnisse — wie immer wieder betont — bei Euklid gar nicht gibt. Die Bedeutung dieser Einschränkung wird uns beim „Rechnen mit Verhältnissen" noch beschäftigen. Dort ist auch der Platz, über die Bemerkung von Hasse und Scholz zur 4. Proportionale als Rechenhilfsmittel zu sprechen.

Es läge nun nahe, die Existenz der 4. Proportionale etwa dazu zu benutzen, alle Verhältnisse mit dem „Nenner" 1 zu schreiben und so die Menge der (positiven) rationalen Zahlen zu gewinnen. Auch die Auszeichnung einer beliebigen Größe g als „gemeinsamen Nenner" läge nahe. Damit „hätten" die Griechen dann die (pos.) rationalen Zahlen „gehabt". Doch diese Möglichkeit war ihnen grundsätzlich verschlossen: Wieder einmal zeigt sich die immense Bedeutung der für die griechische Mathematik so entscheidenden Tatsache, daß im Bereich der stetigen Größen die Einheit fehlt (s. pag. 60,64) und daß es auch nicht möglich ist, eine beliebige Größe g dazu zu machen. Es gibt bei EUKLID keine Stelle, die dem widerspräche. Jede EUKLID-Interpretation, die dieses Charakteristikum übersieht, muß notwendig am Kern des Euklidischen Systems vorbeigehen.

Ja, wir können noch einen Schritt weitergehen: Zwar läßt es sich nicht bestreiten, daß im V. Buche (und auch später im XII!) von der Existenz der 4. Proportionale Gebrauch gemacht wird, aber es gibt keine Stelle im Gesamtwerk der Elemente, die daraus irgendwelche weitergehenden Konsequenzen zöge, etwa im Sinne obiger „Umformungen" oder sonstiger Konstruktionen. Es scheint mir daher im höchsten Grade zweifelhaft zu sein, daß EUKLID und vorher natürlich EUDOXOS die Konsequenz ihrer Beweisannahmen des V. und XII. Buches wirklich übersahen. Mehr als einen Hinweis auf die Annahme der „Stetigkeit" der betrachteten Größen erlauben die Elemente jedenfalls nicht.

Wie werden wir diesem Sachverhalt nun in unserem Größensystem M gerecht? Unser Axiomensystem, das doch alle Sätze des V. Buches abzuleiten gestattet, enthält die Existenz der 4. Proportionale nicht und gestattet auch nicht, sie nachzuweisen. Auf seiner Grundlage ist nicht einmal gesichert, daß es „zwischen" zwei Größen stets eine weitere gibt, noch weniger, daß ein stetiger Übergang von der Größe a zur Größe b ($>a$) möglich ist. Für das System der Elemente reicht es trotzdem aus. Will man aber EUKLID und damit EUDOXOS ganz gerecht werden, so fehlt noch etwas, was ihren Vorstellungen ganz entspricht. Diese Lücke läßt sich erst „auf natürliche Weise" schließen, wenn wir im III. Teil näher auf die Existenz gewisser „Bildelemente" eingehen, die sich bei der Homomorphismentheorie fast von selbst anbieten.

Die Rolle, die *Satz 18* im Euklidischen System spielt, ergibt sich aus den Aufstellungen I und II: Einmal ist *18* Hilfssatz für *V,24* (s.d.) — die enge Verwandtschaft dieser beiden Sätze wird uns dort noch beschäftigen — zum anderen hat *V,18* aber auch selbständige Bedeutung für die Bücher VI, X, XII, XIII, die diesen Satz immer dann verwenden, wenn von der Verhältnisgleichheit je zweier Teile übergegangen wird zur Verhältnisgleichheit der Ganzen (der Summen also) zu je einem ihrer Teile (s. etwa *XII,6*).

Dem für die Summe beliebig vieler Größen geltenden *Satz 12* (pag. 73) entspricht für Differenzen je zweier Größen der

Satz 19. *Verhält sich ein Stück zum Stück wie das Ganze zum Ganzen, dann muß sich auch der Rest zum Rest verhalten wie das Ganze zum Ganzen.*

Mit $c<a$ und $d<b$ erhalten wir die Aussage:

$$\boxed{\text{S.48} \quad c:d=a:b \Rightarrow (a-c):(b-d)=a:b.}$$

Unser Beweis entspricht dem (einwandfreien) Beweis EUKLIDs:

$$c:d=a:b \Rightarrow a:b=c:d \qquad\qquad\qquad (\text{S.9})$$
$$\Rightarrow a:c=b:d \qquad (\boldsymbol{A}) \qquad\qquad (\text{S.40})$$
$$\Rightarrow (a-c):c=(b-d):d \qquad\qquad (\text{S.43})$$
$$\Rightarrow (a-c):(b-d)=c:d \qquad\qquad (\text{S.40})$$
$$\Rightarrow (a-c):(b-d)=a:b\,[\Rightarrow (\boldsymbol{B})] \qquad (\text{V. S.10})$$

d.h. $\quad c:d=a:b \Rightarrow (a-c):(b-d)=a:b.$ $\qquad$ W.z.b.w.

Man sieht sofort, daß hier alle vier Größen a, b, c, d gleichartig sein müssen, d.h. a, b, c, $d \in M$.

Der im Text angefügte Zusatz (*„Hiernach ist klar, daß Größen, die verbunden in Proportion stehen, auch bei Umwendung (V, Def.16) in Proportion stehen müssen"*), vermutlich eine frühe Einschiebung, folgert aus dem Beweisgang

$$(\textbf{\textit{B}}) \quad a:(a-c)=b:(b-d) \Rightarrow (\textbf{\textit{A}}) \; a:c=b:d.$$

Diese Folgerung (nicht die Aussage selbst) ist falsch. Aus dem Beweisgang folgt nämlich, wie durch $\textbf{\textit{A}}$ und $\textbf{\textit{B}}$ angedeutet, gerade die Umkehrung:

$$(\textbf{\textit{A}}) \; a:c=b:d \Rightarrow (\textbf{\textit{B}}) \, a:(a-c)=b:(b-d),$$

da die Aussage $\textbf{\textit{A}}$ im Beweis früher erscheint (s.o.) als die Aussage $\textbf{\textit{B}}$, die erst mittels S.9 und S.40 aus der letzten Beweiszeile folgt. Allerdings könnte man auch diesen Übergang im Sinne der *Def.16* (pag. 46) als „Verhältnisumwendung" bezeichnen.

Die Kommentatoren beschränken sich auf die Angabe des Satzes (z. T. mit Beweis) oder machen kurze Bemerkungen zum Porisma (s. Heath 13B. S. 175 und Hist. S. 390; Dijksterhuis S. 77), das sich von *Satz 19* vor allem darin unterscheidet, daß bei ihm die Gleichartigkeit der Größen nicht erforderlich ist, da es sich im Gegensatz zur Euklidischen „Deduktion" ohne den Umwendungssatz *V, 16* allein mit *V, 17* und *18* (s. Thaer S. 71) beweisen läßt. Dieser Beweis erfordert allerdings — was Thaer nicht angibt — den umstrittenen *Zusatz zu Satz 7* (pag. 66) mit seiner „Verhältnisumkehrung", den Simson (s. Heath l.c.) als eigenen Satz B anführt, wenn er auf obige Art beweist.

Im System Euklids würde man dieses Porisma als Satz zunächst gar nicht vermissen, da es weder im V. noch in den späteren Büchern als Beweismittel zitiert wird. Hieraus auf seine Überflüssigkeit zu schließen — was die Vermutung der Interpolation nur verstärken müßte — wäre jedoch falsch: Überall dort nämlich, wo in den Beweisen *Def.16* zitiert wird, und in Buch X ist das in ausgedehntem Maße der Fall (s. Aufstellung II), geht es nicht um eine Begriffserklärung, sondern um den als Porisma von *Satz 19* „bewiesenen" Satz. Möglicherweise ist sogar gerade wegen dieser häufigen Verwendung von *Def.16* jenes Porisma später eingefügt worden, um der Euklidischen Anwendung die offensichtlich fehlende Grundlage zu verschaffen.

Zur Vorbereitung des wichtigen „Multiplikationssatzes" *V,22* dient

Satz 20. *Hat man drei Größen und gleichviel weitere, so daß sie paarweise genommen in demselben Verhältnis stehen, und ist dabei über gleiches weg die erste größer als die dritte, so muß auch die vierte größer sein als die sechste, gleich, wenn gleich, und kleiner, wenn kleiner.*

Der in *Def.17* (s. pag. 46) erklärte Begriff „über gleiches weg" (s. Dijksterhuis S. 77) ist hier zum Verständnis nicht erforderlich, und wir erhalten für unser System:

$$\boxed{\text{S.49} \quad a:b=a':b', \; b:c=b':c', \; a \gtreqless c \Rightarrow a' \gtreqless c'.}$$

Was die Reihenfolge in den Voraussetzungen betrifft, so würde man nach dem Wortlaut Euklids die Schreibweise $a:d=b:e=c:f$ erwarten, wenn es sich um die drei Größen a, b, c und die gleichviel weiteren d, e, f handelt, die paarweise im selben Verhältnis stehen. Dies würde Gleichartigkeit aller sechs Größen voraussetzen, jedoch ansonsten nicht zu Schwierigkeiten führen, da beide Schreibweisen mit Hilfe von S.40 ineinander überführt werden könnten, wofür Euklid der

Satz 16 zur Verfügung stände. EUKLIDs Beweis benutzt jedoch die auch von uns bei der Formulierung von S.49 verwendete Reihenfolge, die dem Satz eine größere Allgemeinheit verleiht (keine Gleichartigkeit aller Größen erforderlich).

Wir beweisen S.49 folgendermaßen:

$$a \gtreqless c \Rightarrow a:b \gtreqless c:b;$$ (S.28; S.25)

$$\text{ferner} \quad a:b = a':b'$$ (Vorauss.)

$$\text{und} \quad b:c = b':c' \Rightarrow c:b = c':b'.$$ (Vor.; S.11)

$$\text{Damit folgt} \qquad a':b' \gtreqless c':b',$$ (S.9; S.36; S.37; S.10)

$$\text{d.h.} \qquad a' \gtreqless c'. \quad \text{W.z.b.w.}$$ (S.33; S.31)

EUKLID beweist ebenso, benutzt aber zum Beweis jenen stillschweigend als richtig vorausgesetzten Sachverhalt, der später als *V,7 (Zusatz)* interpoliert wurde, d.h. unsere t.a.15 (s. pag. 66), die auch an anderer Stelle niemals bewiesen wird. Auch die im Beweis erfolgte Anwendung von *Satz 13* ist nicht einwandfrei: Dieser erlaubt zwar auf der linken Seite der Beziehung $a:b \gtreqless c:b$ überzugehen zu $a':b'$, nicht aber auf der rechten zu $c':b'$. Hierzu bedarf es einer Erweiterung von *Satz 13* im Sinne unseres Satzes S.37, die EUKLID stillschweigend mitbenutzt. Man vergleiche dazu unsere Bemerkungen zu *Satz 13* (pag. 76).

t.a.23

V,20 dient, wie BECKER (EUD.-Stud. I S. 316) es treffend ausdrückt, der „spezifisch eudoxischen Vorbereitung" von *V,22*. Entsprechend diesem Hilfssatz-Charakter gehen die Kommentatoren kaum näher darauf ein, sondern verweisen auf den zugehörigen Hauptsatz *V,22*, wo auch wir noch einige Worte dazu sagen werden.

Die Aufstellungen I und II unterstreichen nur die Rolle von *V,20* als Hilfssatz: In Buch V dient er allein zum Beweis von *V,22*, während er in den späteren Büchern nicht mehr erscheint.

Was *20* für die Vorbereitung von *22*, bedeutet für den Satz *V,23* der

Satz 21. *Hat man drei Größen und gleichviel weitere, so daß sie paarweise genommen in demselben Verhältnis stehen, aber in überkreuzter Proportion, und ist dabei über gleiches weg die erste größer als die dritte, so muß auch die vierte größer sein als die sechste, gleich, wenn gleich, und kleiner, wenn kleiner.*

Hier wird offensichtlich mit den Hauptformeln „gespielt", die ja nun alle zur Verfügung stehen. Mit Hilfe der *Definition 18* („überkreuzte" Proportion pag. 47) liefert dieser Satz für die sechs Größen a, b, c, a', b', c' die Beziehung:

$$\boxed{\text{S.50} \quad a:b = b':c', \quad b:c = a':b', \quad a \gtreqless c \Rightarrow a' \gtreqless c'.}$$

$$\text{Beweis:} \quad a \gtreqless c \Rightarrow a:b \gtreqless c:b;$$ (S.28; S.25)

$$\text{ferner} \qquad a:b = b':c'$$ (Vorauss.)

$$\text{und} \qquad c:b = b':a'.$$ (Vor.; S.11)

$$\text{Also} \qquad b':c' \gtreqless b':a'$$ (S.9; S.36; S.37; S.10)

$$\text{und} \qquad a' \gtreqless c'. \quad \text{W.z.b.w.}$$ (S.34; S.32)

EUKLID führt den Beweis ebenso, benutzt also wie bei *Satz 20* (s.o.) den unbewiesenen Zusatz zu *Satz 7* (unseren Satz S.11) und den für die Schlußfolgerung nicht ausreichenden *Satz 13* (s.o.).

Als Voraussetzung genügt die Forderung der Gleichartigkeit der Größen a, b, c einerseits und a', b', c' andererseits.

Kommentare und Bedeutung von $V,21$ entsprechen, auch was seine Beziehung zu $V,23$ angeht, denen von $V,20$ und seiner Beziehung zu $V,22$ (s. o.).

Es folgt nun der wichtige „Multiplikationssatz":

Satz 22. *Hat man beliebig viele Größen und gleichviel weitere, so daß sie paarweise genommen in demselben Verhältnis stehen, so müssen sie auch über gleiches weg in demselben Verhältnis stehen.*

Wir formulieren den Satz für je drei Größen (wie Euklid es in seinem Beweis auch tut); wiederholte Anwendung führt dann zur Ausdehnung auf beliebig viele Größen (s. auch Heath 13 B. II S. 180). Unter Verwendung von *Definition 17* (pag. 46) erhalten wir:

$$\boxed{\text{S.51} \quad a:b=a':b',\ b:c=b':c' \ \Rightarrow\ a:c=a':c'.}$$

$$\text{Beweis:} \quad \left.\begin{array}{l} a:b=a':b' \\ b:c=b':c' \end{array}\right\} \Rightarrow \begin{array}{l} k_1 a:k_2 b=k_1 a':k_2 b', \\ k_2 b:k_3 c=k_2 b':k_3 c', \end{array} \qquad \text{(S.22)}$$

$$\Rightarrow (k_1 a \gtreqless k_3 c \Rightarrow k_1 a' \gtreqless k_3 c'), \qquad \text{(S.49)}$$

$$\text{d. h.} \quad a:c=a':c'. \quad \text{W. z. b. w.} \qquad \text{(D.5)}$$

Euklid beweist ebenso einwandfrei. — Voraussetzung ist die Gleichartigkeit von a, b, c einerseits und a', b', c' andererseits.

In der äußeren Form erinnert uns S.51 sehr stark an den Transitivitätssatz $V,11$ (pag. 72), werden doch auch dort zwei Proportionen zu einer einzigen zusammengesetzt. Bei dieser „Zusammensetzung" wird jedoch nicht wie bei *11* eine ganze Seite je einer der Proportionen eliminiert, sondern es entfallen die Hinterglieder der ersten Proportion und die (mit diesen identischen) Vorderglieder der zweiten. Das legt den Vergleich nahe mit dem Kürzen bei der Multiplikation von Brüchen, und so hat man diesen Satz sehr bald als Multiplikationsregel für Verhältnisse angesehen.

Daß es sich hier nicht um ein Produkt von Brüchen handeln kann, dürfte in unseren voraufgegangenen Betrachtungen zur Natur der „Verhältnisse" völlig deutlich geworden sein, auch wenn Simon (S. 111) der Ansicht ist, daß hier (bzw. im entsprechenden Fall der *Def.9* und *10* — s. u.) „einfach mit den Streckenbrüchen bzw. Größenbrüchen gerechnet wird" (vgl. auch v. d. Waerden, Die Ar. S. 133). Dem läßt sich jedoch sofort die Feststellung Hankels (S. 389) gegenüberstellen: „Die Multiplikation wird nur mit Rücksicht auf ganze Zahlen definiert; ein Produkt von Brüchen ist dem Euklid ein unbekanntes Ding."

Wie aber ist es mit der Deutung als „Produkt von Verhältnissen"? Suchen wir nach einem entsprechenden Begriff bei Euklid, so stoßen wir im VI. Buche auf:

Definition 5. *Ein Verhältnis heißt aus Verhältnissen zusammengesetzt, wenn die Abmessungen der Verhältnisse miteinander vervielfältigt ein solches bilden.*

Doch diese von Thaer (S. 72) als „wahrscheinlich unecht", von Heath (S. 189) und Hankel (S. 399) aber als zweifellos interpoliert bezeichnete „Definition" kann uns nicht weiterhelfen, wird doch an keiner Stelle der Elemente eine „Vervielfältigung der Abmessungen der Verhältnisse", d. h. ein Produkt *beliebiger* Größen, definiert oder gebraucht (s. hierzu auch Heath S. 132 und Dijksterhuis

S. 102). Das Auftreten des Streckenprodukts, d.h. des Rechtecks oder des Quadrats, steht dem nicht entgegen, handelt es sich hier doch um einen Spezialfall, der den auf größte Allgemeinheit gerichteten Ansprüchen des V. Buches nicht zu genügen vermag (s.a. BECKER S. 323).

Doch auch wenn man den Begriff des zusammengesetzten Verhältnisses unter den (echten) Definitionen vergeblich sucht (s.a. HEATH Hist. S. 393), so gibt es doch zwei Stellen der Elemente, die klar zum Ausdruck bringen, was darunter zu verstehen ist. Sie sind wohl auch der Grund dafür, daß man sich später veranlaßt fühlte, die obige *Definition 5* nachträglich einzufügen, zumal der Begriff als solcher (nach CANTOR S. 162 u. 266) schon dem PHILOLAOS und damit den Pythagoreern bekannt gewesen sein dürfte. Dafür spricht auch, daß eine der beiden nun zu betrachtenden Stellen aus dem zahlentheoretischen Teil der Elemente, nämlich aus Buch VIII, stammt.

Es geht hier um die Sätze *VIII,5* und *VI,23*, die lauten:

VIII, 5. *Ebene Zahlen haben zueinander das zusammengesetzte Verhältnis aus den Seiten(-verhältnissen).*

VI, 23. *Winkelgleiche Parallelogramme haben zueinander das zusammengesetzte Verhältnis aus den Seiten(-verhältnissen).*

Da sich die Beweise weitgehend entsprechen (was nicht überrascht, da ebene Zahlen als Rechtecke gedeutet werden können, und *VIII,5* damit ein „Spezialfall" von *VI,23* ist), genügt für uns die Betrachtung von *VI,23*. Hier werden mit einer Hilfsstrecke k und den jeweils konstruierten 4. Proportionalen (!) l und m für die Seiten der Parallelogramme $ABCD$ und $CEFG$ die Proportionen $BC:CG=k:l$ und $DC:CE=l:m$ gewonnen, während für die Parallelogramme selbst mittels unseres „Multiplikationssatzes" $V,22$ die Beziehung entwickelt wird Pgm.AC: Pgm.$CF=k:m$. Nun ist aber (dies wird ohne Hinweis auf einen Satz oder eine Definition einfach festgestellt, und zwar in beiden Sätzen übereinstimmend, wenn auch in *VIII,5* als wahrscheinlich interpoliert gekennzeichnet) „*das Verhältnis $k:m$ zusammengesetzt aus den Verhältnissen $k:l$ und $l:m$, so daß $k:m$ das zusammengesetzte Verhältnis aus den Seiten hat*". Damit haben auch die Parallelogramme dieses Verhältnis (Transitivität nach $V,11$), und der Satz ist „bewiesen".

Was läßt sich nun für unsere Untersuchungen aus dieser Beweisanlage entnehmen? Hören wir zunächst die Ansicht der Kommentatoren:

Nach HEATH (13 B. S. 248) beweist *VI,23* nicht nur, daß gleichwinklige Parallelogramme zueinander ein Verhältnis haben, daß aus zwei anderen zusammengesetzt ist („compounded of two others"), sondern zeigt auch, daß dieses Verhältnis gegeben ist, wenn seine zusammensetzenden Verhältnisse gegeben sind, oder daß es dargestellt werden kann als ein einfaches Verhältnis zwischen „Strecken". Würde man hieraus eine Definition ableiten, so könnte sie (wie bei THAER S. 72) lauten: „$a:c$ heißt aus $d:e$ und $f:g$ zusammengesetzt, wenn eine Größe b existiert, so daß $d:e=a:b$, $f:g=b:c$".

Das sieht doch nun ganz wie eine Multiplikation aus, und ZEUTHEN, für den die Umgestaltungen der Proportionen ohnehin den Rechnungen mit allgemeinen Größen entsprechen, stellt (S. 48) fest: „Namentlich entspricht die Zusammensetzung der Verhältnisse $a:b$ und $b:c$ zum Verhältnis $a:c$ einer Multiplikation."

Dijksterhuis (S. 102) dagegen vermeidet den Ausdruck „Multiplikation", nachdem er kurz vorher die oben genannte Definition *VI, Def.5* mit ihrer „Vervielfältigung der Abmessungen zweier Verhältnisse" als im Gedankengange Euklids sinnlos charakterisiert hat. Für ihn lehrt *VI, 23* „zwei Verhältnisse von Strecken zusammenzustellen zu *einem* Verhältnis von Parallelogrammen, das mit Hilfe des „Gnomonsatzes" *I,43* wieder auf einfache Weise in ein Verhältnis zweier Strecken umzuformen ist (nämlich durch flächentreue Transformation beider Parallelogramme in solche mit gemeinsamer Seite)". Auch für Dijksterhuis gilt also: Zusammenstellung zweier Verhältnisse zu einem neuen.

Becker kommt unserer Auffassung noch näher, wenn er (S. 321) den Zusammenhang der Sätze *V,16, 22* und *23* mit dem Begriff der Multiplikation erörtert. Dabei stellt er — wie bereits erwähnt — fest: „Unsere übliche Multiplikationsformel für Verhältnisse $(a:b) \cdot (c:d) = ac:bd$ setzt voraus, daß die Produkte ac und bd definiert sind, auch wenn a, b, c, d allgemeine Größen sind. Das ist aber nicht der Fall, sondern definiert ist zunächst nur $a+b$ und ... ma, wo m eine natürliche Zahl ist. — Den Begriff der Multiplikation von Verhältnissen kennt indessen Euklid nicht eigentlich. Dagegen wird von ihm ein spezieller Fall davon, die ‚Komposition' der Verhältnisse $a:b$ und $b:c$ zu $a:c$, d.h. $(a:b) \cdot (b:c) = a:c$, benutzt, wenn auch nicht definiert. Definiert wird nur der besondere Fall der duplicata und triplicata ratio oder proportio" (s.u.). Auch Becker zieht zur Erläuterung den Satz *VI,23* heran.

Wir sehen, wenn wir den Fall „zusammengesetzter Verhältnisse" klären wollen, werden wir nicht umhin können, die „zweiten und dritten Potenzen von Verhältnissen", d.h. *V, Def.9* u. *10* mit ihren Anwendungen, in unsere Betrachtungen einzubeziehen. Es handelt sich dabei um die Aussagen:

V, Def. 9: *Wenn drei Größen in (stetiger) Proportion stehen, sagt man von der ersten, daß sie zur dritten zweimal im Verhältnis stehe wie zur zweiten;*

V, Def. 10: *Und wenn vier Größen in (stetiger) Proportion stehen, sagt man von der ersten, daß sie zur vierten dreimal im Verhältnis stehe wie zur zweiten, und ähnlich immer der Reihe nach je nach der vorliegenden Proportion.*

Nach der üblichen Auffassung verbergen sich hinter diesen „Definitionen" die Sätze:

V, Def. 9: $\qquad a:b = b:c \Rightarrow a:c = (a:b)^2 \qquad$ und

V, Def. 10: $\qquad a:b = b:c = c:d \Rightarrow a:d = (a:b)^3,$

und in diesem Sinne werden die „Definitionen" dort verwendet, wo sie in den Elementen zitiert werden (s. Aufst. II).

Auch hierzu liegen zahlreiche Äußerungen der Kommentatoren vor, die jedoch dem eigentlichen Problem, d.h. der Frage nach der Natur dieser „Quadrate" bzw. „Kuben" von Verhältnissen, mehr oder weniger ausweichen.

So hilft es uns z.B. kaum weiter, wenn Dijksterhuis zu dem für das Auftreten von *V, Def.9* typischen Satz *VI,19* („*Ähnliche Dreiecke stehen zueinander zweimal im Verhältnis entsprechender Seiten*") feststellt: „Dieser Satz ist sehr geeignet, um die große Verschiedenheit einzusehen zwischen dem klassischen Begriff ‚Doppelverhältnis' (gemeint ist hier „zweimal im Verhältnis stehen") und dem modernen ‚Quadrat einer reellen Zahl', wo die reelle Zahl ein Verhältnis ausdrückt. Im Griechischen ist natürlich keine Rede vom Quadrieren eines Verhältnisses, da ein Verhältnis keine Zahl ist."

Aufschlußreicher sind schon die Hinweise bei HEATH (S. 132/33), BECKER (S. 321) und HANKEL (S. 400), nach denen das „doppelte" und das „dreifache Verhältnis" Spezialfälle des zusammengesetzten Verhältnisses sind, und zwar Zusammensetzungen aus zwei und drei *gleichen* Verhältnissen. Aber auch sie bleiben eine nähere Erklärung dafür schuldig, wie man hier ohne das Produkt von Größen auskommen soll.

HASSE und SCHOLZ versuchen eine Erläuterung durch einen Spezialfall: „Das Verhältnis der Diagonale zur Seite eines Quadrats ist ein Verhältnis, dessen ‚Doppeltes' (im Sinne von *V, Def. 9*) gleich dem ganzzahligen Verhältnis 2:1 ist. Dabei legen wir zudem den größten Wert darauf, daß es nicht heißt „gleich der ganzen Zahl 2", weil die Griechen sicherlich nicht ohne vorhergehende Definition zwei logisch so heterogene Dinge wie ein Streckenverhältnis (im Sinne von EUKLID V) und eine ganze Zahl (also für sie eine Anzahl, nicht ein Rechenobjekt oder mögliches Rechenergebnis) in die Relation ‚gleich' gesetzt hätten."

Eine Zusammenfassung der Standpunkte, die den Kommentatoren im wesentlichen gerecht wird, finden wir bei den gleichen Verfassern. Ihnen zufolge lassen sich die Verhältnisse nun als ein System ansprechen, in dem gerechnet werden kann. „In der Tat enthalten die Eudoxischen Definitionen neben den oben wiedergegebenen *Def. 5* und *7* der Anordnung auch alles, was man *vom heutigen Standpunkt* zum Aufbau des Rechnens an grundlegenden Festsetzungen braucht, nämlich in *Def. 14* und *15* die Addition und Subtraktion (näher erläutert in einer Fußnote), in *Def. 17* die Multiplikation, in *Def. 13* das Reziproke (das in Verbindung mit der Multiplikation zur allgemeinen Erklärung der Division ausreichen würde) und in *Def. 9, 10* die Potenzierung."

Dabei weisen HASSE und SCHOLZ (S. 24) jedoch darauf hin, daß es sich hier um eine lediglich vom heutigen Standpunkt aus interessante Feststellung handelt und (S. 31) „daß dem EUDOXOS nichts ferner gelegen hat, als das operative Rechnen mit seinen Verhältnissen. Hat er doch die modern auf die Rechenoperationen hinauslaufenden Bildungen lediglich soweit entwickelt, wie es für die beabsichtigten Anwendungen auf die Geometrie nötig war." — Dieser Standpunkt wird dann ausführlich begründet.

Dennoch bleiben diese Betrachtungen recht unbefriedigend, fehlen ihnen doch immer wieder geeignete Belegstellen in den Elementen, müssen doch immer wieder Hilfsannahmen herangezogen werden, für die sich in EUKLIDs Werk nur vage oder gar keine Hinweise finden. — Dies wird erheblich anders, wenn wir von unserem Standpunkt ausgehen, daß es bei EUKLID und insbesondere in seinem V. Buch gar nicht um Verhältnisse geht, sondern daß es sich hier stets um 4 Größen handelt, die in bestimmter Relation zueinander stehen, in der Regel „im gleichen Verhältnis". Dann steht nicht das Verhältnis im Mittelpunkt der Betrachtung, sondern die vier Größen einer Proportion. Unter diesem Gesichtspunkt wollen wir uns nun den Satz *V, 22* und seine Anwendungen ansehen:

Der Satz selbst lehrt den Übergang von zwei und mehr Proportionen, die in bestimmten Gliedern übereinstimmen, zu einer. Es bestehen also nicht unbedingt Bedenken, von einer „Zusammensetzung" zu sprechen. Aber sind es Verhältnisse, die zusammengesetzt werden, oder interpretiert man nur wieder eine uns so vertraute Verhältniseigenschaft in den Satz hinein? Sehen wir uns doch den Wortlaut des Satzes (pag. 92) noch einmal an: Kann man die Größen stärker hervorheben und kann man den Relationencharakter des „Im-selben-Verhältnis-Stehens" stärker betonen, als es EUKLID hier tut? Die Redewendung „über gleiches weg" verstärkt diesen Eindruck noch und wäre im Zusammenhang mit einem „Produkt" von Verhältnissen gänzlich unverständlich. Worum es hier geht, ist gewissermaßen die Übertragung, die Ausdehnung der Relation „im selben Verhältnis stehen" bei mehr als vier Größen „über gleiches weg", immer also die Zusammenstellung von Größen zu neuen Proportionen.

Genau in diesem Sinne wenden die Bücher VI (*Sätze 4, 5, 20, 22, 24*), X (*Sätze 5, 14, 50, 53, 87, 90*) und XII (*Sätze 6, 12*) den Satz *V,22* an, während die zahlentheoretischen Sätze auf den entsprechenden Satz *VII,14* zurückgreifen. Stets geht es um die Übertragung der Relation „in-gleichem-Verhältnis-stehen" „über gleiches weg". Anschauliche Beispiele dafür sind Hilfssätze über ähnliche Figuren wie: Stehen die Seiten um zwei Winkel in Proportion, so auch die um den dritten (s. *VI,4, 5*), oder: Stehen Seiten um zwei Winkel in Proportion, so auch um den Summen- bzw. Differenzwinkel (s. *VI,24, 20*). U.s.w. Immer geht es um die in Proportion stehenden Größen wie Winkel, Strecken, Flächen und Volumina (bzw. Zahlen in den entsprechenden Büchern).

Eine besondere Betrachtung erfordern die Sätze *VI,23* (entspr. *VIII,5*) mit dem einzigen Auftreten des „zusammengesetzten Verhältnisses" und *XI,37* sowie *XII,1*, in denen „Verhältnispotenzen" laut *V, Def.9* und *10* vorkommen, wobei diese Verhältnispotenzen selbst als angebliche Produkte gleicher Verhältnisse auch noch untersucht werden müssen.

VI,23 spricht als einziger Satz der gesamten Größenlehre (entsprechend *VIII,5* als einziger Satz der gesamten Zahlenlehre) explizit vom „zusammengesetzten Verhältnis": Siehe Zitat pag. 93. Während jedoch diese (wörtlich mit *VI,23* übereinstimmende) Feststellung in *VIII,5* eindeutig als interpoliert gekennzeichnet ist, tritt dieser Hinweis im Beweis von *VI,23* nicht auf. Sollte also das „zusammengesetzte Verhältnis" doch auf ein Operieren mit Verhältnissen hindeuten? Nun, der Beweis stellt völlig eindeutig fest, daß es auch hier auf eine Relation von vier Größen hinausläuft:

Der wirklich bewiesene Sachverhalt (s. Thaer S. 57 und unsere Bemerkung pag. 93) lautet: Parallelogramm $AC:\mathrm{Pgm}.CF = k:m$. Es sind also vier konkret darstellbare Größen, die hier im selben Verhältnis stehen, nämlich die zwei vorgegebenen Flächeninhalte AC und CF sowie die 2 konstruierten (s. pag. 93) Strecken k und m. Wenn nun weiter festgestellt wird, daß „also AC zu CF das zusammengesetzte Verhältnis aus den Seiten hat", so heißt auch das nach dem vorausgegangenen Beweistext nichts anderes, als daß zwischen der beliebig angenommenen Strecke k und den jeweils als 4. Proportionale (nach *VI,12*) konstruierten Strecken l und m sowie den (vorgegebenen) Parallelogrammseiten die Relationen (Proportionen) bestehen: $BC:CE = k:l$ und $DC:CE = l:m$. Wir sehen, auch bei diesem so stark auf eine Selbständigkeit der Verhältnisse hindeutenden Wortlaut geht es wieder um Größen, die im Verhältnis stehen. Auch das „zusammengesetzte Verhältnis" ist für Euklid auf keine andere Weise anschaulich faßbar als durch die Angabe der konkreten Größen k und m als „Modelle" sozusagen für das „zusammengesetzte" Verhältnis der Seiten.

Dasselbe gilt für die „Verhältnispotenzen" $(a:b)^2$ und $(a:b)^3$, bei denen wir nicht vergessen wollen, daß diese Schreibweisen erst von einem viel späteren Zeitpunkt ab zur Abkürzung benutzt werden, während bei Euklid (gemäß *V, Def.9* u. *10*) stets nur die Rede ist von Größen, die „zweimal" bzw. „dreimal im Verhältnis stehen", eine Redeweise, die laut Definition (Wortlaut s. pag. 94) nur dann zulässig ist, wenn die *Größen* in (stetiger) Proportion stehen. Ein Gebrauch der obigen „Ausdrücke" wird also für die Griechen nur verständlich, wenn mit Hilfe der nach *VI,11* konstruierten „Dritten Proportionale" drei Größen bzw. vier angegeben werden können, für die gilt: $a:b = b:c$ und eventuell noch $b:c = c:d$. Also wieder haben wir es mit Größen in Proportion zu tun und nicht mit „potenzierten" Verhältnissen.

Im Zusammenhang mit dem im Mittelpunkt unserer Betrachtung stehenden „Multiplikationssatz" $V,22$ liefern hierzu die Sätze $XII,1$ und $XI,37$ interessante Aufschlüsse. Es sind im übrigen die beiden noch fehlenden Anwendungen von $V,22$, die gemäß Aufstellung II noch diskutiert werden müssen. Dabei geht es weniger um den Wortlaut der Sätze als um die im jeweiligen Beweis vorkommenden Beziehungen:

a) $\qquad AB:CD=EF:GH \Rightarrow (AB:CD)^3 = (EF:GH)^3 \qquad\qquad (XI,37)$

b) $\qquad BM:GN=BA:GF \Rightarrow (BM:GN)^2 = (BA:GF)^2 \qquad\qquad (XII,1)$

Sie werden laut Begründung mittels $V,22$ und 11 bewiesen. Dabei gilt hinsichtlich der Schreibweise das weiter oben Gesagte. Da die erste Form nur eine sinngemäße Erweiterung der zweiten ist, wollen wir uns auf die Betrachtung der „Quadrate" beschränken:

Im Beweis von $XII,1$ tritt zunächst einmal die (bewiesene) Streckenproportion $BM:GN=BA:GF$ auf. Es folgt die für uns besonders wichtige Feststellung $(BM:GN)^2 = BM^2:GN^2$, die begründet wird mit $VI,20$ („*Ähnliche Vierecke stehen zueinander zweimal im Verhältnis entsprechender Seiten*") und sich in der Tat als Anwendung des Satzes auf den Spezialfall von Quadraten (als stets ähnlichen Figuren) sofort ergibt. Sie bietet (neben der stetigen Proportion) eine noch unmittelbarere Möglichkeit, das „zweimal-im-Verhältnis-Stehen" als Relation zwischen vier Größen darzustellen, was dann auch sofort geschieht: Vieleck $ABCDE$:Vieleck $FGHKL = BM^2:GN^2$, d.h. zwei Vielecksinhalte stehen im selben Verhältnis wie zwei Quadrate.

Die Überleitung benutzt die obige Beziehung b) und geschieht, wie die Begründung mit $V,22, 11$ (s.o.) verrät, mittels der 3. Proportionale x bzw. y nach $VI,11$: $BM:GN =GN:x$ bzw. $BA:GF =GF:y$, d.h.

$$BM:GN = BA:GF \qquad\qquad\qquad\qquad \text{(Vor.)}$$
$$\Rightarrow GN : x = GF :y. \qquad\qquad\qquad\qquad \text{(s.o.; } V,11)$$

Also nach $V,22$: $\qquad BM: x = BA:y.$ $\qquad$ Nach $V, Def.9$ ist

$\qquad\qquad$ aber $\qquad BM: x = (BM:GN)^2$

$\qquad\qquad$ und $\qquad BA : y = (BA:GF)^2,$

d.h. nach $V,11$: $(BM:GN)^2 = (BA:GF)^2$, womit b) bewiesen ist. Stets also steht hinter der Sprechweise „zweimal (bzw. dreimal) im Verhältnis stehen" und der dafür von den Übersetzern und Kommentatoren gewählten Schreibweise $(a:b)^2$ bzw. $(a:b)^3$ eine Proportion von 4 vorgegebenen oder konstruierten Größen.

Es sei noch einmal hervorgehoben, daß wir diese „Exkursion in die Anwendungen" gemacht haben, um zu zeigen, daß auch von dieser Seite her keine Einwände gemacht werden können, die mit unserer Auffassung nicht zu vereinbaren sind. Dabei sei noch bemerkt, daß das Fehlen „höherer Potenzen" trotz der von $V, Def.10$ (pag. 94) gebotenen Möglichkeiten ebenfalls für unsere These spricht: Nur bei „zweimal bzw. dreimal im Verhältnis stehen" ist die einfache Darstellung durch Quadrat- bzw. Würfelinhalte möglich. Daß derartige Formen nicht in Buch V auftreten, liegt an ihrer auf Strecken beschränkten und nicht verallgemeinerungsfähigen Anwendung.

Die Frage nach der Bedeutung des betrachteten Satzes $V,22$ für das Euklidische System ist im Grunde genommen durch die voraufgegangenen Betrachtungen bereits mitbeantwortet, da dort alle Anwendungen zur Sprache gekommen sind. Versucht man daraufhin eine explizite Antwort, so könnte man sagen, daß der Satz der Umformung gegebener Proportionen zu neuen dient, noch genauer gesagt, der Zusammenstellung von im Verhältnis stehenden Größen zu neuen Proportionen „über gleiches weg".

Daß die Griechen zu diesem Zweck einer Reihe von Sätzen bedurften, wo wir heute mit Verhältnissen bzw. reellen Zahlen sofort zum Ziele kommen, erläutert DIJKSTERHUIS (S.62) sehr treffend, wenn wir einmal von der noch zu sehr am Verhältnis orientierten Auffassung absehen: „Ein Verhältnis, möge es mit einer rationalen oder irrationalen Zahl korrespondieren, ist keine Zahl; sofern somit mit Verhältnissen Operationen ausgeführt werden, müssen diese (auch wenn sie anscheinend völlig gleichwertig sind mit Operationen, die wir mit reellen Zahlen ausführen) selbständig eingeführt, untersucht und angewandt werden. Die Vernachlässigung dieser Einsicht ist eine der Hauptursachen von dem häufig an Ärger grenzenden Erstaunen, womit der moderne Leser Kenntnis zu nehmen pflegt von dem scheinbar unnötigen weitschweifigen Arbeiten mit Verhältnissen der griechischen Mathematik; er schreibt und liest die Verhältnisse als Zahlen, als ob nicht als Quotient von zwei anderen Zahlen erhalten, und er kann dann häufig in einem Schritt ein Ergebnis erreichen, das für den griechischen Mathematiker die Anwendung einer Anzahl Sätze über Verhältnisse erfordert."

Und wie ist es schließlich mit der Bedeutung des Satzes, wenn man 3. und 4. Proportionale zuläßt, sich also beispielsweise mit Strecken beschäftigt, für die ja mittels $VI, 11$ und 12 die 3. und 4. Proportionale konstruiert werden können? Nun, auch in diesem Falle muß man sich klarmachen, daß bei Euklid niemals zwei Größen (etwa als „Verhältnis") mit zwei weiteren „vereinigt" werden, etwa im Sinne von $(a:b) \cdot (c:d) = e:f$, sondern daß beide Größenpaare stets in Proportionen auftreten müssen, bei denen dann für die Anwendung von $V, 22$ noch zusätzlich Übereinstimmung gewisser Glieder auf *beiden* Seiten der betreffenden Proportion erforderlich ist. Wir wollen uns ansehen, was man mit den von Euklid wirklich verwendeten Mitteln äußersten Falles erreichen kann, wenn „zwei Verhältnisse zusammengesetzt werden sollen":

Es seien dazu vorgegeben zwei Größen p, q und zwei weitere r, s, und gesucht sei „das Produkt ihrer Verhältnisse". Nach Euklidischer Gepflogenheit müssen uns die Größen zunächst einmal in Proportionen entgegentreten, wenn von Verhältnissen die Rede sein soll; nehmen wir also an, es gelte $p:q = a:b$ und $r:s = c:d$. Für die Anwendung von $V, 22$ brauchen wir jedoch Proportionen, bei denen die Hinterglieder der ersten mit den Vordergliedern der zweiten übereinstimmen. Wir konstruieren dazu nach $VI, 12$ (Strecken!) zu r, s und q die vierte Proportionale x, für die gilt $r:s = q:x$, und ebenso zu q, p, r die vierte Proportionale y mit $q:p = r:y$ oder nach $V, 7$ *(Zus.)* (!) $p:q = y:r$. Nun hat man mit der letztgenannten Proportion und der aus der voraufgehenden durch Seitenvertauschung (t.a. 20!) gewonnenen, d.h. $q:x = r:s$, die Prämissen für die Anwendung des „Multiplikationssatzes" $V, 22$ zur Verfügung und erhält $p:x = y:s$. Wer nun von $p:x$ bzw. von $y:s$ als dem „zusammengesetzten Verhältnis" sprechen will, der mag das tun; für uns liegt nur ein Übergang von zwei gegebenen Proportionen zu einer neuen vor, wobei noch dazu höchst problematische Voraussetzungen benutzt werden mußten (t.a. 15 u. 20) und das Ergebnis streng genommen nur für Strecken gilt. Weitergehende Folgerungen können jedenfalls *nach dem Euklidischen Text* nicht gezogen werden! Soviel zu *Satz 22* (s. pag. 92).

Ihm folgt der sehr eng mit ihm verwandte

Satz 23. *Hat man drei Größen und gleichviel weitere, so daß sie paarweise genommen in demselben Verhältnis stehen, aber in überkreuzter Proportion, so müssen sie auch über gleiches weg in demselben Verhältnis stehen,*

den wir unter Verwendung der Definitionen V, *Def. 17* u. *18* zunächst in folgender Weise für unser System übernehmen:

$$\boxed{\text{S. 52a} \quad a:b = e:f, \ b:c = d:e \ \Rightarrow \ a:c = d:f.}$$

Was den Beweis betrifft, so wollen wir uns zunächst den Gang EUKLIDs ansehen:

Vorauss.: $a:b=e:f$, $b:c=d:e$;

Behaupt.: $a:c=d:f$.

Beweis: Man bilde $g=k_1a$, $h=k_1b$, $k=k_1d$,

$\qquad l=k_2c$, $m=k_2e$, $n=k_2f$.

$$
\begin{array}{llll}
a:b=g:h & (V,15), & a:b=e:f & (Vor.) \\
e:f=m:n & (V,15), & \text{d.h. } g:h=m:n & (V,11) \\
b:c=d:e & (Vor.) \Rightarrow b:d=c:e,^+ & & (V,16) \\
& \overline{b:d=h:k,^+} & & (V,15) \\
\text{d.h. } & \overline{h:k=c:e;^+} & & (V,11) \\
\text{ferner } & c:e=l:m,^+ & & (V,15) \\
\text{d.h. } & \overline{h:k=l:m,^+} & & (V,11) \\
\text{oder } & h:l=k:m.^+ & & (V,16)
\end{array}
$$

$$
\left.\begin{array}{l} g:h=m:n \quad (\text{s.o.}) \\ h:l=k:m \quad (\text{s.o.}) \end{array}\right\} \Rightarrow g \gtreqless l \Rightarrow k \gtreqless n, \qquad (V,21)
$$

$$\text{d.h.} \quad k_1a \gtreqless k_2c \Rightarrow k_1d \gtreqless k_2f, \qquad (\text{s.o.})$$

$$\text{also} \quad a:c \ = \ d:f. \quad \text{W.z.b.w.} \qquad (Def.\,5)$$

Dieser (von früher erwähnten t.a.'s abgesehen) logisch einwandfreie Beweisgang setzt wegen der mit $^+$ gekennzeichneten Proportionen die Gleichartigkeit aller sechs Größen a, b, c, d, e, f voraus, während nach Voraussetzung und Behauptung nur je a, b, c und d, e, f gleichartig sein müßten.

Wir führen daher für unser System den Beweis etwas anders und zudem kürzer:

Vorauss.: $a:b=e:f$, $b:c=d:e$,

Behaupt.: $a:c=d:f$;

$$
\begin{array}{lll}
\text{Beweis:} & a:b=k_1a:k_1b, & (S.39) \\
& e:f=k_2e:k_2f; & (S.39) \\
& \overline{a:b=\ e\ :\ f.} & (Vor.) \\
\Rightarrow & k_1a:k_1b=k_2e:k_2f; & (S.9;\ S.10) \\
\text{ferner } & \overline{k_1b:k_2c=k_1d:k_2e;} & (Vor.\ S.22) \\
\Rightarrow & k_1a \gtreqless k_2c \Rightarrow k_1d \gtreqless k_2f & (S.50) \\
\Rightarrow & a:\ \ c=\ d:f. \quad \text{W.z.b.w.} & (D.5)
\end{array}
$$

Wie man sich sofort überzeugt, kommen hier keine Vertauschungen vor, d.h. es reicht die Gleichartigkeit von a, b, c einerseits und d, e, f andererseits aus, wie oben bei Voraussetzung und Behauptung erwähnt. Damit können wir den Satz auch formulieren:

$$\boxed{\quad S.52 \quad a:b=b':c', \ b:c=a':b' \Rightarrow a:c=a':c'. \quad}$$

Einen solchen Beweis, der auf die Benutzung von Satz $V,16$ verzichtet und damit keine Gleichartigkeit aller auftretenden Größen erfordert, bringt auch SIMSON (vgl. HEATH S. 182), der sich dabei zudem noch auf einige Manuskripte stützen kann (s.a. THAER S. 72). SIMSON beweist außerdem die Verallgemeinerung der „conclusio ex aequali in proportione perturbata" auf beliebig viele Größen, die auch DIJKSTERHUIS (S. 80) anführt.

Für die Kommentatoren (z. B. Heath, Zeuthen, Becker) gehört dieser Satz noch zur Theorie der „Komposition" von Verhältnissen (etwa Heath S. 176) und besagt in diesem Zusammenhang die Kommutativität dieser Komposition (Zeuthen, Becker S. 321/22). Was man dabei im Auge hat, ist wohl die Tatsache, daß in $V, 23$ die „Komposition" der rechten Seiten $b':c'$ und $a':b'$ zum gleichen Ergebnis $a':c'$ führt wie im vorhergehenden Satz $V, 22$ die entsprechende Zusammensetzung von $a':b'$ und $b':c'$.

Für Becker (S. 321) bedeutet dieser letztere Satz $V, 22$ die Eindeutigkeit der Komposition, die zusammen mit der Kommutativität von $V, 23$ sogar einen „Beweis" von $V, 16$ gestattet (S. 322):

$$a:b = c:d \quad \text{führt über die Komposition}$$
$$(a:b)\cdot(b:c) = (b:c)\cdot(c:d) \quad \text{zu}$$
$$a:c = b:d.$$

Mit Euklidischen Mitteln durchgeführt sähe der Beweis so aus:

Aus $a:b = c:d$ (Vor.) und $b:c = b:c$ (+)

folgt nach $V, 23$ sofort $a:c = b:d$.

Dennoch ist er auf der Basis der Elemente nicht zu führen: So selbstverständlich uns die Beziehung (+), die Reflexivität der Verhältnisgleichheit, auch erscheint, bei Euklid wird sie — ebenso wie die Reflexivität der gewöhnlichen Gleichheit — niemals zum Beweis verwendet, wie früher bereits erwähnt. Was jedoch bei diesen Überlegungen sehr deutlich zum Ausdruck kommt, ist die enge Verwandtschaft der Sätze $V, 16, 22, 23$, die Becker durch seinen so überaus fruchtbaren Ansatzpunkt noch weiter ausführen kann.

Für den Spezialfall von Strecken zeigt Becker (S. 325) für $V, 23$ auch noch einen Beweis mittels der Produktgleichungen von $VI, 16$.

Fragt man zum Schluß nach der Rolle, die $V, 23$ im System der Elemente spielt, so erlauben diesmal die Anwendungen keine Antwort: Der Satz tritt nämlich an keiner Stelle wieder auf; alle Beweise der folgenden Bücher kommen ohne ihn aus (s. Aufst. II). Da er auch in Buch V Endglied einer Satzfolge ist (s. Aufst. I), können wir nur annehmen, daß er für Euklid so eng mit $V, 22$ zusammenhing, daß er ihn im Anschluß daran — vielleicht der Vollständigkeit halber — anführte.

Auch der folgende Satz ist für die Auseinandersetzung um das „Rechnen mit Verhältnissen" von Bedeutung. Man könnte ihn als „Additionssatz" bezeichnen, denn er lautet:

Satz 24. *Hat eine erste Größe zur zweiten dasselbe Verhältnis wie die dritte zur vierten, und auch eine fünfte zur zweiten dasselbe Verhältnis wie die sechste zur vierten, dann müssen auch verbunden die erste und fünfte Größe zur zweiten dasselbe Verhältnis haben wie die dritte und sechste zur vierten.*

Wir formulieren ihn für unser System:

$$\boxed{\text{S.53} \quad a:c = a':c', \; b:c = b':c' \Rightarrow (a+b):c = (a'+b'):c'.}$$

Beweis analog zum Beweis Euklids:

Vorauss.: $a:c = a':c', \quad b:c = b':c'$;

Behaupt.: $(a+b):c = (a'+b'):c'$.

Beweis:
$$a:c = a':c', \tag{Vor.}$$
$$b:c = b':c' \text{ (Vor.)} \Rightarrow \underline{c:b = c':b'}, \tag{S.11}$$
$$\text{also } \underline{a:b = a':b'}. \tag{S.51}$$

Damit haben wir: $(a+b):b = (a'+b'):b'$ (S. 46)

und mit $\quad\quad b\ :c=\quad b'\ :c'$ (Vor.)

ergibt sich $\overline{(a+b):c = (a'+b'):c'}.$ (S. 51)

Für die Größen ist zu fordern, daß a, b, c einerseits und a', b', c' andererseits gleichartig sein müssen.

Die Ausdehnung des Satzes auf beliebig viele Größen durch sukzessive Anwendung der Sätze *V, 7 (Zus.)*, *22* und *18* (bei uns S. 11, 51 und 46) liegt nach obigem Beweis auf der Hand. Wendet man statt *V, 18* (S. 46) den auf die Differenz hinauslaufenden Satz *V, 17* (S. 43) an, so würde die Konklusio lauten:

..., dann müssen auch *getrennt* die erste und fünfte Größe zur zweiten dasselbe Verhältnis haben, wie die dritte und sechste zur vierten; d. h.

> S. 53 a $a:c = a':c'$, $b:c = b':c' \Rightarrow (a-b):c = (a'-b'):c'$,

vorausgesetzt, daß $a>b$ ($a'>b'$). Diese beiden Ergänzungen finden sich als Korollare bereits bei SIMSON (s. HEATH S. 184).

Seiner Natur nach gehört *V, 24* zu den „Kompositionssätzen" *22* und *23*, werden doch auch hier die Größen zweier Proportionen zu einer neuen zusammengestellt. HEATH (S. 184) und DIJKSTERHUIS (S. 80/81) rechnen den Satz dagegen zum Unterschied von BECKER (S. 317) zur Gruppe der diesen Theoremen voraufgehenden Sätze *V, 17—19* (zu *16* kann ich im Gegensatz zu DIJKSTERHUIS keinerlei Verwandtschaft entdecken!), wohl weil auch dort Summen und Differenzen auftreten. Seinen Platz habe er nur deshalb hinter *22* bekommen, weil er diesen zum Beweis voraussetze. Nun darf man aber nicht übersehen, daß in *17—19* die Größen ein und derselben Proportion neu zusammengestellt werden, während hier zwei Proportionen zu einer neuen „vereinigt" werden. Auch der für „Verhältnisrechner" naheliegenden Vermutung, in *18* könne man einen Spezialfall von *24* sehen, etwa in der Form $a:b = a':b'$, $b:b = b':b' \Rightarrow (a+b):b = (a'+b'):b'$, müssen wir entgegentreten, da die so „triviale" zweite Prämisse — vielleicht gar aufgefaßt als $1=1$ — bei EUKLID genau so wenig vorkommt wie die Reflexivität der Verhältnisgleichheit, zudem wird *24* mittels *18* bewiesen (s. Aufst. I).

Wichtiger ist jedoch die Bedeutung von *V, 24* für das „Rechnen mit Verhältnissen", zumal THAER (S. 72) hier kurz von „Addition reeller Zahlen" spricht und SIMON (S. 121) sogar behauptet: „Satz *24* zeigt mit größter Schärfe, daß hier im V. Buch EUDOXOS die gewöhnlichen Regeln der Rechnung mit Brüchen auf Streckenbrüche erweitert, id est daß es sich im V. Buch um nichts anderes handelt, als um die strenge Begründung der Rechnungsregeln für Irrationalzahlen, und daß der Gang des EUDOXOS von dem unseres WEIERSTRASS nur unwesentlich abweicht."

In der Tat scheint es sich hier auf den ersten Blick um die „Addition gleichnamiger Brüche" zu handeln, entsprechend der Formel $\frac{a}{c} + \frac{b}{c} = \frac{a+b}{c}$, die dann mit Hilfe der 4. Proportionale auf die Addition „ungleichnamiger" Brüche erweitert werden könnte: $\frac{a}{b} + \frac{c}{d} = \frac{a}{b} + \frac{e}{b} = \frac{a+e}{b}$, wo $\frac{c}{d} = \frac{e}{b}$ (etwa nach *VI, 12*). Doch auch hier muß wieder vor zu weit gehenden Folgerungen gewarnt werden: Weder findet man irgendwo in den Elementen eine derartige Addition von Verhältnissen als selbständigen Größen noch wird an irgendeiner Stelle im genannten Sinne von der 4. Proportionale Gebrauch gemacht; im Gegenteil zeigen die „Anwendungen" auch dieses Satzes wieder, daß es EUKLID allein um die Umformung von Proportionen geht, um damit Beziehungen zwischen den Größen herzustellen:

Die Anwendungen von $V,24$ in den folgenden Büchern finden sich bei $VI,31$, $X,68$, $XII,4$ und $XIII,11$. Dabei geht es in $VI,31$ um die Erweiterung des Satzes von Pythagoras auf ähnliche Figuren „über" Hypotenuse BC und Katheten BA, AC: Mit Hilfe des Satzes $V,24$ (und des stillschw. benutzten $V,7$ *(Zus.)*) wird von $CB:BD = F_{CB}:F_{BA}$ und $BC:CD = F_{BC}:F_{CA}$ geschlossen auf $BC:(BD+DC) = F_{BC}:(F_{BA}+F_{CA})$, woraufhin dann (ganz im Sinne unserer Auffassung!) aus der Streckengleichheit $BC = BD+DC$ die behauptete Flächengleichheit $F_{BC} = F_{BA}+F_{AC}$ gefolgert wird. Immer sind die Proportionen also Hilfsmittel zum Studium der Größen!

Der Satz $X,68$ macht in genau derselben Weise von $V,24$ Gebrauch wie der gerade erwähnte $VI,31$, um dann nach Anwendung des „Vertauschungssatzes" $V,16$ von der Kommensurabilität der Vorderglieder auf die Kommensurabilität der als Hinterglieder auftretenden Summen zu schließen. Auch hier geht es also um die Größen selbst. Ebenso ist es in Satz $XII,4$, wo die Grundflächen und die einbeschriebenen Prismen von Pyramiden betrachtet werden.

Schließlich bleibt noch $XIII,11$. Sein Beweis verwendet $V,24$ zur Rechtfertigung von $a:b = c:d \Rightarrow 2a:b = 2c:d$, was eine Zusammensetzung der Prämissen-Proportion mit sich selbst bedeutet: $(a+a):b = (c+c):d$. Die Verallgemeinerung für beliebige Vielfache liegt natürlich auf der Hand. Sie erinnert sofort an $V,15$, dessen Anwendung jedoch die Verwendung des Vertauschungssatzes $V,16$ erforderlich machen und damit Gleichartigkeit aller vier Größen voraussetzen würde. Auch in $XIII,11$ geht es dann weiter um die in Relation stehenden Größen und nicht etwa um „doppelte Verhältnisse" wie $2\frac{a}{b} = 2\frac{c}{d}$.

Wir können also abschließend sagen, daß von einem Rechnen mit Verhältnissen bei Euklid nicht gesprochen werden kann, sondern daß es immer nur darum geht, aus gegebenen Proportionen neue zu gewinnen, um daraus weitere Aussagen über die in Relation stehenden Größen zu erhalten.

Das zeigt, wie zur Bestätigung unserer These, noch einmal der letzte Satz des V. Buches:

Satz 25. *Stehen vier Größen in Proportion, so sind die größte und kleinste zusammen größer als die übrigen beiden zusammen.*

Wir wollen ihn in folgender Form in unser System übernehmen:

$$\boxed{\text{S.}54 \quad a:b = c:d, \ a>b, c, d \ \Rightarrow \ a, b, c, > d, a+d > b+c.}$$

I. Wir zeigen zunächst, daß bei der gegebenen Form der Verhältnisgleichheit d die kleinste Größe sein muß, wenn a die größte ist:

Die größte von vier zunächst irgendwie in Proportion stehenden Größen sei a. Sie läßt sich nach S. 41 (pag. 79) durch erlaubte Umformungen stets an den Anfang der Proportion schaffen. Damit laute diese

$$a:b = c:d. \quad \text{Da} \quad a>c \ \text{(Vor.)}, \ \text{gilt} \quad b>d. \tag{S.38}$$
$$a:b = c:d \Rightarrow a:c = b:d; \tag{S.40}$$
$$\text{mit} \quad a>b \ \text{(Vor.) ist also auch} \quad c>d. \tag{S.38}$$

Zusammen mit $a>d$ (Vor.) haben wir also $a, b, c > d$. W.z.b.w.

Nun beweisen wir die eigentliche Behauptung des Satzes:

II. Behauptung: $a+d>b+c$.

Beweis: $a:b=c:d$ (Vor.)

$\Rightarrow (a-c):(b-d)=a:b$ (S.9; S.48)

$\Rightarrow a:b=(a-c):(b-d)$ (S.9)

$\Rightarrow a:(a-c)=b:(b-d)$. (S.40)

Mit $a>b$ (Vor.) folgt also $a-c>b-d$ (S.38)

$\Rightarrow (a-c)+(c+d)>(b-d)+(c+d)$ (A.12)

$\Rightarrow (a-c)+(c+d)>(b-d)+(d+c)$ (A.10)

$\Rightarrow ((a-c)+c)+d>((b-d)+d)+c$ (A.9)

$\Rightarrow a+d>b+c$. W.z.b.w. (S.17)

Wie man sofort sieht, müssen alle vier Größen gleichartig sein, d.h. aus demselben Modell stammen.

EUKLID macht sich die Sache etwas einfacher und beweist den Satz $V,25$ folgendermaßen:

Vorauss.: $AB:CD=e:f$; von diesen vier Größen sei AB die größte und $(V,14,16)$ f die kleinste.

(Wie die zitierten Sätze zeigen, ist das über f Gesagte bereits eine Folgerung aus den eigentlichen Voraussetzungen und gehört, streng genommen, in den Beweis (s.o. I) und damit vorher auch in die Behauptung.)

Behaupt.: $AB+f>CD+e$.

Beweis: Es sei $AG=e$ $(<AB)$ und $CH=f(<CD)$,

d.h. $AB:CD=AG:CH$ (Vor.)

$\Rightarrow (AB-AG):(C-DCH)=AB:CD$ $(V,19)$

oder $GB:HD=AB:CD$.

(Die stillschweigend erfolgte Vertauschung der Seiten wurde bereits pag. 74 als t.a.20 festgestellt.)

$$AB>CD \text{ (Vor.)} \Rightarrow GB>HD. \qquad (V,16,14)$$

(Wieder stillschweigende Vertauschung nach t.a.20)

$$AG=e,\ CH=f \text{ (s.o.)} \Rightarrow AG+f=CH+e.$$

(Das kommutative Gesetz wurde bereits beim Beweis von *Satz 1* stillschweigend vorausgesetzt: t.a.8; über die Ersetzung sprachen wir ebenfalls schon an anderer Stelle.)

Aus $GB>HD$ (s.o.) folgt damit

$$GB+AG+f>HD+CH+e. \qquad (Ax.4)$$

(Die Begründung mit *Axiom 4*, das nur von „Ungleichem" spricht („*Wenn Ungleichem Gleiches hinzugefügt wird, sind die Ganzen ungleich.*") und zudem wohl unecht ist, reicht nicht aus; seine Anwendung muß hier die Monotonie der Addition ersetzen.)

EUKLID erhält (wieder unter stillschweigender Benutzung des kommutativen und des assoziativen Gesetzes):

$$AB+f>CD+e. \text{ W.z.b.w.}$$

Dabei wird $GB + AG = AB$ ebenso wie $HD + CH = CD$ aus der vorher mit $AB = e + GB$ und $CD = f + HD$ angefertigten Zeichnung entnommen, eine Zusammenhang, der bei uns immerhin 4 Beweiszeilen, nämlich die Anwendung der Axiome A.12, A.10, A.9 und der Beziehung $(a - b) + b = a$ erfordert. Wir sehen hier noch einmal mit aller Deutlichkeit, wieviel Euklid trotz beabsichtigter vollständiger Axiomatisierung der Anschauung entnimmt.

Die Kommentatoren beschränken sich im wesentlichen auf die Angabe von Satz und Beweis. Dijksterhuis (S. 81) hebt hervor, daß der Satz ohne Verbindung mit dem unmittelbar Vorausgehenden zum Schluß noch angefügt sei, während Becker (S. 320) darauf hinweist, daß auch dieser Satz zu den (mit Hilfe von $V, 14$) anthyphairetisch für allgemeine Größen beweisbaren gehört, was aber nicht näher ausgeführt wird. — Für $b = c$ ergibt sich der wichtige Spezialfall $a + d > 2b$, in dem man den Satz erkennt: „Das arithmetische Mittel ist stets größer als das geometrische." Hierauf weisen auch Heath (S. 186) und Thaer (S. 72) hin. Heath beschließt seine Bemerkungen zum V. Buche (l.c.) mit einem Simson-Zitat, das noch einmal seine Bewunderung der großen Leistung Euklids zum Ausdruck bringt und dem wir uns Wort für Wort anschließen können.

Im System Euklids spielt der *Satz 25* keine wesentliche Rolle. Er wurde von Euklid wohl nur der Vollständigkeit halber angeführt; denn er tritt auch in den späteren Büchern nicht mehr in Erscheinung; trotzdem ist er nicht ohne prinzipielle Bedeutung, wie wir im dritten Teil noch sehen werden.

5. Zusammenfassung und Folgerungen

Damit ist zunächst einmal gezeigt, daß sich alle wesentlichen Aussagen des V. Buches, d.h. sowohl die Definitionen wie auch die Sätze, aus unserem Axiomensystem und unseren Definitionen gewinnen lassen, und zwar lückenlos und exakt.

Als Beleg fügen wir Aufstellung III an, die noch einmal in übersichtlicher Form die bei den Definitionen und Sätzen unseres Systems benutzten Voraussetzungen aufführt (*kursive* Zahlen: entsprechende Sätze Euklids).

Aufstellung III: Logischer Aufbau unseres Systems

D.1	„Größe":	A.1—A.14
D.2	„Vielfaches":	A.1—A.5, AD.4, A.9
D.3	„Teil":	D.2
D.4	„Modell" („gleichart. Größen"):	A.1—A.14
D.5	„Verhältnisgleich": („in Proportion stehend")	D.2, Axiome der Gleichheit und der Ordnung
D.6	„i-te Proportionale":	D.5
D.7	„Größeres Verhältnis haben":	wie D.5
D.8	„Stetige Proportion", „mittlere Proportionale":	D.4, 5
D.9	„Entsprechende Größen" (Vorder-, Hinterglieder):	D.5
D.10	„Differenz zweier Größen":	A.13

Satz 1	(pag. 25):	D.2 AD.4 A.5 A.9		(*t.a.10*)
Satz 2	(pag. 26):	D.2 AD.4 A.5 A.9 A.10		(*t.a. 9*)
Satz 3	(pag. 26):	D.2 AD.4 A.9 S.2		(*t.a.11*)

Satz 4   (pag. 26): A.8   A.10 A.12   (t.a.17)
Satz 5   (pag. 27): D.2   A.5   A.8   A.10 A.12
Satz 6   (pag. 27): A.5   AD.3 A.6   A.7   A.12
Satz 7   (pag. 27): D.2   A.1   A.11
Satz 8   (pag. 42): D.5   A.1   A.7
Satz 9   (pag. 42): D.5   (t.a.20)
Satz 10 (pag. 42): D.5   (V,11)
Satz 11 (pag. 42): D.5   AD.3   (V,7 Zus.)
Satz 12 (pag. 42): D.5   S.5
Satz 13 (pag. 45): D.2   D.10 A.3   A.5   A.10 A.13 S.2 S.6
Satz 14 (pag. 46): D.2   D.10 A.2   A.3   A.10 A.13 S.1 S.6
Satz 15 (pag. 46): D.10 A.5   A.10 S.6   (t.a.21)
Satz 16 (pag. 46): A.6   A.7   S.15
Satz 17 (pag. 46): D.10 A.5   A.10
Satz 18 (pag. 46): D.10 A.10 A.13
Satz 19 (pag. 55): A.5   A.9   S.2   (V,1)
Satz 20 (pag. 56): A.5   S.1   (V,2)
Satz 21 (pag. 57): A.5   S.3   (V,3)
Satz 22 (pag. 59): D.5   S.3   (V,4)
Satz 23 (pag. 62): D.10 A.5   S.13   (V,5)
Satz 24 (pag. 63): D.10 A.5   S.14   (V,6)
Satz 25 (pag. 64): D.5   (V,7)
Satz 26 (pag. 64): D.5   (oder S.11 S.25)   (V,7)
Satz 27 (pag. 65): D.5
Satz 28 (pag. 66): D.7   D.10 A.6   A.7   A.13 A.14 A.8 A.11 S.13 (V,8)
Satz 29 (pag. 66): S.28 S.30
Satz 30 (pag. 67): D.7   D.10 A.11 A.14 S.1   S.5   S.13
Satz 31 (pag. 69): S.28   (V,9)
Satz 32 (pag. 69): S.29 (oder S.11 S.31)
Satz 31a (pag. 69): A.5   S.31
Satz 32a (pag. 69): A.5   S.32
Satz 33 (pag. 70): D.7   A.2   A.5   Axiome der Ordnung S.5   (V,10)
Satz 34 (pag. 70): S.30 S.33 (oder entspr. S.33)   (V,10)
Satz 35 (pag. 73): D.5   D.9   A.5   S.2   S.4   S.9   (V,11)
Satz 36 (pag. 74): D.5   D.7   (V,13)
Satz 37 (pag. 76): D.5   D.7   (t.a.23)
Satz 38 (pag. 76): S.9   S.10 S.25 S.28 S.32 S.34 S.36   (V,14)
Satz 39 (pag. 77): D.2   D.3   D.5   S.3   S.5   (V,15)
                      (oder D.2   S.8   S.35)
Satz 40 (pag. 78): D.5   S.9   S.10 S.38 S.39   (V,16)
Satz 41 (pag. 79): S.9   S.11 S.40
Satz 42 (pag. 81): S.43 S.44
Satz 43 (pag. 81): D.5   S.1   S.13 S.15 S.16 S.18   (V,17)
                      (Vorauss.:   S.38 S.40)
Satz 44 (pag. 81): D.10 A.5   A.13 S.43
Satz 45 (pag. 84): S.46 S.47

Satz 46	(pag. 84):	D.5 (D.6) A.5 A.12 S.2 S.14	(*V*, *18*)
		S.15 S.17 S.18	
Satz 47	(pag. 84):	D.10 A.5 A.13 S.46	
Satz 48	(pag. 89):	S.9 S.10 S.40 S.43	(*V*, *19*)
Satz 49	(pag. 90):	S.9 S.10 S.11 S.25 S.28 S.31	
		S.33 S.36 S.37	(*V*, *20*)
Satz 50	(pag. 91):	S.9 S.10 S.11 S.25 S.28 S.32	
		S.34 S.36 S.37	(*V*, *21*)
Satz 51	(pag. 92):	D.5 S.22 S.49	(*V*, *22*)
Satz 52	(pag. 99):	D.5 S.9 S.10 S.22 S.39 S.50	(*V*, *23*)
Satz 53	(pag. 100):	S.11 S.46 S.51	(*V*, *24*)
Satz 53a	(pag. 101):	S.11 S.43 S.51	
Satz 54	(pag. 102):	A.9 A.10 A.12 S.9 S.17 S.38	
		S.40 S.41 S.48	(*V*, *25*)

Diese Zusammenstellung zeigt nicht nur, daß gewisse Definitionen (D.4, D.6, D.8) für Euklid nicht oder jedenfalls in Buch V noch nicht erforderlich sind, sondern erlaubt auch in Verbindung mit Aufstellung I (pag. 15) sofort eine Kontrolle, in welchen Fällen unser Beweis mit anderen Voraussetzungen arbeitet als der Euklids. Als Beispiel seien *Satz 17* der Elemente und der ihm in unserem System entsprechende Satz S.43 angeführt: Während Euklid seine Sätze *1* und *2* über Summen benutzt, tauchen unter unseren Voraussetzungen die Sätze S.13, S.15, S.16, S.18 auf, die sich alle auf Differenzen beziehen. Euklid umgeht die Verwendung von Differenzen, von denen sein *Satz 17* doch handelt, dadurch, daß er anschaulich eine Strecke als Summe ihrer Teile auffaßt. Wir wollen hier jedoch nicht weiter auf solche vergleichenden Betrachtungen eingehen, so lohnend sie auch wären.

Bevor wir nun aus unserem Aufbau die Folgerungen zur Struktur des Euklidischen Größenbereichs ziehen, wollen wir noch einen Blick auf die herauspräparierten t.a.'s werfen. Was in der „Größenlehre" neben dem Bereich der natürlichen Zahlen ohne besondere Erläuterung benutzt wird, zeigt unsere

Aufstellung IV: Stillschweigende Voraussetzungen Euklids

t.a. 1	„Größe" (Definition und Existenz)	(pag. 22)
t.a. 2	„Messen" (Existenz von „Teil" und „Vielfachem"; n-fache Addition)	(pag. 22)
t.a. 3	„Gleichheit" von Größen	(pag. 25)
t.a. 4	„größer" und „kleiner" mit $a > b \Leftrightarrow b < a$	(pag. 26)
t.a. 5	„Summe" zweier Größen	(pag. 45)
t.a. 6	„Differenz" zweier Größen	(pag. 45)
t.a. 7	assoziatives Gesetz der Addition	(pag. 56)
t.a. 8	kommutatives Gesetz der Addition	(pag. 56)
t.a. 9	1. distr. Gesetz: $na + nb = n(a+b)$	(pag. 56)
t.a.10	2. distr. Gesetz: $na + ma = (n+m)a$	(pag. 57)
t.a.11	3. distr. Gesetz: $n \cdot (ma) = (nm) \cdot a$	(pag. 59)
t.a.12	Existenz des n-ten Teils einer Größe	(pag. 62)
t.a.13	$na = nb \Rightarrow a = b$	(pag. 62)

t.a.14 Ersetzungsaxiom (vgl. A.5 pag. 48)   (pag. 65)

t.a.15 $a:b=c:d \Rightarrow b:a=d:c$ (pag. 66)

t.a.16 Differenzen sind Größen, d.h. Elemente des Systems:

      $a, b \in M \Rightarrow a-b \in M$ (für $a > b$)   (pag. 67)

t.a.17 $a>b,\ c>d \Rightarrow a+c>b+d$ (pag. 68)

t.a.18 Totale Ordnung der Größen: Für $a,\ b \in M$ gilt stets genau eine

      der drei Relationen $>,\ =,\ <$.   (pag. 70)

t.a19   Für vier Größen gilt stets genau eine der Relationen $a:b \gtreqless c:d$ (pag. 71)

t.a.20 $a:b=c:d \Rightarrow c:d=a:b$ (Symmetrie)   (pag. 74)

t.a.21 $a>b \Rightarrow a-c>b-c\ (a, b>c)$ (Monotonie)   (pag. 83)

t.a.22 Existenz der 4. Proportionale   (pag. 85)

t.a.23 $a:b>a':b',\ a':b'=a'':b'' \Rightarrow a:b>a'':b''$ (pag. 91)

t.a.24 $a>b,\ c=d \Rightarrow a+c>b+d$ (pag. 103)

Wie man sofort sieht, handelt es sich dabei um Definitionen (evtl. implizite mittels der Axiome), Axiome und einfache Sätze. Von vielleicht einer Ausnahme abgesehen, der Existenz der 4. Proportionale nämlich, geht es hier um Voraussetzungen, die jeder, der in einer exakten Wissenschaft mit „Größen" operiert, als Selbstverständlichkeiten ansieht und keiner besonderen Reflexion würdigt, sofern es nicht gerade um eine Axiomatisierung geht. Operiert man dabei noch mit Strecken, wie es EUKLID ja zur Veranschaulichung seiner Größen tut, so werden diese Aussagen bis auf ganz wenige (etwa t.a.12, 19, 22) vollends Trivialitäten, die mit einem „Siehe!" abgetan werden könnten, — wenn es nicht gerade um eine vollständige Axiomatisierung ginge! Es ist interessant, daß an vergleichbaren Stellen der anderen Bücher, z.B. Buch II („geometrische Algebra") oder der Bücher VII—IX („Zahlentheorie"), im wesentlichen die entsprechenden „stillschweigenden Voraussetzungen" gemacht werden wie hier.

Wollte man versuchen, aus diesen Aussagen ein System herauszupräparieren, so sähe ich nur die oben angedeutete Möglichkeit: Es handelt sich im wesentlichen um Aussagen, die sich beim Operieren mit Strecken als völlig „evident" erweisen. Bei den wenigen Ausnahmen von dieser These kann man meiner festen Überzeugung nach sagen, daß EUKLID die Tragweite seiner Annahmen einfach nicht übersah. Bei t.a.22 wird dies ganz deutlich: Das beim Beweis von *V,18* (pag. 85) angenommene „Etwas", das im Gegensatz zur Beweisannahme die Verhältnisgleichheit wiederherstellt, wurde m.E. von EUKLID niemals unter dem Gesichtspunkt der „Existenz der 4. Proportionalen zu drei Größen" gesehen! Was ihm hier vorschwebte, war offensichtlich die bei der Verwendung von Strecken völlig evidente „Stetigkeit" seines Größenbereichs, eine natürlich ebenfalls an keiner Stelle ausgesprochene Voraussetzung, die ansonsten niemals erforderlich wird, was auch aus unserem Axiomensystem hervorgeht. Auch dies ist m.E. mehr ein Zufall als eine bewußte Ausschließung.

Ziehen wir nun die Bilanz aus den vorausgegangenen Betrachtungen, so lassen sich auf Grund unserer Axiome und Definitionen ganz bestimmte Aussagen über die Struktur des Euklidischen „Größenbereichs" machen:

Wir stellen zunächst fest, daß für die Elemente unseres Systems *M*, die sog. „Größen" (AD.1), in Gestalt des „Gleich-groß-Seins" (AD.2) eine echte Gleichheit definiert ist, d.h. eine Äquivalenz, die reflexiv (A.1), symmetrisch (A.2) und transitiv (A.3) ist.

Der moderne Leser wird nun unwillkürlich an die damit mögliche Klassenbildung denken und alle folgenden Relationen als solche zwischen Klassen gleichgroßer Elemente auffassen. Euklid liegt diese Betrachtungsweise jedoch fern. Für ihn gibt es wohl „beliebig viele" gleich-große Elemente (A.4), die zudem in allen Beziehungen gleichberechtigt, d.h. untereinander austauschbar (A.5), sind, doch spielen sich alle Relationen und alle Verknüpfungen trotz der so naheliegenden Klassenbildung stets nur zwischen einzelnen „Repräsentanten" der jeweiligen Klassen ab.

Für die Elemente von M (modern: für die Äquivalenzklassen gleich-großer Elemente) ist weiter eine lineare Ordnung definiert (AD.3), die bei zwei nicht gleich-großen Größen stets zwischen einer größeren und einer kleineren zu unterscheiden gestattet (A.6, A.7) und auch mehrere untereinander anzuordnen erlaubt (A.8). Unser Bereich ist also *total geordnet*.

Für die Elemente von M ist ferner eine additive Verknüpfung definiert (AD.4), die assoziativ (A.9) und kommutativ (A.10) ist und für die die Kürzungsregel (S.6) gilt: Wir haben es also mit einer *kommutativen additiven Halbgruppe* zu tun.

Da Addition und Ordnung zusammenhängen (A.11), insbesondere die Monotonie der Addition gefordert wird (A.12), sprechen wir von einer *total geordneten, additiven kommutativen Halbgruppe*.

Das Axiom A.14 schließlich sichert den archimedischen Charakter von M und so ist durch unser Axiomensystem bestimmt: eine *total geordnete, archimedische, kommutative additive Halbgruppe*. Die ganzen Zahlen spielen dabei die Rolle des Operatorenbereichs.

Will man nicht nur den Sätzen des V. Buches, sondern der in den ganzen Elementen benutzten Größenlehre gerecht werden, so muß man wohl noch die Existenz der 4. Proportionale zu 3 gegebenen Größen fordern. Wir wollen eine Halbgruppe der obigen Art, die auch noch diese Eigenschaft aufweist nach einem Vorschlag von Krull eine *Eudoxische Halbgruppe* nennen. Aber es sei noch einmal hervorgehoben, daß die entscheidenden Merkmale einer jeden Größe die Ordnung und die Zusammensetzbarkeit sind.

Bei einer Erweiterung zu einer allgemeinen Größenlehre müßten neben den Nullgrößen auch die negativen Größen der Physik einbezogen werden. In der dann zu erhaltenden Eudoxischen Gruppe würde unsere Halbgruppe den *Bereich der positiven Elemente* bilden.

III. Teil: Die Proportion als Gleichheit von Verhältnissen oder als Abbildung von Größen?

1. Die Menge der Verhältnisklassen

Nach diesen strukturtheoretischen Betrachtungen des von Euklid behandelten Größenbereichs fehlt uns noch die sinnvolle und zwanglose Einordnung der Proportion, d.h. des Im-selben-Verhältnis-Stehens (vgl. *V, Def.5*), in unser System.

Wir hatten gesehen, daß die Definition dieses Begriffs (pag. 37) längst noch nicht gleichwertig ist mit der Einführung von „Verhältnissen", wenn diese Verhältnisse selbständige Objekte darstellen sollen, die einem Bereich angehören, in dem gerechnet werden kann. Stellt man diesen Gedanken in den Mittelpunkt, so liegt es nahe, nach einem Weg zu suchen, der vom Begriff „verhältnisgleich" zum Begriff „Verhältnis" führt.

Zu diesem Zweck gehen wir von der bisher betrachteten Menge M der Größen a, b, ... über zu der durch Verknüpfung von M mit sich selbst entstehenden Paarmenge $M \times M = M^2$. Die Verknüpfung geschieht durch Zusammenfassung zweier Elemente, z.B. a, b, aus M zu dem geordneten Größenpaar (a, b). „Geordnet" soll heißen, daß es hierbei auf die Reihenfolge ankommt, so daß (a, b) und (b, a) für verschiedene a, b („verschieden" als nicht gleich groß im Sinne von AD.2) verschiedene Paare sind. In unseren Bereichen M', M'', ..., den weiteren Modellen unseres Axiomensystems A, verfahren wir ebenso und definieren:

| D.11 | Unter einem „Verhältnis zweier Größen" (kurz „Verhältnis") verstehen wir jedes geordnete Paar (a, b) von Größen a, b aus einem und demselben Bereich M, der unserem Axiomensystem genügt, mit den im folgenden genannten Eigenschaften. |

Daraus folgt zunächst einmal, daß zwei Größen dann und nur dann ein Verhältnis bilden („in einem Verhältnis stehen"), wenn sie Elemente ein und desselben Systems M oder M' oder ... sind, das unserem Axiomensystem genügt. Es folgt weiter, daß die Menge der Verhältnisse sich nicht auf die Paarmenge $M \times M$ *eines* Größensystems beschränkt, sondern die Paare aller Modelle unseres Axiomensystems umfaßt. Wir führen für diese Menge folgende Bezeichnung ein:

| D.12 | Unter der „Menge aller Verhältnisse" verstehen wir die Vereinigungsmenge $V = M \times M \cup M' \times M' \cup M'' \times M'' \cup \ldots$ der Paarmengen aller Modelle unseres Axiomensystems. |

Für unsere Verhältnisse liefert nun D.5 (pag. 36) eine Äquivalenzrelation:

| D.13 | Wir nennen zwei Verhältnisse (a, b), (a', b') „gleich", geschrieben $(a, b) = (a', b')$, wenn $a:b = a':b'$, d.h. wenn die zugehörigen vier Größen a, b, a', b' nach D.5 im selben Verhältnis stehen. |

Damit können auch Verhältnisse gleich sein, die nicht derselben Paarmenge, z.B. $M \times M$, entstammen. Wir erfassen also mit dieser Definition den gesamten Bereich V.

Die „Gleichheit von Verhältnissen" ist nach D.13 äquivalent mit der „Verhältnisgleichheit" nach D.5 der entsprechenden Größen (wenn das eine, so das andere), aber sie ist keineswegs dasselbe; denn $(a, b) = (a', b')$ ist eine Relation zwischen *zwei* Elementen aus V, während $a:b = a':b'$ eine Beziehung zwischen *vier* Größen ist.

Daß diese Gleichheit der Verhältnisse eine echte Äquivalenzrelation ist, folgt sofort aus unseren früheren Proportionen:

S.55	$(a, b) = (a, b)$	(reflexiv nach Satz S.8)
S.56	$(a, b) = (a', b') \Rightarrow (a', b') = (a, b)$	(symmetrisch nach Satz S.9)
S.57	$(a, b) = (a', b')$, $(a', b') = (a'', b'') \Rightarrow (a, b) = (a'', b'')$	

(transitiv nach Satz S.10)

Damit können wir in V eine Klasseneinteilung vornehmen: Zwei Paare (a, b) und (a', b') gehören dann und nur dann der gleichen Klasse an, wenn $a:b = a':b'$.

Gleichheit von Verhältnissen ist also gleichbedeutend mit der Gleichheit, d.h. hier der Identität, der zu diesen Verhältnissen gehörigen „Verhältnisklassen", die wir folgendermaßen definieren:

$$\boxed{\text{D.14}} \quad \text{Unter einer „Verhältnisklasse" } (\overline{a, b}) \text{ verstehen wir die Menge aller zu } (a, b) \text{ gleichen Verhältnisse.}$$

Da die Verhältnisse (a, b) und (a', b') auch bei Gleichheit aus zwei verschiedenen Größenbereichen, d.h. Modellen von A, stammen können, ist erst die einzelne Verhältnis*klasse* und damit auch die Menge $\overline{V}$ aller Verhältnisklassen ein von der „Herkunft" der Größen unabhängiger Bereich.

Es leuchtet ferner sofort ein, daß jedes Paar (a, b) zu genau einer Verhältnisklasse gehören muß: zu einer, in diesem Fall $(\overline{a, b})$, gehört es nach D.14; gehörte es zu einer weiteren, so wäre diese wegen S.8 mit $(\overline{a, b})$ identisch und somit ein und dieselbe.

Aus unserer Definition D.13 folgen unter Verwendung der für Proportionen bewiesenen Sätze sofort weitere Beziehungen zwischen Verhältnissen:

$$\boxed{\text{S.58} \quad (a, b) = (a', b') \Rightarrow (b, a) = (b', a').}$$

Die Richtigkeit folgt sofort aus Satz S.11.

S.58 gibt Veranlassung zu einer Definition:

$$\boxed{\text{D.15}} \quad \text{Das Verhältnis } (b, a) \text{ soll „zu } (a, b) \text{ reziprok" oder der „Kehrwert von } (a, b)\text{",}$$
geschrieben $(a, b)^{-1}$, genannt werden.

Damit besagt S.58, daß aus der Gleichheit von Verhältnissen auch die Gleichheit ihrer Kehrwerte folgt.

$$\boxed{\text{S.59} \quad (a, b) = (a', b') \Rightarrow (na, mb) = (na', mb').}$$

Dieser Satz folgt sofort aus S.22. Wichtiger aber ist

$$\boxed{\text{S.60} \quad (a, b) = (na, nb),}$$

der aus S.39 folgt. Wir wollen sagen:

$$\boxed{\text{D.16}} \quad \text{Den Übergang von } (a, b) \text{ zu } (na, nb) \text{ wollen wir „Erweitern mit } n\text{", den entgegengesetzten von } (na, nb) \text{ zu } (a, b) \text{ „Kürzen durch } n\text{" nennen.}$$

Die damit erklärte Operation ist nur für natürliche Zahlen n erklärt, und S.60 besagt, daß ein Verhältnis in diesem Sinne beliebig „erweitert" und — wenn möglich — „gekürzt" werden darf, ohne daß sich die zugehörige Verhältnisklasse (oder der „Wert", wie wir auch sagen werden) ändert; denn gekürztes wie erweitertes Verhältnis sind dem ursprünglichen gleich.

Stammen beide Verhältnisse aus der gleichen Paarmenge, etwa aus $M \times M$, sind also alle vorkommenden Größen gleichartig, so gilt:

$$\boxed{\text{S.61} \quad (a, b) = (c, d) \Rightarrow (a, c) = (b, d).} \qquad \text{(nach S.40)}$$

Mit der Festsetzung

$$\boxed{\text{D.17}} \quad \text{In der Gleichung } (a, b) = (c, d) \text{ sollen } a \text{ und } d \text{ „Außenglieder", } b \text{ und } c \text{ „Innenglieder" heißen.}$$

besagt unser Satz S.61, daß die Gleichheit zweier Verhältnisse (aus der gleichen Paarmenge) bei Vertauschung der Innenglieder erhalten bleibt. Die Gültigkeit von S.56 erweitert diese Aussage sofort auf die Vertauschung der Außenglieder, was auch mit S.58 gezeigt werden könnte. Die in S.41 zusammengefaßten Relationen führen somit sofort zu entsprechenden Gleichheiten zwischen Verhältnissen.

In der Menge V der Verhältnisse läßt sich nun mit Hilfe von Euklids Definition V, *Def.*7 bzw. der daraus von uns abgeleiteten D.7 eine Ordnung definieren:

$$\boxed{\text{D.18}} \quad \text{Wir nennen das Verhältnis } (a, b) \text{ „größer" als das Verhältnis } (a', b') \text{ bzw.}$$
(a', b') „kleiner" als (a, b), geschrieben $(a, b) > (a', b')$ bzw. $(a', b') < (a, b)$, wenn die zugehörigen Größen a, b, a', b' im Sinne der Definition D.7 „größeres

Verhältnis haben", d.h. wenn es Vielfache gibt mit $na>mb$ und zugleich $na'\leqq mb'$.

Es zeigt sich, daß damit V nicht nur geordnet, sondern sogar *total* geordnet wird, d.h. daß für zwei beliebige Verhältnisse (a, b) und (a', b') stets genau eine der Relationen $(a, b) \gtreqless (a', b')$ gilt und daß diese Ordnung transitiv ist.

Dabei können wir voraussetzen, daß zwischen na und mb (wie auch zwischen na' und mb') stets genau eine der Beziehungen $>$, $=$, $<$ gilt, denn jedes Vielfache eines Elements aus M ist nach D.2 und AD.4 selbst wieder Element von M. M aber ist nach den Axiomen der Gruppe II (pag. 48) total geordnet.

Außerdem sieht man leicht ein, daß sich die Relation $na>mb$ durch geeignete m- und n-Fache stets erreichen läßt: Für $a>b$ z.B. durch $m=n$ (Satz S.5), für $a=b$ durch $n>m$ (nach A.12; vgl. Beweis zu S.7) und für $a<b$ durch beliebiges m und ein nach A.14 geeignetes n. Damit sind nach A.6 alle Möglichkeiten für a, b erfaßt. — Das führt zu

---

S.62   Zwischen zwei Paaren aus V gilt stets eine der Beziehungen $>$, $=$ oder $<$.

Betrachten wir nämlich alle Vielfachen von a, b mit $na>mb$ (nach Obigem stets vorhanden), so ergibt sich:

I. Sind darunter n, m mit $na'\leqq mb'$, so ist D.18 erfüllt, d.h. $(a, b)>(a', b')$.

II. Lassen sich keine solchen Vielfachen finden, so ist also mit $na>mb$ stets $na'>mb'$.

a) Ist nun außerdem mit $\overline{n}a<\overline{m}b$ (geeignete $\overline{n}$, $\overline{m}$ nach Obigem immer vorhanden) stets $\overline{n}a'<\overline{m}b'$, so folgt aus $\overline{\overline{n}}a=\overline{\overline{m}}b$ immer $\overline{\overline{n}}a'=\overline{\overline{m}}b'$, da sich sonst ein Widerspruch zu den gerade gemachten Voraussetzungen ergäbe. Es gilt also nach D.5 und D.13: $(a, b)=(a', b')$.

b) Kann man dagegen für gewisse n', m' aus $n'a<m'b$ auch $n'a'\geqq m'b'$ folgern, so gibt es also Vielfache, für die mit $n'a'>m'b'$ auch $n'a<m'b$ erfüllt ist. Das heißt nach D.7: $a':b'>a:b$ und nach D.18: $(a', b')>(a, b)$, d.h. $(a, b)<(a', b')$.

Eine der Beziehungen $>$, $=$, $<$ ist also für (a, b) und (a', b') stets erfüllt. W.z.b.w.

Ferner gilt:

S.63   Die in V geltenden Relationen $>$, $=$, $<$ schließen sich gegenseitig aus.

Beweis: I. Daß $(a, b)>(a', b')$ und $(a, b)=(a', b')$ sowie $(a', b')>(a, b)$ und $(a, b)=(a', b')$ sich gegenseitig ausschließen, folgt aus den zugehörigen Bedingungen $na>mb \Rightarrow na'\leqq mb'$ bzw. $na'>mb' \Rightarrow na\leqq mb$ einerseits und der für *alle* n, m geltenden $na \gtreqless mb \Rightarrow na' \gtreqless mb'$ andererseits, die nicht gleichzeitig erfüllt sein können.

II. Wir haben nun noch zu zeigen, daß $(a, b)>(a', b')$ und $(a, b)<(a', b')$ sich ausschließen und nehmen zu diesem Zweck zunächst einmal an, beide Relationen seien gleichzeitig erfüllt, d.h. nach D.7 gelte:

$$na > mb \Rightarrow na'\leqq mb'$$
und
$$ka' > hb' \Rightarrow ka \leqq hb.$$

Dann ist nach S.5 und S.3:

$$kna > kmb \Rightarrow kna'\leqq kmb'$$
und
$$kna' > hnb' \Rightarrow kna \leqq hnb.$$

Daraus lesen wir einerseits ab:

$$kmb<kna\leqq hnb, \quad \text{d.h.} \quad kmb<hnb \qquad (A.8, A.5),$$
$$\text{also} \quad km<hn \qquad (S.7).$$

Andererseits ergibt sich ebenso:

$$kmb'\geqq kna'>hnb', \quad \text{d.h.} \quad kmb'>hnb' \qquad (A.8, A.5),$$
$$\text{also} \quad km>hn \qquad (S.7).$$

Das aber ist ein Widerspruch zur totalen Ordnung im Bereich der natürlichen Zahlen, und es ist somit bewiesen, daß auch $<$ und $>$ sich ausschließen. W.z.b.w.

S.62 und S.63 lassen sich zusammenfassen zu

> **S.62/63** Zwischen zwei Verhältnissen aus V gilt stets eine und nur eine der Beziehungen $>$, $=$, $<$.

Als nächstes soll die Transitivität der $>$-Beziehung hergeleitet werden. Wir behaupten:

> **S.64** $(a, b) > (a', b')$, $(a', b') > (a'', b'') \Rightarrow (a, b) > (a'', b'')$.

Vorauss.: I. $(a, b) > (a', b')$,   d.h. $na > mb \Rightarrow na' \leqq mb'$;

II. $(a', b') > (a'', b'')$,   d.h. $\bar{n}a' > \bar{m}b' \Rightarrow \bar{n}a'' \leqq \bar{m}b''$.

Behaupt.: $(a, b) > (a'', b'')$,   d.h. $n'a > m'b \Rightarrow n'a'' \leqq m'b''$.

Beweis: I'. $\bar{n}na > \bar{n}mb \Rightarrow \bar{n}na' \leqq \bar{n}mb'$ }
II'. $n\bar{n}a' > n\bar{m}b' \Rightarrow n\bar{n}a'' \leqq n\bar{m}b''$ } Aus I. und II. (S.5)

$$n\bar{m}b' < \bar{n}na' \ \text{(II')}, \qquad \bar{n}na' \leqq \bar{n}mb' \ \text{(I')}$$

$$\Rightarrow n\bar{m}b' < \bar{n}mb' \ \text{(A.8, A.5)} \Rightarrow n\bar{m} < \bar{n}m \qquad \text{(S.7)}$$

$$\Rightarrow n\bar{m}b'' < \bar{n}mb''. \qquad \text{(A.11)}$$

Somit gilt: $n\bar{n}a'' \leqq n\bar{m}b'' < \bar{n}mb''$ (s.o.)

d.h. $n\bar{n}a'' < \bar{n}mb''$ (A.8, A.5)

Es gibt also $\bar{n}n$- und $\bar{n}m$-Fache derart, daß $\bar{n}na > \bar{n}mb \Rightarrow \bar{n}na'' \leqq \bar{n}mb''$ (s.o.) und somit nach D.18 $(a, b) > (a'', b'')$. W.z.b.w.

Mit den Sätzen S.62 bis S.64 haben wir gezeigt, daß auf Grund der Ordnung in M auch V total geordnet werden kann.

Diese totale Ordnung läßt sich mit Hilfe der Sätze S.36 und S.37 auf die Menge $\overline{V}$ der Verhältnisklassen übertragen, da eine Ordnungsbeziehung zwischen zwei Verhältnissen auch für alle diesen gleichen Verhältnisse gilt. Damit ist es sinnvoll zu sagen: $(a, b) > (a', b') \Leftrightarrow \overline{(a, b)} > \overline{(a', b')}$.

Es wäre nun zweckmäßig, wenn jede Verhältnisklasse aus $\overline{V}$ durch ein Element der Paarmenge desselben Modells, etwa M, repräsentiert werden könnte, da wir es dann bei den in den Paaren vorkommenden Elementen nur mit gleichartigen Größen zu tun hätten. (Eine Folge davon wäre z.B. die uneingeschränkte Anwendbarkeit des Vertauschungssatzes S.40.)

Es leuchtet sofort ein, daß, wenn es überhaupt einen solchen Repräsentanten gibt, nach S.60 beliebig viele weitere angegeben werden können, sei es durch Erweitern, sei es durch eventuell mögliches Kürzen.

Gibt es nun für jede Verhältnisklasse einen Repräsentanten aus einer bestimmten Paarmenge, z.B. aus $M \times M$, von der wir zu Anfang ausgegangen sind? Wir sehen sofort, daß diese Frage mitbeantwortet ist, wenn die Frage nach der Existenz der 4. Proportionale (D.6) bejaht wird. Diese lautet für uns:

Gibt es zu drei Größen a', b', a, von denen mindestens die beiden ersten aus demselben Modell stammen müssen, stets eine vierte b (aus dem Modell der dritten) derart, daß $a' : b' = a : b$, d.h. $(a', b') = (a, b)$?

Die auf die Herkunft der Größen aus einem bestimmten Modell hinweisenden Einschränkungen werden durch die Definition der Verhältnisgleichheit (s. D.5 pag. 36) gefordert. Sie stellen gleichzeitig sicher, daß mit der positiven Beantwortung der Frage nach der Existenz der 4. Proportionale das Problem der Existenz geeigneter Repräsentanten gelöst ist.

Wie ist es nun um das Vorhandensein der 4. Proportionale bestellt? Wir erinnern uns, daß uns dieses Problem schon bei der Behandlung des Euklid-Satzes V,18 zum ersten Mal entgegentrat. Dort nahm Euklid ohne weiteres an, daß es eine Größe x geben müsse, die der Beziehung $AB : EB = CD : x$ genügt, wenn AB, EB und CD vorgegeben sind. Warum diese unproblematische Selbstverständlichkeit? Nun, schon wenn man den weiteren Verlauf des Beweises betrachtet, gewinnt man die Überzeugung, daß dem Verfasser die „Stetigkeit" seines Größensystems so wenig ein Problem war, daß er nicht im entferntesten daran dachte, daß es „zwischen" zwei Größen auch „Lücken" geben könne.

Für die Ansicht, daß dem Verfasser der Elemente die Existenz der 4. Proportionale als solche wirklich kein Problem ist, spricht auch das Fehlen jedes Beweises an anderer Stelle des V. Buches, während die Konstruktion dieser Größe zu drei gegebenen *Strecken* als *Satz 12* im Buch VI angeführt wird. Übrigens ist auch hier die Stetigkeit (nämlich der Strecken) Voraussetzung der Konstruktion (Hinweis auf Postulat *5* des I. Buches), da anderenfalls die Existenz des benötigten Schnittpunkts keineswegs gesichert wäre.

Für die Lösung unseres obigen Problems läßt sich die Erkenntnis des Satzes *VI,12* jedoch nicht verwenden, und zwar weniger deswegen, weil EUKLID nirgendwo feststellt, daß Strecken „Größen" im Sinne des Buches V darstellen (obwohl er alle Beweise an Strecken erläutert), als vielmehr deswegen, weil die in unserem Problem auftretenden Größen nicht unbedingt *alle* gleichartig sind. Dies wäre aber für die „Anwendung" des Satzes *VI,12* Voraussetzung. Die Hinzunahme von *VI,1* würde zwar zwei Bereiche miteinander verknüpfen, nämlich die Verhältnisse von Flächen und die Verhältnisse von Strecken, brächte aber auch noch nicht die erforderliche Allgemeinheit. EUKLID liefert also keine explizite Lösung des Problems (auch nicnt an anderer Stelle). Versucht man sich anderweitig eine Antwort zu holen, so stößt man auf DE MORGAN, der in seinen „Supplementary remarks on the first six books of EUKLID's Elements" von 1849 eine Skizze für einen allgemeinen Existenzbeweis gibt, die wir uns näher ansehen wollen. Da sie bei HEATH (II, S. 171) abgedruckt ist, brauchen wir sie nicht in voller Breite zu zitieren.

Es geht um den Nachweis, daß zu zwei gleichartigen Größen P, Q und einer beliebigen Größe B stets eine Größe A existiert, die zu B im selben Verhältnis steht wie P zu Q. Vorausgesetzt wird dabei die Existenz jedes aliquoten Teils der betrachteten Größen, obwohl — wie ausdrücklich erwähnt wird — solche aliquoten Teile ausreichen würden, die durch wiederholte Zweiteilung zustande kommen. Ferner wird als bewiesen angenommen, daß zwei Verhältnisse niemals gleichzeitig die Bedingungen des Größer- und des Kleinerseins erfüllen.

Der Hauptgedanke des Beweises ist dann dieser: Beim „Übergang" von einer Größe M, die zu B größeres Verhältnis hat als P zu Q, zu einer Größe N, die zu B kleineres Verhältnis hat als P zu Q, kommen wir zu einer Größe A derart, daß jede kleinere auch in kleinerem Verhältnis zu B steht und jede größere in größerem als P zu Q. A muß dann zu B gleiches Verhältnis haben wie P zu Q.

Wir sehen sofort, worauf die Betrachtung hinausläuft: Während der Übergang von einer Größe der Art M (größeres Verhältnis) zu einer Größe der Art N (kleineres Verhältnis) durch das Archimedische Axiom ohne weiteres gesichert ist, liegt die Problematik in dem Erreichen der Größe A. Selbst bei der Existenz beliebiger aliquoter Teile wird hier die gleiche stillschweigende Voraussetzung gemacht wie bei EUKLID: die Stetigkeit des betrachteten Größenbereichs!

Diese „Lückenlosigkeit" wird aber durch unser Axiomensystem, das ja — wie wir gezeigt haben — zur Deduktion aller Sätze von Buch V ausreicht, in keiner Weise sichergestellt. Im Gegenteil, wenn wir unser bisheriges Größensystem daraufhin betrachten, so staunen wir über seine „Dürftigkeit": Schon ein so überaus unvollständig erscheinendes System wie die Menge der natürlichen Vielfachen einer vorgegebenen Strecke a wäre ein zulässiges Modell unseres Axiomensystems, wie man sich leicht durch Nachprüfung der Gültigkeit der Axiome A.1 bis A.14 überzeugt. Das besagt natürlich nicht, daß es nicht auch von „vollständigeren" Systemen erfüllt werden kann. Aber diese umfangreicheren Systeme müßten eben irgendwie vorgegeben sein; allein durch unser Axiomensystem werden sie nicht gefordert.

Wie stellen wir uns nun zu einer für die Existenz der 4. Proportionale hinreichenden Vollständigkeit, Lückenlosigkeit oder, wie wir besser sagen wollen, „Stetigkeit" unseres Größensystems? Die bei DE MORGAN geforderte und bei EUKLID stillschweigend vorausgesetzte (t.a.12) Existenz des n-ten Teils jeder Größe würde zusammen mit der Existenz der Summe nach AD.4 (pag. 48) zwar bedeuten, daß es „zwischen" zwei Größen stets eine weitere gäbe, aber damit wäre (s. obigen Beweis von DE MORGAN) noch keineswegs die Stetigkeit des Größenbereichs gesichert, sondern nur die Eigenschaft, die mit dem terminus technicus „überall dicht" bezeichnet wird.

Erst die Hinzunahme eines ausgesprochenen Stetigkeitsaxioms würde das durch die vorige Forderung erweiterte System zu einem vollständigen machen. Geeignet wäre etwa folgende Version des Dedekindschen Axioms: Teilt man die Menge M der Größen irgendwie in zwei Klassen I und II derart, daß jede Größe aus I kleiner ist als jede Größe aus II, so gibt es stets eine und nur eine Größe s derart, daß alle $a < s$ zu I und alle $a^* > s$ zu II gehören.

Erst jetzt wäre die Stetigkeit unseres Größenbereichs gesichert (übrigens auch seine Monomorphie, d.h. die Isomorphie aller Modelle, die das erweiterte Axiomensystem erfüllen), und die Existenz der 4. Proportionale könnte nach Art der Ableitung DE MORGANs bewiesen werden.

Wir wollen uns jedoch nicht zu weit von der Gedankenwelt EUKLIDs entfernen und uns eng an „sein" Größensystem halten. Wir schließen die Lücke deshalb direkt mit einem Axiom, wie es schon CLAVIUS (Euclidis Elem. 4. Auflage Frkft. 1607) getan hat (seine „natürliche" Begründung erfährt es allerdings erst, wie schon früher angedeutet, in der noch folgenden Homomorphismen-Theorie):

| A.15 | Zu den drei Größen a', b', a $(a', b' \in M'$, $a \in M)$ gibt es in M stets eine vierte Größe b derart, daß $a':b' = a:b$, d.h. $(a', b') = (a, b)$. |

Damit haben wir folgendes erreicht: Jede beliebige Verhältnisklasse läßt sich repräsentieren durch ein Paar aus $M \times M$ mit Größen aus M; ja noch mehr: in diesem Paar ist ein Element beliebig wählbar bzw. vorschreibbar. Das ist für das nun zu entwickelnde Rechnen mit den Verhältnisklassen von wesentlicher Bedeutung, zumal wir damit unsere Untersuchungen auf Paare aus der Paarmenge $M \times M$ des Größenbereichs M beschränken können.

Wir führen zunächst (in Anlehnung an EUKLIDs *Satz 24*) die Addition wie folgt ein:

| D.19 | Unter der „Summe" zweier Verhältnisse (a, c), (b, c) mit gleichem Hinterglied verstehen wir das Paar $(a+b, c)$; geschrieben $(a, c) + (b, c) = (a+b, c)$. |

Wegen der Gleichheit der Hinterglieder ist die damit gegebene Summenbildung zunächst noch sehr begrenzt. Um daraus eine Klassenaddition abzuleiten, haben wir zwei Überlegungen anzustellen:

1. Durch unser die Existenz der 4. Proportionale sicherstellendes Axiom A.15 (s.o.) gibt es in jeder Klasse ein Paar mit dem Hinterglied c. Betrachten wir nämlich eine Klasse, wie sie etwa durch das Element (e, f) repräsentiert wird (daß dieses Element aus $M \times M$ stammen kann, s.o.), so existiert zum Paar (f, e) (Kehrwert!) und der Größe c nach A.15 in M stets eine Größe b derart, daß $f:e = c:b$, d.h. $(f, e) = (c, b)$. Nach S.58 folgt daraus aber sofort $(e, f) = (b, c)$, d.h. zu (e, f) gibt es ein gleiches Paar, d.h. ein Element derselben Klasse, mit dem Hinterglied c. Mit anderen Worten: Die zu (e, f) gehörige Verhältnisklasse $\overline{(e, f)}$ kann stets auch durch ein Paar mit dem beliebigen Hinterglied c repräsentiert werden. — Die bei dieser Überlegung benutzte Voraussetzung, daß mit (e, f) und (c, b) auch ihre Kehrwerte existieren, die natürlich im allgemeinen nicht derselben Klasse angehören, folgt unmittelbar aus D.11, der Definition der Verhältnisse als Paare von Größen aus einem Größenbereich M.

2. Wenn wir damit auch in jeder Klasse ein Element mit dem gleichen Hinterglied c nachgewiesen haben, so müssen wir doch noch die Unabhängigkeit der Summenbildung von der für die Addition zweier Klassen mehr zufälligen Wahl der benutzten Repräsentanten zeigen. Das aber besorgt gerade unser Satz S.53 (bei EUKLID V,24).

Seien nämlich $(a_1, c_1) = (a_2, c_2)$ zwei gleiche Elemente aus der Verhältnisklasse A und $(b_1, c_1) = (b_2, c_2)$ zwei ebensolche aus der Verhältnisklasse B (zum gleichen Hinterglied s. die 1. Überlegung). Dann ist nach Definition D.13 zunächst $a_1:c_1 = a_2:c_2$ und $b_1:c_1 = b_2:c_2$ und damit nach dem genannten, für die Addition von Verhältnissen entscheidenden Satz S.53 $(a_1 + b_1):c_1 = (a_2 + b_2):c_2$ oder nach D.13: $(a_1 + b_1, c_1) = (a_2 + b_2, c_2)$, d.h. die erhaltenen Summen sind gleich und gehören damit (s. D.14) derselben Verhältnisklasse an.

Damit ist gezeigt: Die Addition zweier Verhältnisklassen A, B ist zurückführbar auf die Summe zweier Repräsentanten mit gleichem, aber sonst beliebigem Hinterglied. Die resultierenden Paare gehören ein und derselben Verhältnisklasse S an, die wir als „Summe" folgendermaßen definieren:

D.20 | Unter der „Summe zweier Verhältnisklassen" verstehen wir die Klasse der Summen je zweier ihrer Repräsentanten.

Die Gesetzmäßigkeiten dieser Addition ergeben sich also durch Übergang von den Verhältnissen zu den Verhältnisklassen.

S.65 $\quad (a, c) + (b, c) = (b, c) + (a, c)$.

Beweis: $\quad (a, c) + (b, c) = (a+b, c)$ (D.19)
$$= (b+a, c)$$ (A.10)
$$= (b, c) + (a, c).$$ (D.19)

Die Kommutativität von M hat also die Kommutativität von $M \times M$ und damit von $\overline{V}$ zur Folge.

S.66 $\quad (a, d) + ((b, d) + (c, d)) = ((a, d) + (b, d)) + (c, d)$.

Beweis: $\quad (a, d) + ((b, d) + (c, d)) = (a, d) + (b+c, d)$ (D.19)
$$= (a+(b+c), d)$$ (D.19)
$$= ((a+b)+c, d)$$ (A. 9)
$$= (a+b, d) + (c, d)$$ (D.19)
$$= ((a, d) + (b, d)) + (c, d).$$ (D.19)

Die Assoziativität von M impliziert also die Assoziativität von $M \times M$ und damit von V und $\overline{V}$.

Auch eine „Kürzungsregel" läßt sich beweisen:

S.67 $\quad (a, d) + (c, d) = (b, d) + (c, d) \Rightarrow (a, d) = (b, d)$.

Beweis: $\quad (a, d) + (c, d) = (b, d) + (c, d)$ (Vor.)
$$\Rightarrow \quad (a+c, d) \quad = (b+c, d)$$ (D.19)
$$\Rightarrow \quad (a+c):d \quad = (b+c):d$$ (D.13)
$$\Rightarrow a+c \quad = b+c$$ (S.31)
$$\Rightarrow \quad a \quad = b$$ (S.6)
$$\Rightarrow \quad a:d \quad = b:d$$ (S.25)
$$\Rightarrow \quad (a, d) \quad = (b, d). \quad \text{W. z. b. w.}$$ (D.13)

Ein Nullelement, d.h. ein Neutralelement der Addition, gibt es in $M \times M$ nicht ohne weiteres, da unter den Größen von M kein solches vorkommt. Auch eine Erklärung von „negativen Verhältnissen" würde aus diesem Grunde in der Luft hängen. Unsere Verhältnisse bilden also keine additive Gruppe, wohl aber eine *kommutative, reguläre* (nach PICKERT S. 39) *additive Halbgruppe.*

Auch die Ordnung läßt sich mittels D.18 auf diese Halbgruppe V der Verhältnisse und damit auf $\overline{V}$ übertragen; denn den erforderlichen Zusammenhang mit der Addition liefern die beiden folgenden Sätze:

S.68 $\quad (a, c) + (b, c) > (a, c)$

Beweis: Es gilt $\quad a+b > a$ (A.11)
$$\Rightarrow (a+b):c \quad > a:c$$ (S.28)
$$\Rightarrow (a+b, c) \quad > (a, c)$$ (D.18)
$$\Rightarrow (a, c) + (b, c) > (a, c). \quad \text{W. z. b. w.}$$ (D.19)

S.69 $\quad (a, d) > (b, d) \Rightarrow (a, d) + (c, d) > (b, d) + (c, d)$.

Diese Monotonie der Addition beweisen wir folgendermaßen:
$$(a, d) > (b, d) \Rightarrow a : d > b : d$$ (D.18)
$$\Rightarrow \quad a \quad > \quad b$$ (S.33)
$$\Rightarrow a+c > b+c$$ (A.12)
$$\Rightarrow (a+c):d \quad > (b+c):d$$ (S.28)
$$\Rightarrow (a+c, d) \quad > (b+c, d)$$ (D.18)
$$\Rightarrow (a, d) + (c, d) > (b, d) + (c, d).$$ (D.19)

Wir haben es also bei der Menge V der Verhältnisse und nach den obigen Betrachtungen auch bei der Menge $\overline{V}$ der Verhältnisklassen mit einer *total geordneten additiven Halbgruppe* zu tun.

Auf der Grundlage von Addition und Ordnung können wir nun „Differenzen" von Verhältnissen bzw. von Verhältnisklassen einführen. Wir zeigen zunächst:

> **S. 70** Zu zwei Verhältnissen (a, c) und (b, c) aus $M \times M$ mit $(a, c) > (b, c)$ gibt es stets ein und (bis auf Gleichheit) nur ein Verhältnis $(d, c) \in M \times M$ mit $(a, c) = (b, c) + (d, c)$.

Zum Beweis wollen wir zeigen, daß $(d, c) = (a-b, c)$ die geforderten Bedingungen erfüllt:

1. $(a-b, c)$ ist Element von $M \times M$; denn mit a, b, c (wo $a > b$ wegen D.18 und S.33), die nach Voraussetzung aus M stammen, ist zunächst wegen A.13 und D.10 $a - b \in M$ und damit $(a-b, c) \in M \times M$ nach D.11.

2. Für $(a-b, c)$ gilt $(a, c) = (b, c) + (a-b, c)$;

$$\begin{aligned}
\text{denn} \quad (b, c) + (a-b, c) &= (b+(a-b), c) && \text{(D.19)} \\
&= ((a-b)+b, c) && \text{(A.10)} \\
&= (a, c). && \text{(S.17)}
\end{aligned}$$

3. Angenommen, es gäbe zwei Differenzen mit der verlangten Eigenschaft. Es seien (d_1, c) und (d_2, c). Dann gilt

$$\begin{aligned}
& (b, c) + (d_1, c) = (b, c) + (d_2, c) && \text{(Vor.)} \\
\Rightarrow \quad & (d_1, c) = (d_2, c). \quad \text{W.z.b.w.} && \text{(S.65/67)}
\end{aligned}$$

Wegen des gleichen Hintergliedes gilt sogar

$$\begin{aligned}
\Rightarrow \quad & d_1 : c = d_2 : c && \text{(D.13)} \\
\Rightarrow \quad & d_1 = d_2. && \text{(S.31)}
\end{aligned}$$

Das so erhaltene Paar (d, c) wollen wir „Differenz" nennen, genauer:

> **D.21** Unter der „Differenz zweier Verhältnisse" (a, c) und (b, c) mit $(a, c) > (b, c)$, geschrieben $(a, c) - (b, c)$, versteht man das (nach S.70 stets vorhandene) Verhältnis $(a-b, c)$.

Für den Übergang zu den Verhältnisklassen ist nachzuweisen, daß je zwei beliebige Repräsentanten zweier Verhältnisklassen stets eine Differenz liefern, die zu ein und derselben Klasse gehört:

> **S. 71** $(a_1, c_1) = (a_2, c_2)$, $(b_1, c_1) = (b_2, c_2) \Rightarrow (a_1-b_1, c_1) = (a_2-b_2, c_2)$.

$$\begin{aligned}
\text{Beweis:} \quad (a_1, c_1) = (a_2, c_2) &\Rightarrow a_1 : c_1 = a_2 : c_2 && \text{(D.13)} \\
(b_1, c_1) = (b_2, c_2) &\Rightarrow b_1 : c_1 = b_2 : c_2 && \text{(D.13)} \\
&\Rightarrow \overline{c_1 : b_1 = c_2 : b_2}, && \text{(S.11)} \\
\text{d.h.} \quad & \overline{a_1 : b_1 = a_2 : b_2} && \text{(S.51)} \\
&\Rightarrow (a_1-b_1) : b_1 = (a_2-b_2) : b_2. && \text{(S.43)}
\end{aligned}$$

Das aber liefert mit der nach D.13 umgeformten 2. Voraussetzung $b_1 : c_1 = b_2 : c_2$ nach S.51:

$$\begin{aligned}
& (a_1-b_1) : c_1 = (a_2-b_2) : c_2 \\
\Rightarrow \quad & (a_1-b_1, c_1) = (a_2-b_2, c_2). && \text{(D.13)}
\end{aligned}$$

Damit ist auch die Differenz der Verhältnisklassen eindeutig festzulegen und wir definieren:

> **D.22** Unter der „Differenz zweier Verhältnisklassen" $(\overline{a, c})$ und $(\overline{b, c})$, geschrieben $(\overline{a, c}) - (\overline{b, c})$, verstehen wir die Klasse der Differenz zweier beliebiger Repräsentanten der beiden Klassen, z.B. $(\overline{a-b, c})$.

Die Bildung dieser Klasse ist nach D.21 und S.70 dann und nur dann möglich, wenn ein beliebiger Repräsentant der ersten Klasse (und damit alle Paare dieser Klasse) größer ist (D.18) als ein beliebiger Repräsentant (und damit als alle Paare) der zweiten (letzteres folgt aus S.36 und S.37).

Man könnte nun natürlich eine „Nullklasse" definieren als Menge aller Verhältnisse $(a-a, c) = (b-b, c) = \ldots$ bzw. aller Differenzen gleicher Verhältnisse. Das steht aber im Widerspruch zur gerade betonten Bedingung (1. Verhältnis größer als zweites) und widerspräche auch der Definition D.11 des Verhältnisses, derzufolge beide Elemente unserer Paare aus demselben Bereich M stammen müssen, in dem aber ein „Nullelement" $a-a$ nicht vorkommt, da es bei EUKLID niemals auftritt.

Es dürfte durch die voraufgegangenen Betrachtungen wohl deutlich geworden sein, wie sich mittels der neuen Definitionen der Bereich V der Verhältnisse und der Bereich $\overline{V}$ der Verhältnisklassen auf der Grundlage unserer Proportionen der Größen aus M aufbauen lassen, so daß wir das Folgende etwas straffen und uns vor allem die ausführlichen Beweise schenken können.

Mit der Einführung der „natürlichen Vielfachen" eines Verhältnisses durch

| D.23 | Unter dem „n-Fachen des Verhältnisses (a, c)", geschrieben $n \cdot (a, c)$, verstehen wir die Summe von n Elementen der zu (a, c) gehörigen Verhältnisklasse $(\overline{a, c})$, d.h. $n \cdot (a, c) = (a_1, c) + (a_2, c) + \cdots + (a_n, c) = (na, c)$, da $a_1 = a_2 = \cdots = a_n = a$. |

erhalten wir die folgenden Sätze:

| S.72 | $n \cdot (a, c) + m \cdot (a, c) = (n+m) \cdot (a, c)$. |

| S.73 | $n \cdot (a, c) + n \cdot (b, c) = n \cdot ((a, c) + (b, c)) = n \cdot (a+b, c)$. |

| S.74 | $n \cdot (m \cdot (a, c)) = nm \cdot (a, c)$. |

Die Beweise benötigen die Definitionen D.23 und D.19 aus V sowie die Sätze S.1 bis S.3 aus M. — Die Sätze zeigen, daß die natürlichen Zahlen wie für unseren Größenbereich M so auch für die Paarmenge $M \times M$ und damit für die Menge V der Verhältnisse die Rolle von Multiplikatoren spielen, und zwar von „Multiplikatoren der geordneten Halbgruppe V", da analog zu Satz S.5 auch hier gilt:

| S.75 | $(a, c) \gtreqless (b, c) \Rightarrow n \cdot (a, c) \gtreqless n \cdot (b, c)$. |

(Beweis mittels D.13, D.18, D.23 sowie S.5, 25, 28, 31 und S.33).

Die Einführung der Vielfachen erlaubt uns nun die Beantwortung der Frage nach dem Archimedischen Charakter von V. Wir behaupten:

| S.76 | Zu zwei Verhältnissen (a, c) und (b, c) mit $(a, c) > (b, c)$ gibt es stets ein Vielfaches $n \cdot (b, c)$ des kleineren mit $n \cdot (b, c) > (a, c)$. |

$$\text{Beweis:} \quad (a, c) > (b, c) \Rightarrow a : c > b : c \qquad \text{(D.18)}$$
$$\Rightarrow a > b \qquad \text{(S.33)}$$
$$\Rightarrow \text{es gibt } nb \text{ mit } nb > a \qquad \text{(A.14)}$$
$$\Rightarrow nb : c > a : c \qquad \text{(S.28)}$$
$$\Rightarrow (nb, c) > (a, c) \qquad \text{(D.18)}$$
$$\Rightarrow n \cdot (b, c) > (a, c). \quad \text{W.z.b.w.} \qquad \text{(D.23)}$$

Auf der Grundlage des Archimedischen Axioms A.14 läßt sich also stets ein geeignetes Vielfaches von (b, c) finden, das das beliebige Verhältnis (a, c) übertrifft. Die Menge $M \times M$ unserer Verhältnisse ist also eine *total geordnete, kommutative, archimedische additive Halbgruppe*. Sie entspricht also in ihrer Struktur bisher genau dem Größenbereich M. Ja, wir können noch einen Schritt weitergehen:

Betrachten wir dazu die Menge $\overline{V}$ der Verhältnisklassen und repräsentieren wir jede Klasse durch ein Paar aus $M \times M$ mit festem Hinterglied c. Die Möglichkeit dazu leuchtet sofort ein, da es zu jedem Verhältnis mit Größen aus einem unserer Modelle einen Repräsentanten der zugehörigen Verhältnisklasse gibt, dessen Hinterglied gerade c und dessen Vorderglied demzufolge $\in M$ ist. Das folgt aus A.15 (Ex. der 4. Prop.), dessen Bedeutung für unsere Betrachtungen über Verhältnisse und Verhältnisklassen dadurch besonders hervortritt.

Ordnen wir nun jedem dieser Repräsentanten (a, c) sein Vorderglied a zu (und betrachten wir Verhältnisse mit gleich großen Vordergliedern wie auch gleich große Größen als nicht wesentlich verschieden!), so erhalten wir eine eineindeutige Zuordnung der Verhältnisklassen (repräsentiert durch Verhältnisse aus $M \times M$ mit dem Hinterglied c) zu den Größen von M.

Wie die voraufgegangenen Betrachtungen zeigen, bleiben bei dieser Abbildung sowohl die Gleichheit wie die Ordnung wie die Ergebnisse der Verknüpfung (Addition) erhalten in dem Sinne, daß das Bild der Summe gleich der Summe der Bilder ist:

$$(a,\, c) + (b,\, c) = (a+b,\, c)$$
$$\updownarrow \qquad \updownarrow \qquad \updownarrow$$
$$a \quad + \quad b \ = \quad a+b$$

und dem größeren Urbild das größere Bild entspricht:

$$(a,\, c) \gtreqless (b,\, c) \leftrightarrow a \gtreqless b. \qquad \text{(Vgl. S.31/33 u. 25/28)}$$

Übertragen wir auch die Ordnung sinngemäß von den Verhältnissen auf ihre jeweiligen Verhältnisklassen, d.h.

$$\overline{(a,\, c)} \lesseqgtr \overline{(b,\, c)} \Leftrightarrow (a,\, c) \lesseqgtr (b,\, c),$$

so erhalten wir das wichtige Ergebnis:

S.77   Die Menge $\overline{V}$ der Verhältnisklassen und der Größenbereich M sind sowohl *isomorph geordnet* wie auch *isomorph bezüglich der Addition*.

Hinsichtlich der bisher betrachteten Relationen sind $\overline{V}$ und M also von völlig gleicher Struktur.

Auf diese Relationen ist die Isomorphie dann allerdings auch beschränkt; denn wenn wir auf der Basis Euklidischer Proportionen zur Multiplikation übergehen, so fehlt dieser Art der Verknüpfung von Verhältnissen bzw. von Verhältnisklassen auf der Seite der Größen die Entsprechung, da ein Produkt — wie früher ausführlich dargelegt — bei den Größen weder erklärt noch (vom Spezialfall der Strecken abgesehen) gebraucht wird.

Bei der Definition des Produktes bedenken wir wieder, daß jede Verhältnisklasse durch ein Paar aus $M \times M$ repräsentiert werden kann, bei dem ein Glied frei wählbar ist. Wir setzen fest:

D.24   Unter dem „Produkt zweier Verhältnisse" $(a,\, c)$ und $(c,\, b)$, geschrieben $(a,\, c) \cdot (c,\, b)$ oder einfach $(a,\, c)\,(c,\, b)$, verstehen wir das Paar $(a,\, b)$, d.h. $(a,\, c)\,(c,\, b) = (a,\, b)$.

Um von dieser Definition zur Multiplikation der Klassen zu kommen, gehen wir im wesentlichen den gleichen Weg wie bei der Einführung der Addition (pag. 115):

Soll das Produkt zweier beliebiger Klassen gebildet werden, so repräsentieren wir die erste zunächst durch ein Element aus $M \times M$, dieses sei etwa $(a_1,\, c_1)$. Die Möglichkeit dazu gibt uns wieder A.15, d.h. die Existenz der 4. Proportionale. Auch die zweite Klasse repräsentieren wir durch ein Element aus $M \times M$, und zwar nun mit dem vorgeschriebenen Vorderglied c_1. Grundlage dafür bildet wieder A.15. Dieser Repräsentant sei $(c_1,\, b_1)$. Das Produkt der beiden Repräsentanten ergibt sich dann nach D.24 zu $(a_1,\, c_1)\,(c_1,\, b_1) = (a_1,\, b_1)$.

Um diese Verknüpfung auch als Klassenoperation einführen zu können, müssen wir wieder (wie bei der Addition) die Unabhängigkeit von der zufälligen Wahl der Repräsentanten, d.h. vom speziell gewählten „kürzbaren Mittelglied" c_1, zeigen. Auch dazu liefert uns das V. Buch den erforderlichen Satz, nämlich $V,22$ (bei uns S.51), und wir können beweisen:

S.78 $(a_1,\, c_1) = (a_2,\, c_2) \wedge (c_1,\, b_1) = (c_2,\, b_2) \Rightarrow (a_1,\, b_1) = (a_2,\, b_2).$

Die nach D.13 als Proportion geschriebene Behauptung folgt nach S.51 sofort aus den den Voraussetzungen entsprechenden Proportionen.

Damit ist gezeigt, daß die Produkte beliebiger Repräsentanten zweier Verhältnisklassen stets gleiche Verhältnisse, d.h. Elemente derselben Verhältnisklasse, liefern. Wir können also definieren:

D.25   Unter dem „Produkt zweier Verhältnisklassen" verstehen wir die Klasse der Produkte beliebiger Repräsentanten der beiden Klassen.

Bei der Untersuchung der Gesetze dieser Multiplikation können wir uns nicht wie bei den entsprechenden Überlegungen zur Addition auf die für die Größen selbst geltenden Operationsregeln stützen, da ja für die Größen kein Produkt erklärt ist. Doch auch hier läßt uns Buch V nicht im Stich, sondern stellt — natürlich in Form von Proportionen — die erforderlichen Sätze zur Verfügung.

Wir zeigen zunächst die Kommutativität:

$$\boxed{\text{S.}79 \qquad (a, c)\cdot(c, b) = (c, b)\cdot(a, c).}$$

Beweis: Aus Satz S.52 (EUKLID $V,23$ pag. 98) folgt die Beziehung

$$(a, c) = (e, f) \wedge (c, b) = (d, e) \Rightarrow (a, b) = (d, f).$$

Schaffen wir uns also zu den gegebenen Verhältnissen (a, c) und (c, b) gleiche in der Form (e, f) und (d, e), was für beliebiges, aber festes e nach A.15 (4. Prop.!) stets möglich ist, so ergibt sich folgender Beweis:

$$
\begin{aligned}
(a, c)\cdot(c, b) &= (a, b) && \text{(Vor.; D.24)}\\
&= (d, f) && \text{(S. 52 s.o.)}\\
&= (d, e)\cdot(e, f) && \text{(D.24)}\\
&= (c, b)\cdot(a, c). \quad \text{W.z.b.w.} && \text{(s.o.)}
\end{aligned}
$$

Auch das assoziative Gesetz ist nicht ohne weiteres trivial:

$$\boxed{\text{S.}80 \qquad (a_1, b_1)\cdot((a_2, b_2)\cdot(a_3, b_3)) = ((a_1, b_1)\cdot(a_2, b_2))\cdot(a_3, b_3).}$$

Beweis: Wir bestimmen zunächst nach A.15 zu den an zweiter und dritter Stelle stehenden Verhältnissen gleiche mit geeigneten Vordergliedern:

$(a_2, b_2) = (b_1, c)$; b_1 ist durch den 1. Faktor unseres Produkts vorgeschrieben, c nach A.15.

$(a_3, b_3) = (c, d)$; c nach Vorausgehendem, d nach A.15.

Mit diesen Hilfsgrößen ergibt die linke Seite:

$$
\begin{aligned}
(a_1, b_1)\cdot((a_2, b_2)\cdot(a_3, b_3)) &= (a_1, b_1)\cdot((b_1, c)\cdot(c, d)) && \text{(s.o.)}\\
&= (a_1, b_1)\cdot(b_1, d) && \text{(D.24)}\\
&= (a_1, d). && \text{(D.24)}
\end{aligned}
$$

Neben der Existenz der 4. Proportionale benötigen wir also nur die Definition des Produkts. Ebenso gilt für die rechte Seite:

$$
\begin{aligned}
((a_1, b_1)\cdot(a_2, b_2))\cdot(a_3, b_3) &= (a_1, c)\cdot(c, d) && \text{(s.o.)}\\
&= (a_1, d). && \text{(D.24)}
\end{aligned}
$$

Mit der Übereinstimmung der beiden Seiten ist die Gültigkeit des assoziativen Gesetzes für Produkte von Verhältnissen und damit die Assoziativität der Klassenmultiplikation bewiesen.

Sollte hier etwa eine Gruppe vorliegen? Wir betrachten für die Beantwortung dieser Frage die Verhältnisse, bei denen Vorderglied und Hinterglied gleich groß (AD.2) sind. Wenn die ihnen entsprechenden Proportionen, z.B. $a:a = b:b$ oder gar $a:a = a':a'$, bei EUKLID auch nicht unmittelbar auftreten, so legen doch die Sätze $V,7$ und $V,9$ (s. pag. 64/69) ihre Betrachtung sehr nahe. Wir behaupten also zunächst:

$$\boxed{\text{S.}81\text{a} \qquad (a_1, a_2) = (b_1, b_2) \ \text{für} \ a_1 = a_2 \ \text{und} \ b_1 = b_2.}$$

$$
\begin{aligned}
\text{Beweis:} \quad a_1 = a_2,\ b_1 = b_2 &\Rightarrow a_1:b_1 = a_2:b_2 && \text{(S.27)}\\
&\Rightarrow a_1:a_2 = b_1:b_2 && \text{(S.40)}\\
&\Rightarrow (a_1, a_2) = (b_1, b_2). && \text{(D.13)}
\end{aligned}
$$

Damit ist zunächst einmal gezeigt, daß alle Paare der Form (a, a) mit $a \in M$ der gleichen Verhältnisklasse angehören. Die Verwendung des Vertauschungssatzes S.40 beschränkt den Beweis auf gleichartige Größen (pag. 79), und so stellt sich die Frage, wie es mit Verhältnissen (a_1', a_2'), wo $a_1' = a_2'$, bestellt ist, deren Größen aus einem anderen Modell stammen.

Wir konstruieren zu diesem Zweck die 4. Proportionale zu a_1', a_2', a, wo $a_1' = a_2'$. Ihre Existenz sowie ihre Zugehörigkeit zu M sind durch Axiom A.15 (pag. 114) gesichert. Es muß wegen der totalen Ordnung von M eine Größe b sein, die entweder $>$, $<$ oder $=a$ ist.

1. Wäre $b>a$, so folgte $nb>na$ nach S.5, was zusammen mit $na_2'=na_1'$ (aus $a_1'=a_2'$ ebenfalls nach S.5) eine Verifikation der Bedingungen von D.7 (pag. 36) und damit $b:a>a_2':a_1'$ bedeuten würde oder nach S.30 $a_1':a_2'>a:b$. Das aber steht im Widerspruch zur obigen Gewinnung von b, wonach $a_1':a_2'=a:b$.

2. Wäre $b<a$, so folgte ebenso im Widerspruch zur Voraussetzung $a_1':a_2'<a:b$.

3. Es bleibt also für b nur die Beziehung $b=a$, womit gezeigt ist, daß die nicht aus $M\times M$ stammenden Verhältnisse (a_1', a_2') mit $a_1'=a_2'$ oder kurz (a', a') ebenfalls zu der durch (a, a) repräsentierten Verhältnisklasse gehören.

Satz S.81a kann dementsprechend erweitert werden zu:

$$\boxed{\text{S.81} \quad (a, a) = (b, b) = (a', a').}$$

Wie wirkt sich nun ein solches Element in einem Produkt aus. Da wir uns nach unseren voraufgegangenen Betrachtungen auf Elemente aus $M\times M$ beschränken können, gilt:

$$\boxed{\text{S.82} \quad (a, c)\cdot(b, b) = (a, c);}$$

denn
$$(a, c)\cdot(b, b) = (a, c)\cdot(c, c) \tag{S.81}$$
$$= (a, c). \tag{D.24}$$

Wegen der Kommutativität bedarf die „Linksmultiplikation" mit $(b, b)=(a, a)$ keines besonderen Beweises; das Ergebnis ist stets (a, c). Wir haben in den Verhältnissen der Gestalt (a, a) also Elemente vor uns, die bei der Multiplikation die mit ihnen verknüpften Paare unverändert lassen und damit die Rolle von „Einheitselementen" spielen. Wir definieren:

$\boxed{\text{D.26}}$ Unter „Einheitselement" (der Multiplikation) wollen wir jedes Verhältnis $(a, a)=(c, c)$ mit $(a, c)\cdot(a, a)=(a, c)$ verstehen.

Nach Satz S.81 gehören alle Einheitselemente zur selben Verhältnisklasse, die bei der Klassenmultiplikation dementsprechend dieselbe Rolle spielt wie die Einheitselemente bei der Multiplikation von Verhältnissen. Wir ergänzen also:

$\boxed{\text{D.27}}$ Unter der „Einheitsklasse" $\overline{(a, a)}$ verstehen wir die Verhältnisklasse der Einheitselemente mit $\overline{(a, c)}\cdot\overline{(a, a)}=\overline{(a, c)}$.

Nach dieser für den Gruppencharakter von $M\times M$ bzw. V wichtigen Feststellung fragen wir, ob es in $M\times M$ Elemente gibt, die mit gegebenen Paaren verknüpft ein Einheitselement ergeben. Wir sehen sofort, daß dies gerade die in Definition D.15 (pag. 110) erklärten Kehrwerte sind; denn wir erhalten:

$$\boxed{\text{S.83} \quad (a, c)\cdot(a, c)^{-1}=(a, c)^{-1}\cdot(a, c)=(a, a).}$$

Beweis: $(a, c)\cdot(a, c)^{-1}=(a, c)\cdot(c, a)$ (D.15)
$$= (a, a); \tag{D.24}$$
entsprechend für $(a, c)^{-1}\cdot(a, c)$ mit S.79.

Mit diesen Feststellungen ist gleichzeitig die Frage nach der Umkehrbarkeit der Multiplikation beantwortet; denn die Lösbarkeit der Gleichung $(a, b)\cdot X=(c, d)$ ist nach dem Vorausgehenden durch das Element $(a, b)^{-1}\cdot(c, d)$ gesichert; denn:

$$(a, b)\cdot((a, b)^{-1}\cdot(c, d)) = ((a, b)\cdot(a, b)^{-1})\cdot(c, d) \tag{S.80}$$
$$= ((a, b)\cdot(b, a))\cdot(c, d) \tag{D.15}$$
$$= (a, a)\cdot(c, d) \tag{D.24}$$
$$= (c, d). \tag{S.82}$$

Diese Umkehrung der Multiplikation bezeichnen wir entsprechend als Division und definieren:

$\boxed{\text{D.28}}$ Unter „Division durch ein Verhältnis" verstehen wir die Multiplikation mit seinem Kehrwert, geschrieben $(a, b):(c, d)=(a, b)\cdot(c, d)^{-1}$.

Die Konsequenzen, die sich daraus für die Verhältnisklassen ergeben, sind leicht zu übersehen: Zunächst besagt S.58, daß die zu den Verhältnissen einer Klasse reziproken Verhältnisse untereinander gleich sind und demnach zur gleichen Klasse gehören, für die wir definieren:

> **D.29** Unter der zu einer Verhältnisklasse „reziproken Klasse" verstehen wir die Menge der zu den Verhältnissen der Klasse reziproken Elemente (D.15).

Die Klassendivision läuft demnach darauf hinaus, die gegebene Klasse mit der zur zweiten Klasse (Divisor) reziproken zu multiplizieren.

Stellen wir die bisherigen Ergebnisse der Betrachtung der Multiplikation zusammen, so erhalten wir (ausgesprochen für die Menge $\overline{V}$ der Verhältnisklassen):

1. Es ist eine Zusammensetzungsvorschrift gegeben (s. D.25), die je zwei Klassen A, B aus $\overline{V}$ eindeutig eine dritte Klasse AB derselben Menge als „Produkt" zuordnet.

2. Für diese Multiplikation gilt das assoziative Gesetz (S.80): $A(BC)=(AB)C$.

3. Ebenso das kommutative (S.79): $AB=BA$.

4. In $\overline{V}$ gibt es eine Einheitsklasse E (D.27) mit $AE=EA=A$ (S.82).

5. Zu jeder Klasse $A \in \overline{V}$ existiert in $\overline{V}$ die reziproke Klasse A^{-1} (D.29) mit $AA^{-1}= A^{-1}A=E$ (S.83).

Diese Ergebnisse erlauben die kurze Zusammenfassung:

> **S.84** Die Verhältnisklassen bilden bezüglich der Multiplikation eine *Abelsche Gruppe*.

Auch die Anordnung geht bei dieser Multiplikation nicht verloren, wie das folgende Monotoniegesetz zeigt:

> **S.85** $(a_1, a) > (b_1, b) \Rightarrow (a_1, a) \cdot (c_1, c) > (b_1, b) \cdot (c_1, c)$.

Beweis: Nach Axiom A.15 existieren b_2, c_2 mit

$$\text{I.} \quad (b_1, b) = (b_2, a) \qquad \text{und} \qquad \text{II.} \quad (c_1, c) = (a, c_2),$$

wo a das Hinterglied des 1. Verhältnisses ist. Damit ergibt sich:

$$(a_1, a) > (b_1, b) \qquad\qquad \text{(Vor.)}$$
$$\Rightarrow (a_1, a) > (b_2, a) \qquad\qquad \text{(I; S.37)}$$
$$\Rightarrow a_1 : a \; > \; b_2 : a \qquad\qquad \text{(D.18)}$$
$$\Rightarrow \quad a_1 \; > \; b_2 \qquad\qquad \text{(S.33)}$$
$$\Rightarrow a_1 : c_2 \; > \; b_2 : c_2 \qquad\qquad \text{(S.28)}$$
$$\Rightarrow (a_1, c_2) > (b_2, c_2) \qquad\qquad \text{(D.18)}$$
$$\Rightarrow (a_1, a) \cdot (a, c_2) > (b_2, a) \cdot (a, c_2) \qquad\qquad \text{(D.24)}$$
$$\Rightarrow (a_1, a) \cdot (c_1, c) > (b_1, b) \cdot (c_1, c). \qquad\qquad \text{(II.I.)}$$

Die multiplikative Abelsche Gruppe der Verhältnisklassen ist also *total geordnet*.

Zur Verknüpfung von Addition und Multiplikation der Verhältnisse und damit auch der Verhältnisklassen beweisen wir nun noch das (wegen der Kommutativität einzige) distributive Gesetz:

> **S.86** $((a, b) + (c, d)) \cdot (f, g) = (a, b) \cdot (f, g) + (c, d) \cdot (f, g)$.

Beweis: Nach Axiom A.15 existieren c_1, g_1 mit

$$\text{I.} \quad (c, d) = (c_1, b) \qquad \text{und} \qquad \text{II.} \quad (f, g) = (b, g_1),$$

wo b das Hinterglied des 1. Verhältnisses ist. Damit erhalten wir:

$$((a, b) + (c, d)) \cdot (f, g) \qquad\qquad \text{(Vor.)}$$
$$= ((a, b) + (c_1, b)) \cdot (b, g_1) \qquad\qquad \text{(I.II.)}$$
$$= (a + c_1, b) \cdot (b, g_1) \qquad\qquad \text{(D.19)}$$
$$= (a + c_1, g_1) \qquad\qquad \text{(D.24)}$$
$$= (a, g_1) + (c_1, g_1) \qquad\qquad \text{(D.19)}$$
$$= (a, b) \cdot (b, g_1) + (c_1, b) \cdot (b, g_1) \qquad\qquad \text{(D.24)}$$
$$= (a, b) \cdot (f, g) + (c, d) \cdot (f, g). \qquad\qquad \text{(II.I.)}$$

Auf Nullteiler brauchen wir wegen Fehlens eines Nullelements nicht zu achten.

Damit haben wir die wichtigsten Strukturgesetze unseres Systems der Verhältnisklassen aufgezeigt und wollen sie nun einmal zusammenstellen:

Bereich $\overline{V}$ der Verhältnisklassen

Total geordnetes, archimedisches System von Elementen $A, B, C, \ldots$ („Verhältnisklassen") mit doppelter Komposition ($+$ und $\cdot$), für das folgende Rechengesetze gelten:

I. Addition: Zu zwei Elementen A, B ist stets eindeutig die Summe $A + B$ definiert, die ihrerseits wieder zu $\overline{V}$ gehört und für die gilt:

  a) Assoziatives Gesetz: $A + (B + C) = (A + B) + C$,

  b) Kommutatives Gesetz: $A + B = B + A$,

  c) Kürzungsregel: $A + C = B + C \Rightarrow A = B$.

II. Multiplikation: Zu zwei Elementen A, B ist stets eindeutig das Produkt $A \cdot B$ definiert, das seinerseits wieder zu $\overline{V}$ gehört und für das gilt:

  a) Assoziatives Gesetz: $A \cdot (B \cdot C) = (A \cdot B) \cdot C$,

  b) Kommutatives Gesetz: $A \cdot B = B \cdot A$,

  c) Existenz eines Einselements E mit $A \cdot E = A$,

  d) Existenz eines Reziproken A^{-1} zu jeder Klasse A mit $A \cdot A^{-1} = E$.

III. Verknüpfung von Addition und Multiplikation:

  Distributives Gesetz: $(A + B) \cdot C = A \cdot C + B \cdot C$.

Wir können also vereinfachend sagen, daß wir vom V. Buch ausgehend zu einem Bereich gekommen sind, in dem zwei Operationen durchführbar sind: die zweite samt ihrer Umkehrung einschränkungslos (mult. Gruppe), die erste (Add.) jedoch mit der Einschränkung, daß ihre Umkehrung (Subtr.) nur unter gewissen Bedingungen ($A > B$ für $A - B$) möglich ist.

Diese Charakterisierung (wie auch die obige Zusammenstellung) erinnert sehr stark an die Menge der positiven rationalen Zahlen zusammengefaßt zu Klassen gleicher Elemente. Sie erfüllen in der Tat alle oben zusammengestellten Gesetzmäßigkeiten. Und doch hat man nicht den Eindruck, daß sie Euklid als Modell seines Größenbereichs vorschweben (die Klasseneinteilung ist ihm ja ohnehin fremd): Seinen Gedankengängen wird man nur gerecht bei Betrachtung des Systems der positiven reellen Zahlen, was ja in der Gestalt der Menge der Strecken sein isomorphes und von Euklid mit Vorliebe benutztes Modell findet. Und doch sind diese von Euklid als Individuen betrachteten Strecken, die untereinander „im Verhältnis stehen" können, noch weit entfernt von jenem System von Verhältnisklassen, das wir auf der Grundlage Euklidischer Sätze entwickelt haben, von dem wir aber nicht behaupten, daß es etwa in den Elementen, und sei es auch nur „zwischen den Zeilen", Verwendung fände.

Doch das ist nicht das einzige Unbehagen bei unserem Aufbau: Das ganze System erscheint äußerst schwerfällig! Schon die Einführung der Addition und Multiplikation der Klassen ist — wie wir sahen — recht mühsam, da man, selbst bei Voraussetzung der Existenz der immer wieder benötigten 4. Proportionale, bei jeder Operation die Unabhängigkeit von den zufällig für die einzelnen Klassen gewählten Repräsentanten nachweisen muß. Erstaunlich ist nur immer wieder, daß alle hierzu erforderlichen Proportionensätze vom V. Buch zur Verfügung gestellt oder (wie bei der 4. Proportionale) stillschweigend vorausgesetzt werden.

Doch die Hauptschwierigkeiten für den Aufbau eines geschlossenen Systems liegen im Grunde genommen schon an früherer Stelle: Es fehlt die Einheitsgröße, im bevorzugten Modell der Strecken die *Einheitsstrecke*, weil für die Griechen die Einheit nicht zu den Größen gehört, was wir an den verschiedenen Stellen der Elemente immer wieder bestätigt fanden (s. Teil II).

Und selbst, wenn man eine Einheitsgröße e einführen würde, wären die Schwierigkeiten nicht behoben. Es fehlt ja ein Produkt von Größen. Die Multiplikation bliebe also relativ mühsam. Für die Addition hätte man zwar $(a, e) + (b, e) = (a + b, e)$, doch für die Bildung des Produktes brauchte man immer noch die 4. Proportionale, da $(a, e) \cdot (b, e) = (c, e)$ nur dann gilt, wenn $a : e = c : b$. Hier wären also im Gegensatz zur Addition, wo sie aus dem Grundbereich folgen, alle Rechengesetze einzeln zu diskutieren.

So ist man gezwungen, mit den Klassen zu arbeiten, und hat stets die Unabhängigkeit des Resultats einer Operation von der Auswahl der Klassenrepräsentanten zu zeigen. Dabei muß man sich jedoch über folgendes klar sein:

Der Weg über die Klasseneinteilung fällt völlig aus dem griechischen Gedankenkreis heraus.

2. Die Proportion als Homomorphismus

Die Frage ist also noch immer offen, durch welche Betrachtungsweise man dem von uns herausgearbeiteten Ergebnis gerecht werden kann, daß es bei EUKLID stets die Größen sind, die im Mittelpunkt des Interesses stehen, und nicht irgendwelche Verhältnisse oder gar Verhältnisklassen. Der Schlüssel zur Euklidischen Größenlehre ist die *Proportion*, und sie müssen wir zugrunde legen, wenn wir den Zugang zu den besonderen Eigenarten der griechischen Betrachtungsweise gewinnen wollen.

Was aber leistet eine Proportion, wenn man sie vom Standpunkt der modernen Mathematik aus betrachtet? Sie ordnet gewisse Größen auf ganz bestimmte Weise einander zu! Von diesem Gedanken zum genaueren Studium der durch eine Proportion bewirkten Abbildung eines Größenbereichs M in oder auf sich oder sogar in oder auf einen anderen Größenbereich M' ist dann nur noch ein kleiner Schritt.

Wir verdanken KRULL die wesentlichen Gedanken hierzu. Wie fruchtbar sich sein Ansatz auswirkt, wollen wir im folgenden darlegen:

EUKLID sagt in seiner Definition *V, Def. 11*: „*Als entsprechende Größen bezeichnet man Vorderglied zu Vorderglied und Hinterglied zu Hinterglied.*"

In der Proportion

$$(1) \qquad\qquad a : b = a' : b'$$

„entspricht" also die Größe a' der Größe a und die Größe b' der Größe b. Diese „Entsprechung" wollen wir nun auf der Basis unserer Erkenntnisse zum V. Buch näher untersuchen:

Symbolisch wollen wir diese Zuordnung durch die Schreibweise $a' = H a$, $b' = H b$ zum Ausdruck bringen, wonach also a' und b' die Bilder, a und b die Urbilder bei der durch die obige Proportion bestimmten Abbildung H sind. Wenn also a in a' übergeht, so wird gleichzeitig b in b' überführt, d.h.

$$(2) \qquad a:b = Ha:Hb \Leftrightarrow a \to Ha \wedge b \to Hb.$$

Daß man die Betrachtung auch mit b beginnen kann, folgt aus Satz S.11:

$$(3) \qquad b:a = Hb:Ha.$$

Die Schreibweisen (2) und (3) sind also nicht wesentlich verschieden; es überrascht daher nicht, daß Euklid die zweite sozusagen als selbstverständlich mitgegeben ansieht (vgl. t.a.15 pag. 66).

Wegen der gemäß Definitionen V, *Def.3* und *4* vorausgesetzten Gleichartigkeit oder Maßverwandtschaft von a und b einerseits und a' und b' andererseits haben wir es also in der Regel mit zwei Größenbereichen zu tun: dem Urbildbereich M, aus dem a und b stammen, und dem Bildbereich M', dem a' und b' angehören. Dabei ist es als Sonderfall zulässig, daß M und M' übereinstimmen. Die Abbildung H ordnet also Elemente zweier Bereiche (evtl. sogar eines Bereichs) einander zu.

Die erste Feststellung über die Proportionalität (immer auf der Basis von D.5 — pag. 36) war bei unseren Untersuchungen im Teil II dieser Arbeit ihr Charakter als Äquivalenzrelation, was in den Sätzen S.8 bis S.10 (s.d.) zum Ausdruck kommt. Was folgt aus ihnen für unsere Abbildung H? Satz S.8, die Reflexivität, erhält die Form:

$$(4) \qquad a:b = Ea:Eb$$

und liefert uns gleich eine besondere Form von H, nämlich die „identische" Abbildung E mit $Ea = a$, bei der jedes Element in sich übergeht. — Satz S.9, d.h. die Symmetrie der Verhältnisgleichheit, liest sich nun:

$$(5) \qquad a:b = Ha:Hb \Rightarrow a':b' = H^{-1}a':H^{-1}b'.$$

Existiert also eine Abbildung, die a in a' überführt, so gibt es auch eine, die a' in a überführt. Rein formal ergibt sich hierbei:

$$(6) \qquad a' = Ha \quad \text{und} \quad H^{-1}a' = H^{-1}(Ha) = a.$$

Betrachten wir dabei die Hintereinanderausführung zweier Abbildungen als Verknüpfung derselben, bei der die Beziehung

$$(7) \qquad H'(Ha) = (H'H)a$$

zu einer neuen Abbildung $(H'H)$ führt, so können wir im obigen Fall (6) $H^{-1}(Ha) = (H^{-1}H)a = a$ schreiben, was wegen des Endergebnisses a zu $H^{-1}H = E$ führt und uns berechtigt H^{-1} als die zu H inverse Abbildung aufzufassen.

Satz S.10, die Transitivität der Verhältnisgleichheit (pag. 42), bestärkt uns in der Auffassung von der Verknüpfung gegebener Abbildungen: Wir erhalten nämlich

$$(8) \qquad a:b = Ha:Hb \wedge Ha:Hb = H'(Ha):H'(Hb) \Rightarrow a:b = H''a:H''b,$$

wobei die erste Proportion besagt $a' = Ha$, die zweite $a'' = H'a' = (H'H)a$ und die dritte $a'' = H''a$. Der Satz sagt also vom Abbildungsstandpunkt aus:

$$(9) \qquad (H'H) = H''.$$

Wir wollen daraus jedoch noch keine voreiligen Schlüsse ziehen, da im allgemeinen Fall die drei Abbildungen von recht verschiedener Art sind: H überführt Elemente eines Bereichs M in solche eines Bereichs M', H' solche aus M' in solche aus M'' und H'' schließlich solche aus M direkt in solche aus M''. Nur in dem Fall gleichartiger Größen, der ja in allen Proportionalsätzen, sofern sie nicht überhaupt nur darauf beschränkt sind, als Spezialfall enthalten ist, handelt es sich in allen drei Fällen um die Abbildung von Elementen eines Bereiches auf solche derselben Menge.

Schon diese ersten Überlegungen werfen die Frage auf, ob es sich hier nicht um mehr handelt als um die lockere Zuordnung von 2 Elementen einer Menge zu 2 einer anderen. Sehen wir uns die Proportionalsätze (s. Teil II.4) daraufhin an.

Als erstes ergibt sich dabei folgender Satz:

S.87a   Eine Abbildung H ist durch die Angabe eines einzigen Urbild-Bild-Paares eindeutig bestimmt!

Beweis: Angenommen, es gäbe zwei Abbildungen H_1, H_2 der verlangten Eigenschaft, d.h. $a \rightarrow a' = H_1 a$ und $a \rightarrow a' = H_2 a$ oder $a' = H_1 a = H_2 a$, so betrachten wir die Bilder eines weiteren Elements b bei diesen Abbildungen, also $b \rightarrow H_1 b$ und $b \rightarrow H_2 b$. Dabei folgt: $a:b = a':b'$, d.h. $a:b = H_1 a : H_1 b$ und $a:b = H_2 a : H_2 b$, folglich $H_1 a : H_1 b = H_2 a : H_2 b$ (nach S.9, S.10); wegen $H_1 a = H_2 a$ (s.o.) folgt weiter $H_1 b = H_2 b$ (nach S.32a). Zwei Abbildungen, die also ein Urbild in ein und dasselbe Bild überführen, tun dies mit jedem Urbild. Wir wollen sie „gleich" nennen:

D.30 Zwei Abbildungen sollen „gleich" heißen, wenn sie gleichen Urbildelementen gleiche Bildelemente zuordnen.

Wir wollen diese Definition ergänzen, sobald von Abbildungen ganzer Mengen die Rede sein wird. Dieser Erweiterung wollen wir uns sogleich zuwenden:

Gegeben sei eine Abbildung H durch die Proportion

$$(10) \qquad a:b = a':b', \quad \text{d.h.} \quad a:b = Ha:Hb.$$

Dabei sind a und b nach unseren früheren Untersuchungen Größen aus der *Eudoxischen Halbgruppe M*. Wir fragen nun, ob man auch die übrigen Elemente von M und damit die gesamte Halbgruppe der Abbildung H unterwerfen kann. Die Sache ist sofort möglich, wenn weitere Proportionen vorliegen, in denen ein Urbild-Bild-Paar der voraufgegangen erneut auftritt, hier also z.B.

$$(11) \qquad b:c = b':c', \quad \text{d.h.} \quad b:c = H'b:H'c,$$

was nach obigem wegen $b' = Hb = H'b$ sofort $H' = H$ zur Folge hat.

Will man sich jedoch von solchen Zufälligkeiten freimachen, so benötigt man wieder die Existenz der 4. Proportionale. Mit ihrer Hilfe gewinnt man sofort zu jedem beliebigen Element $c \in M$ das Bild $c' = Hc$ bezüglich der durch $a \rightarrow Ha$ (s. obige Prop. 10) gegebenen Abbildung, und zwar durch den Ansatz

$$(12) \qquad a:c = a':c', \quad \text{d.h.} \quad a:c = Ha:Hc.$$

Die Existenz der 4. Proportionale bekommt damit auch in der abbildungstheoretischen Deutung der Proportionenlehre eine sehr wichtige und recht anschauliche

Bedeutung. Sie besagt, daß zu jedem Urbild c bezüglich der Abbildung H mit $a \to a' = Ha$ das Bild $c' = Hc$ existiert.

Damit überträgt sich die durch eine Proportion, etwa (10), gegebene Abbildung H zweier Elemente $a, b \in M$ auf alle Elemente von M und liefert eine neue Menge $M^* = H(M)$ von Bildelementen $a', b', \ldots$, die — wie wir noch sehen werden — selbst wieder Modell unseres Axiomensystems ist und sich damit als mit der schon eingeführten Menge M' der Elemente $a', b', \ldots$ identisch erweist.

Doch zunächst haben wir es erst einmal mit einer Abbildung H der Menge M *in* die Menge M' zu tun, da die Bildelemente $a', b', \ldots$ sicher zu M' gehören. Ob sie M' erschöpfen, wird noch zu untersuchen sein. Wir wollen zunächst zeigen, daß es sich bei unserer Abbildung H um einen Homomorphismus handelt. Wir definieren dazu:

> **D.31** Eine eindeutige Abbildung H von M in M' heißt „Homomorphismus" (kurz Hom.) bezüglich der in M und M' gegebenen Verknüpfung (Addition), wenn aus $a' = Ha$, $b' = Hb$ stets folgt $H(a+b) = Ha + Hb$. Im Spezialfall $M' \subseteq M$ nennen wir den Hom. einen „Endomorphismus" (kurz End.).

Für den Nachweis, daß es sich bei unserer Zuordnung H um einen solchen Hom. handelt, erinnern wir uns an Satz S.53 (Euklids $V, 24$):

$$a:c = a':c' \wedge b:c = b':c' \Rightarrow (a+b):c = (a'+b'):c'.$$

Wegen des gemeinsamen Urbild-Bild-Paares $\langle c; c' \rangle$ handelt es sich bei allen drei Proportionen gemäß S.86 um dieselbe Zuordnung H. Die Voraussetzungen besagen $a \to a' = Ha$ und $b \to b' = Hb$, während in der Behauptung steckt $a+b \to a'+b' = H(a+b)$. Zusammengefaßt aber heißt das:

$$(13) \qquad H(a+b) = a'+b' = Ha + Hb.$$

Genauso liefert S.53a mit der bekannten Einschränkung $(a > b)$ die Beziehung

$$(13\,\mathrm{a}) \qquad H(a-b) = a'-b' = Ha - Hb.$$

Damit ist das Bild der Summe (Differenz) gleich der Summe (Differenz) der Bilder und der Hom.-Charakter von H nachgewiesen. Im Spezialfall $M' \subseteq M$ handelt es sich dann um einen End. von M in sich.

Damit sind wir aber berechtigt, die End.-Sätze anzuwenden. Wir wollen zu diesem Zweck die wichtigsten voranstellen, um mit ihnen dann die Sätze unseres Systems kurz und elegant zu beweisen.

> **S.87** Jeder End. H der obigen Art ist ein End.-Isomorphismus, d.h. für $M = M'$ ein Automorphismus.

Dazu definieren wir zunächst:

> **D.32** Ein eineindeutiger End. soll „Isomorphismus" (kurz Is.) und im Spezialfall $M = M'$ „Automorphismus" (kurz Aut.) heißen.

Der Beweis von S.87 steckt schon in unserer Betrachtung zu S.9 (s.o.). Damit ergibt sich nämlich:

Schreiben wir $a:b = a':b' = Ha:Hb$ wie in (5) als $a':b' = a:b$ (gemäß S.9), so ist a das end. Bild von a', d.h. $a = H'a'$. Nach S.87a ist dann aber auch diese

Abbildung durch das Paar $\langle a'; H'a' \rangle$ eindeutig bestimmt. Wir haben also Eindeutigkeit in beiden Richtungen und damit einen Is. bzw. bei $M = M'$ einen Aut.

Wir zeigen nun weiter:

S.88 Jeder End. ist ordnungsmonoton.

Dazu definieren wir:

D.33 Eine Abbildung H heißt „ordnungsmonoton", wenn die für ein Urbild-Bild-Paar $\langle a; Ha \rangle$ geltende Beziehung $Ha > a$ bzw. $Ha < a$ für alle Urbild-Bild-Paare gilt.

Beweis von S.88. Nach S.38 gilt

$$a:b = c:d \wedge a \gtreqless c \Rightarrow b \gtreqless d, \quad \text{d.h.}$$

(14) $$c = Ha \wedge d = Hb \wedge Ha \gtreqless a \Rightarrow Hb \gtreqless b.$$

Für die Vergleichbarkeit ist nötig, daß $M = M'$, d.h. daß wir es mit gleichartigen Größen zu tun haben. Wegen der Existenz der 4. Proportionale können wir die Beziehung auf beliebige Elemente b_i und ihre Bilder d_i ausdehnen. W.z.b.w.

Unter Verwendung des (wegen der Gleichartigkeit hier zulässigen) Vertauschungssatzes S.40 mit $a:c = b:d \Rightarrow a:b = c:d$ folgt hieraus sofort

(15) $$a:b = Ha:Hb \wedge a \gtreqless b \Rightarrow Ha \gtreqless Hb.$$

Das Gleichheitszeichen besagt, daß gleiche Urbilder in gleiche Bilder übergehen (Klassenabbildung!), während die $>$-Zeichen die „Ordnungserhaltung" bei unserer Abbildung zeigen, die wir definieren:

D.34 Ein End. H heißt „ordnungserhaltend", wenn aus $a > b$ stets folgt $Ha > Hb$.

Der gerade verwendete Vertauschungssatz liefert auch die Möglichkeit, die Kommutativität der mit Gleichung (7) erklärten End.-Multiplikation zu zeigen:

S.89 $H_1 H_2 = H_2 H_1$.

Bevor wir den Beweis dazu führen, wollen wir noch eine zweckmäßige Schreibweise einführen:

D.35 $H_{c,a}$ sei der End. H mit $a \to c$, d.h. $H_{c,a}a = c$.

$a:b = c:d$ besagt damit $H_{c,a} = H_{d,b}$ und es gilt nach (7) auch

(7a) $$H_{a'',a'} \cdot H_{a',a} = H_{a'',a}.$$

Beweis von S.89. Es seien H_1, H_2 End. mit $H_1 = H_{c,a}$, d.h. $H_{c,a}a = c$, und $H_2 = H_{d,c} = H_{b,a}$, d.h. $H_{d,c}c = d$ und $H_{b,a}a = b$ (H_2 entspricht also die Proportion $a:c = b:d$).

Dann ist 1. $(H_2 H_1)a = H_2(H_1 a) = H_{d,c}(H_{c,a}a) = H_{d,c}c = d$, und da die Angabe eines einzigen Urbild-Bild-Paares nach S.86 genügt, gilt $H_2 H_1 = H_{d,a}$.

2. ist $H_1 H_2$ zu bilden. Nach Voraussetzung ist $a:c = H_2 a:H_2 c = H_{b,a}a:H_{d,c}c = b:d$. Umformung mit S.40 liefert: $a:b = c:d$.

Damit haben wir $a:b = H_{c,a}a:H_{d,b}b$ oder nach D.35: $H_{c,a} = H_{d,b}$. Nun ist
$$(H_1 H_2)a = (H_{c,a}H_{b,a})a = H_{c,a}b = H_{d,b}b = d, \quad \text{d.h.} \quad H_1 H_2 = H_{d,a}.$$
Vergleich von 1. und 2. zeigt: $H_2 H_1 = H_1 H_2$. W.z.b.w.

Die Addition von End. führen wir auf die Addition der Bildelemente zurück:

$$\boxed{\text{D.36}} \quad (H_1 + H_2)\, a = H_1 a + H_2 a.$$

Bevor wir uns die Struktur der so gewonnenen Menge der End. näher ansehen, wollen wir auf dem Weg über die Bildelemente noch eine Ordnung der End. einführen:

$$\boxed{\text{D.37}} \quad H_{b,a} > H_{c,a} \Leftrightarrow b > c.$$

Daß wir zum Vergleich auf gleiche Urbildelemente zurückgreifen müssen, bereitet wegen der Existenz der 4. Prop. keine Schwierigkeiten, läßt sich doch zu einem beliebigen End., z.B. $H_{r,s}$ stets der ihm gleiche für das Urbild a angeben:

$$(16) \qquad\qquad H_{r,s} = H_{a',a}, \quad \text{wenn} \quad s:a = r:a'.$$

Damit können wir nun auch End. subtrahieren:

$$\boxed{\text{D.38}} \quad (H_1 - H_2)\, a = H_1 a - H_2 a \quad \text{für} \quad H_1 > H_2.$$

Die Ordnungsmonotonie der Addition (und Subtraktion) von End. folgt wegen der Rückführung der Addition und der Ordnung auf die entsprechenden Relationen zwischen Bildelementen (D.36—38) sofort aus den entsprechenden Eigenschaften für die Größen:

$$\boxed{\text{S.90} \qquad H_1 > H_2,\ H_3 \,\text{bel.} \ \Rightarrow\ H_1 + H_3 > H_2 + H_3.}$$

Beweis. Seien $H_1 = H_{c_1,a}$, $H_2 = H_{c_2,a}$, $H_3 = H_{c_3,a}$, dann lautet die Voraussetzung $c_1 > c_2$ (D.37), c_3 beliebig, und es folgt:

$(H_1 + H_3)\, a = (H_{c_1,a} + H_{c_3,a})\, a = H_{c_1,a} a + H_{c_3,a} a = c_1 + c_3$, d.h. $H_1 + H_3 = H_{c_1+c_3,a}$; entsprechend:

$$(H_2 + H_3)\, a = c_2 + c_3, \qquad\qquad\qquad \text{d.h.}\ H_2 + H_3 = H_{c_2+c_3,a}.$$

Die Behauptung folgt dann aus A.12 wegen $c_1 + c_3 > c_2 + c_3$.

Die Ordnungsmonotonie der End.-Multiplikation ergibt sich auf ähnliche Weise:

$$\boxed{\text{S.91} \qquad H_1 > H_2,\ H_3 \,\text{bel.} \ \Rightarrow\ H_1 H_3 > H_2 H_3.}$$

Beweis. Seien $H_1 = H_{c_1,b}$, $H_2 = H_{c_2,b}$ (also nach D.37 $c_1 > c_2$) und $H_3 = H_{b,a}$. Dann folgt:

$$(H_1 H_3)\, a = H_1 (H_{b,a} a) = H_{c_1,b} b = c_1$$

und

$$(H_2 H_3)\, a = H_2 (H_{b,a} a) = H_{c_2,b} b = c_2,$$

d.h. $H_1 H_3 = H_{c_1,a}$ und $H_2 H_3 = H_{c_2,a}$, woraus wegen D.37 sofort die Behauptung folgt.

Sehen wir uns nun die so erhaltene Is.-Menge näher an: Durch die Grundrelation

$$(1/2) \qquad\qquad a:b = a':b' = Ha:Hb$$

ordnet sie dem Größenbereich M den isomorphen Bereich $M' = H(M)$ zu, von dem wir nun (wegen der Isomorphie) sagen können, daß er mit dem Modell M' unseres Axiomensystems identisch ist.

Für die folgenden Strukturüberlegungen sei zunächst $M = M'$ vorausgesetzt, was zur Folge hat, daß wir es mit der Menge (wir nennen sie $\mathfrak{M}$) der Aut. von M auf sich zu tun haben.

Für diese Aut. ist eine Gleichheit festgelegt durch

$$\boxed{\text{D.30a}} \quad H_1 = H_2 \Leftrightarrow H_1 a = H_2 a \quad \text{für alle } a \in M.$$

Durch Definition D.37 wird in $\mathfrak{M}$ eine Ordnung eingeführt, die wegen ihrer Verflechtung mit der Ordnung in M durch eben diese Definition eine totale ist.

Für unsere Aut. existieren ferner zwei Verknüpfungen. Da ist zunächst die durch D.36 eingeführte Addition. Sie hat folgende Eigenschaften:

$$\boxed{\text{S.92}} \quad (H_1 + H_2) + H_3 = H_1 + (H_2 + H_3).$$

Beweis: $((H_1 + H_2) + H_3)\, a = (H_1 + H_2)\, a + H_3 a = (H_1 a + H_2 a) + H_3 a.$
$(H_1 + (H_2 + H_3))\, a = H_1 a + (H_2 + H_3)\, a = H_1 a + (H_2 a + H_3 a).$

Die Gleichheit folgt dann aus der Assoziativität im Bereich M der Bilder nach A.9.

$$\boxed{\text{S.93}} \quad H_1 + H_2 = H_2 + H_1.$$

Beweis. Folgt aus der Kommutativität von M.

Da die Ordnungsmonotonie schon in Satz S.90 gezeigt wurde, können wir feststellen:

Die Menge $\mathfrak{M}$ unserer Aut. von M auf sich bildet eine total geordnete Abelsche Halbgruppe bezüglich der Addition.

Definieren wir noch die n-fache Summe durch

$$\boxed{\text{D.39}} \quad H_1 + H_2 + \cdots + H_n = nH \quad \text{für} \quad H_i = H \quad (i = 1, \dots, n),$$

so ergibt sich nach D.36

$$(17) \qquad (H + H + \cdots + H)\, a = (nH)\, a = n\, (H a),$$

und es überträgt sich auch der Archimedische Charakter von M auf $\mathfrak{M}$, d.h.

$$\boxed{\text{S.94}} \quad \text{Zu } H_1 < H_2 \text{ gibt es stets eine natürliche Zahl } n \text{ mit } nH_1 > H_2.$$

Durch die auf der Basis von (7) eingeführte End.-Multiplikation

$$\boxed{\text{D.40}} \quad (H_1 H_2)\, a = H_1 (H_2 a)$$

geht die Vielfalt der Operationen in $\mathfrak{M}$ jedoch über die in M hinaus. Dabei soll nicht unerwähnt bleiben, daß diese Multiplikation nach einem Vorschlag KRULLs ihrerseits wieder auf M übertragen werden kann als sog. e-Multiplikation durch die Vorschrift

$$\boxed{\text{D.41}} \quad (a \cdot b)_e = (H_{a,e} \cdot H_{b,e})\, e,$$

was aber hier noch nicht aufgegriffen werden soll.

Die mit D.40 bzw. (7) eingeführte Aut.-Multiplikation hat folgende Eigenschaften:

$$\boxed{\text{S.95}} \quad (H_1 H_2)\, H_3 = H_1 (H_2 H_3).$$

Beweis: $((H_1 H_2)\, H_3)\, a = (H_1 H_2)(H_3 a) = H_1 (H_2 (H_3 a)),$
$(H_1 (H_2 H_3))\, a = H_1 ((H_2 H_3)\, a) = H_1 (H_2 (H_3 a)),$
woraus sofort die Gleichheit folgt.

Die Kommutativität wurde bereits mit Satz S.89 gezeigt.

> **S.96**   Es gibt einen Aut. E mit $HE = EH = H$.

Beweis. Die Proportion $a:b = a:b$ (s. S.8) liefert den Aut. $H_{a,a} = H_{b,b}$, für den mit $H = H_{b,a}$ gilt:

$$(HE)\, a = H(H_{a,a}\, a) = H_{b,a}\, a = b,$$
$$(EH)\, a = E(H_{b,a}\, a) = H_{b,b}\, b = b,$$
$$\text{d.h.} \quad HE = EH = H_{b,a} = H. \quad \text{W.z.b.w.}$$

> **S.97**   Zu jedem Aut. H gibt es einen „inversen Aut." H^{-1} (D.42) mit $HH^{-1} =$
> **(D. 42)** $H^{-1}H = E$.

Beweis. Siehe (5) und (6) pag. 124 (Folgerung aus S.9).

Fassen wir diese Eigenschaften zusammen, so können wir unter Hinzunahme der Ordnungsmonotonie gemäß S. 91 feststellen:

Die Menge $\mathfrak{M}$ unserer Aut. von M auf sich bildet eine total geordnete kommutative multiplikative Gruppe.

Die beiden Operationen Addition und Multiplikation lassen sich noch verknüpfen durch

> **S.98** $(H_1 + H_2)\, H_3 = H_1 H_3 + H_2 H_3$.

Beweis: $((H_1 + H_2)\, H_3)_a = (H_1 + H_2)\,(H_3 a) = H_1 (H_3 a) + H_2 (H_3 a)$
$$= (H_1 H_3)\, a + (H_2 H_3)\, a$$
$$= (H_1 H_3 + H_2 H_3)\, a. \quad \text{W.z.b.w.}$$

Mit der Gültigkeit des distributiven Gesetzes wird unsere Aut.-Menge $\mathfrak{M}$ zu einem Bereich, dem zum Körper nur die Umkehrung der Addition (Nullelement und negative Elemente) fehlt. Wir können ihn uns etwa als Menge aller positiven Elemente eines (total geordneten) Körpers K vorstellen. Einen solchen Bereich wollen wir einen „Halbkörper" nennen gemäß

> **D.43**   Ein System mit doppelter Verknüpfung (Addition und Multiplikation) heiße ein „Halbkörper", wenn seine Elemente bezüglich der Addition eine kommutative Halbgruppe, bezüglich der Multiplikation eine kommutative Gruppe bilden, die durch das distributive Gesetz verbunden sind.

Damit können wir unseren Aut.-Bereich $\mathfrak{M}$ endgültig charakterisieren:

Die Menge der durch die Proportionen gegebenen Automorphismen ist ein total geordneter Archimedischer Halbkörper.

Bevor wir über mögliche Verallgemeinerungen sprechen, wollen wir zunächst zeigen, daß das so entwickelte System ausreicht, *alle* Sätze des V. Buches kurz und elegant zu beweisen und auch gewisse Begriffsbildungen besser zu verstehen. Dazu setzen wir nun die im Vorausgehenden bewiesenen Eigenschaften der Hom. bzw. Is. als gegeben voraus (z.B. dadurch, daß wir sie axiomatisch fordern). Die im folgenden zitierten Satznummern dienen also nur noch zur Charakterisierung des betreffenden Sachverhalts, da wir es sonst natürlich mit Zirkelbeweisen zu tun hätten.

Beginnen wir mit den wesentlichen Definitionen des V. Buches und machen wir uns dazu noch einmal klar, daß die Proportion

$$(1) \hspace{6cm} a:b = a':b'$$

einen End. impliziert derart, daß a in a' und gleichzeitig b in b' übergeht, d.h. $a = Ha$, $b = Hb$, wo $H = H_{a',a} = H_{b',b}$.

Def. 3: „*gleichartige Größen*"; a, b stammen aus einem Urbildbereich (unserer Eudoxischen Halbgruppe) M, a', b' aus einem ebensolchen Bildbereich M', für den auch $M' \leq M$ zulässig ist.

Def. 4: „*Verhältnis haben*"; Für Urbild- bzw. Bildbereich gilt: Zu a, b (a', b') gibt es stets ein n mit $na > b$ $(na' > b')$.

Def. 5/6: „*in demselben Verhältnis (in Proportion) stehen*"; Unsere End. beherrschen hier auch die Schreibweise der fortlaufenden Proportion, d.h. $a_1 : a_2 : a_3 : \ldots : a_n = a'_1 : a'_2 : \cdots : a'_n$; denn $a'_i = Ha_i$ für $i = 1, \ldots, n$. Das liefert sofort alle möglichen „Teilproportionen", z.B. $a_3 : a_5 = a_3' : a_5'$.

Def. 7: „*größeres Verhältnis haben*"; $a:b > a':b'$ (pag. 35/42). Durch die Einführung der Ordnung beherrschen wir auch diesen Fall: Zunächst besagt die Ungleichheit sicherlich $H_{a',a} \neq H_{b',b}$. Durch die Existenz der 4. Prop. können wir nun die Hom. auf gleiche Urbilder beziehen und erhalten $H_{b',b} = H_{a'',a}$ oder $a:a > a':a''$. Nach EUKLIDs Definition bedeutet das aber die Existenz ganzer Zahlen n, m mit $na > ma \Rightarrow na' \leq ma''$, was sofort nach S.7 $n > m$ und damit $a' < a''$ zur Folge hat. Letzteres führt aber mittels D.37 zu $H_{a',a} < H_{a'',a}$. Es ist also wegen der obigen Gleichheit $(H_{b',b} = H_{a'',a})$ äußerst sinnvoll und konsequent zu definieren:

$$\boxed{\text{D. 44}} \quad a:b \gtreqless a':b' \Leftrightarrow H_{a',a} \lesseqgtr H_{b',b}.$$

Da die verglichenen Größen verschiedenen Modellen entstammen können, sind wir damit also in der Lage, — anschaulich gesprochen — die Hom. eines Modells in ein anderes zu vergleichen.

Def. 8: „*kürzeste (d.h. stetige) Proportion*"; $a:b = b:c$ (s. pag. 43). Diese Definition ist mit $Ha = b$, $Hb = c$ Ausgangspunkt für die beiden nächsten Definitionen:

Def. 9: „*zweimal im Verhältnis stehen*"; Wir haben es hier mit der einfachsten Aut.-Operation zu tun, nämlich mit der iterativen Anwendung. Bei der stetigen Proportion (s.o.) ergibt sich nämlich

$$(18) \qquad c = Hb, \qquad b = Ha, \qquad \text{d.h.} \qquad c = H(Ha) = (HH)a.$$

Es steht also nichts im Wege „Potenzen" von Aut. zu definieren:

$$\boxed{\text{D. 45}} \quad H_1 \cdot H_2 \cdot \cdots \cdot H_n = H^n \quad \text{für} \quad H_i = H \quad (i = 1, \ldots, n).$$

Damit haben wir:

$$(18\,\text{a}) \qquad c = H^2 a,$$

und das „zweimalige im Verhältnis Stehen" der ersten zur dritten Größe erhält eine sehr anschauliche Deutung. Vom Standpunkt der Aut. ist also das Auftreten dieser Def. (und der nächsten) gut verständlich.

Def. 10: „*dreimal im Verhältnis stehen*"; $a:b = b:c = c:d$. Durch das doppelte Auftreten des Überganges $b \to c$ handelt es sich in beiden Fällen um denselben Aut. H (was bei Proportionsketten keineswegs die Regel ist), und wir können schreiben:

(19) $$H a = b, \; H b = c, \; H c = d \; \Rightarrow \; d = H(H(H a)) = H^3 a.$$

Def. 11. *„entsprechende Größen";* Diese Definition wurde bereits pag. 123 gewürdigt, gab sie doch den Anstoß zur Hom.-Betrachtung.

Def. 12—18. Sie liefern (s. Teil II) die verschiedenen Umformungen der Proportion und kommen jeweils bei den zugehörigen Sätzen zur Sprache.

Diese Sätze unseres Systems, und zwar alle, die sich mit Proportionen beschäftigen, wollen wir nun von unserem abbildungstheoretischen Standpunkt aus näher betrachten:

S.8 $a:b=a:b$. Geht ein Element in sich über, dann gehen alle Elemente in sich über: $H_{a,a}=H_{b,b}=E$ (Neutralelement der Aut.-Multiplikation). Die Sätze S.31/32 (s. u.) führen dies noch weiter aus.

S.9 $a:b=a':b' \Rightarrow a':b'=a:b$. Wenn H mit $H a=a'$ und $H b=b'$ existiert ($H=H_{a',a}=H_{b',b}$), dann existiert auch die inverse Abbildung H^{-1} mit $H^{-1}a'=a$ und $H^{-1}b'=b$, d.h. $H^{-1}=H_{a,a'}=H_{b',b}$. Damit gilt $(H^{-1}H)a= H^{-1}(H a)=H^{-1}a'=a$, d.h. $(H^{-1}H)a=E a$; entsprechend $(H H^{-1})a'=E a'$.

S.10   (Euklids *Satz 11*): $a:b=a':b'$, $a':b'=a'':b'' \Rightarrow a:b=a'':b''$, d.h. $H a=a'$, $H b=b'$, $H'a'=a''$, $H'b'=b'' \Rightarrow H''a=a''$, $H''b=b''$; denn $a''=H'a'= H'(H a)=(H'H)a=H''a$; entsprechend $b''=H''b$. In abbildungstheoretischer Formulierung lautet dieser Satz also: Wenn mit a in a' auch b in b' und wenn mit a' in a'' auch b' in b'' übergeht, so wird mit a in a'' auch b in b'' abgebildet.

S.11   (*Satz 7 Zus.*): $a:b=a':b' \Rightarrow b:a=b':a'$, d.h. $a:b=H a:H b \Rightarrow b:a=H b:H a$. Dieser Satz ist abbildungstheoretisch trivial, da es sich um gleichwertige Aussagen (um denselben Hom. H) handelt: $H_{a',a}=H_{b',b}$.

S.12 $a:b=a':b' \wedge a=b \Rightarrow a'=b'$, d.h. $H a=a'$, $H b=b'$, $a=b \Rightarrow H a=H b$. Gleichheit der Urbilder hat die Gleichheit der Bilder zur Folge: Eindeutigkeit (und mit S.9 sogar Eineindeutigkeit der Zuordnung). Faßt man gleiche Elemente zu einer Klasse zusammen, so erhält man als Bild einer Klasse die Klasse der Bilder.

S.22   (*Satz 4*): $a:b=a':b' \Rightarrow n a:m b=n a':m b'$, d.h. $H a=a'$, $H b=b' \Rightarrow H(n a)= n(H a)$, $H(m b)=m(H b)$. Die Behauptung ergibt sich nach (13), D.36 und (17) als Spezialfall für $a_1=a_2=\cdots=a$ und $H_1=H_2=\cdots=H$ bzw. als Spezialfall von $a_1+a_2+\cdots \to a_1'+a_2'+\cdots$ für $a_1=a_2=\cdots$. Entsprechend $H(m b)=m(H b)$.
Wenn man — wie bei unserem Größenbereich geschehen — die ganzen Zahlen als Operatoren auffaßt (vgl. pag. 108), so besagt
(20) $$H(n a)=n(H a)$$
gerade, daß wir es hier mit einem Operatorisomorphismus bzw. bei $M'=M$ mit einem Operatorautomorphismus zu tun haben.

S.25   (*Satz 7*): $a=b$, c bel. $\Rightarrow a:c=b:c$,   d.h.$\Big\rbrace$

S.26   (*Satz 7*): $a=b$, c bel. $\Rightarrow c:a=c:b$,   d.h.$\Big\rbrace$

     $a=b$, c bel. $\Rightarrow H_{b,a}=H_{c,c}=E$,   d.h. $c=E c$, $b=E a$.

S.27: $a=b$, $c=d \Rightarrow a:c=b:d$, d.h.
$a=b$, $c=d \Rightarrow (Ha=b \Rightarrow Hc=d)$.
Mit einer Klasse wird jede Klasse gleicher Elemente auf sich abgebildet.

S.28 (*Satz 8*): $a>b$, c bel. $\Rightarrow a:c>b:c$, d.h.
$a>b$, c bel. $\Rightarrow H_{b,a}<H_{c,c}$ (vgl. D.44).
Beweis: $H_{b,a}<H_{a,a}$ (D.37), $H_{a,a}=H_{c,c}$ (S.96), also $H_{b,a}<H_{c,c}$.

S.29 (*Satz 8*): $a>b$, c bel. $\Rightarrow c:b>c:a$, d.h.
$a>b$, c bel. $\Rightarrow H_{c,c}<H_{a,b}$ (D.44).
Beweis: $H_{c,c}=H_{b,b}<H_{a,b}$ (entsprechend mit S.96 und D.37).

S.30 $a:b>a':b' \Rightarrow b':a'>b:a$, d.h.
$H_{a',a}<H_{b',b} \Rightarrow H_{b,b'}<H_{a,a'}$.
Beweis: $a':b'<a:b$ (Vor.) $\Rightarrow H_{a,a'}>H_{b,b'}$ (D.44), d.h. $H_{b,b'}<H_{a,a'}$.
Allgemein folgt hieraus (wegen $H_{a,a'}=H_{a',a}^{-1}$):

$$\boxed{\text{S.99} \quad H_1<H_2 \Rightarrow H_2^{-1}<H_1^{-1} \text{ d.h. } H_1^{-1}>H_2^{-1}.}$$

S.31 (*Satz 9*): $a:c=b:c \Rightarrow a=b$, d.h.
$H_{b,a}=H_{c,c} \Rightarrow a=b$.
Beweis: $a=b$ folgt unmittelbar aus der Eindeutigkeit von $H_{c,c}=E$ (S.96) nach S.86.

S.32 (*Satz 9*): $c:a=c:b \Rightarrow a=b$, d.h.
$H_{c,c}=H_{b,a} \Rightarrow a=b$.
Beweis:: Siehe S.31. Wir sehen, daß bei EUKLID zu einem Satz zusammengefaßte Aussagen abbildungstheoretisch völlig gleichwertig sind.

S.31a $a:b=c:d \wedge b=d \Rightarrow a=c$,

S.32a $a:b=c:d \wedge a=c \Rightarrow b=d$.
Beweis: Wie bei S.31 (s.o.).

Man kann den Inhalt der Sätze 25—27 und 31—32 (incl. 31a und 32a) zusammenfassen zu:

$$\boxed{\begin{array}{ll} \text{S.100} & \text{Identifiziert man gleiche Elemente, so gilt: Wird ein Element auf} \\ & \text{sich abgebildet, so gehen alle Elemente in sich über.} \end{array}}$$

Der Beweis erfolgt einfach mit dem identischen Hom. (Aut.).

S.33 (*Satz 10*): $a:c>b:c \Rightarrow a>b$, d.h.
$H_{b,a}<H_{c,c} \Rightarrow a>b$.
Beweis: $H_{b,a}<H_{c,c}=H_{a,a} \Rightarrow b<a$ (D.44/37; S.96), d.h. $a>b$. W.z.b.w.

S.34 (*Satz 10*): $c:b>c:a \Rightarrow a>b$, d.h.
$H_{c,c}<H_{a,b} \Rightarrow a>b$.
Beweis: Wie bei S.33 mit $H_{c,c}=H_{b,b}<H_{a,b} \Rightarrow b<a$.
Der nun bei EUKLID folgende *Satz 11* begegnete uns bereits als S.10 (s. pag.132).

S.35 (*Satz 12*): $a_1:b_1=\cdots=a_k:b_k \Rightarrow (a_1+\cdots+a_k):(b_1+\cdots+b_k)=a_1:b_1$,
d.h. $H_i a_i = a_{i+1} \wedge H_i b_i = b_{i+1} \Rightarrow H(\sum_1^k a_i) = a_1 \wedge H(\sum_1^k b_i) = b_1$.

Beweis: $a_1 + a_2 + a_3 + \cdots + a_k$

$$= a_1 + H_1 a_1 + (H_2 H_1) a_1 + \cdots + (H_{k-1} H_{k-2} \ldots H_1) a_1 \quad \text{(D.40)}$$
$$= (E + H_1 + (H_2 H_1) + \cdots + (H_{k-1} H_{k-2} \ldots H_1)) a_1 \quad \text{(D.36)}$$
$$= K a_1.$$

Entsprechend erhalten wir $b_1 + \cdots + b_k = K b_1$, d.h. $a_1 : b_1 = \sum_1^k a_i : \sum_1^k b_i$

oder mit $K^{-1} (= H)$: $K^{-1}(\sum a_i) = a_1$ und $K^{-1}(\sum b_i) = b_1$.   W.z.b.w.

Da die Verhältnisgleichheit eine Äquivalenzrelation ist (S.8—10), erlaubt dieser Satz vielfältige Anwendungen, z.B.

$$a_1 + 3 a_2 : b_1 + 3 b_2 = a_5 : b_5$$

oder

$$a_1 + a_3 + a_5 : b_1 + b_3 + b_5 = a_1 : b_1 \quad \text{usw.}$$

S.36   (*Satz 13*): $a:b = a':b' \wedge a':b' > a'':b'' \Rightarrow a:b > a'':b''$,   d.h.

$H_{a',a} = H_{b',b} \wedge H_{a'',a'} < H_{b'',b'} \Rightarrow H_{a'',a} < H_{b'',b}$.

Beweis: $H_{a'',a'} \quad\quad < H_{b'',b'}$ (Vor.)

$\Rightarrow H_{a'',a'} H_{a',a} < H_{b'',b'} H_{a',a}$ (S.91)

$\Rightarrow H_{a'',a'} H_{a',a} < H_{b'',b'} H_{b',b}$ (Vor.)

$\Rightarrow H_{a'',a} \quad\quad < H_{b'',b}.$ (D.35, (7a), D.40)

Wir benutzen hier die Monotonie der Ordnung der Is. bezüglich der Is.-Multiplikation (von rechts).

S.37   (*t.a.23*) $a:b > a':b' \wedge a':b' = a'':b'' \Rightarrow a:b > a'':b''$,   d.h.

$H_{a',a} < H_{b',b} \wedge H_{a'',a'} = H_{b'',b'} \Rightarrow H_{a'',a} < H_{b'',b}$.

Beweis: $H_{a',a} \quad\quad < H_{b',b}$ (Vor.)

$\Rightarrow H_{a'',a'} H_{a',a} < H_{a'',a'} H_{b',b}$ (S.91; S.89)

$\Rightarrow H_{a'',a'} H_{a',a} < H_{b'',b'} H_{b',b}$ (Vor.)

$\Rightarrow H_{a'',a} \quad\quad < H_{b'',b}.$ (7a)

Zur Ausnutzung der Monotonie benötigen wir hier die Kommutativität der Is.-Multiplikation wegen der Multiplikation mit $H_{a'',a'}$ von links.

S.38   (*Satz 14*): $a:b = c:d \wedge a \gtreqless c \Rightarrow b \gtreqless d$,   d.h.

$$c = Ha, \ d = Hb, \ a \gtreqless Ha \Rightarrow b \gtreqless Hb.$$

Beweis: Unmittelbarer Ausdruck der Ordnungsmonotonie unserer Abbildungen im Sinne von D.33 (vgl. S.88).

S.39   (*Satz 15*): $a:b = na:nb$,   d.h.

$$Ha = na \Rightarrow Hb = nb.$$

Beweis: Spezialfall von S.35 für $a_1:b_1 = \cdots = a_n:b_n$ (vgl. S.8) mit $a_i = a$ und $b_i = b$ $(i = 1, \ldots, n)$.

S.40   (*Satz 16*): $a:b = c:d \Rightarrow a:c = b:d$,   d.h.

$$H_{c,a} = H_{d,b} \Rightarrow H_{b,a} = H_{d,c}.$$

Beweis: $H_{c,a} \quad\quad = H_{d,b}$ (Vor.)

$\Rightarrow H_{b,c} H_{c,a} = H_{b,c} H_{d,b}$ (D.40)

$\Rightarrow H_{b,c} H_{c,a} = H_{d,b} H_{b,c}$ (S.89)

$\Rightarrow \quad\quad H_{b,a} = H_{d,c}.$ W.z.b.w.   (7a)

Die enge Verflechtung des Vertauschungssatzes S.40 mit der Kommutativität der Is.-Multiplikation wurde schon bei Satz S.89 deutlich.

S.41 $a:b=c:d \Rightarrow a:b=c:d$, d.h. $H_{c,a}=H_{d,b}$ (A_1)

$\Rightarrow a:c=b:d$, d.h. $H_{b,a}=H_{d,c}$ (A_2)

$\Rightarrow b:a=d:c$, d.h. $H_{d,b}=H_{c,a}$ (A_1)

$\Rightarrow b:d=a:c$, d.h. $H_{a,b}=H_{c,d}$ (A_2^{-1})

$\Rightarrow c:d=a:b$, d.h. $H_{a,c}=H_{b,d}$ (A_1^{-1})

$\Rightarrow c:a=d:b$, d.h. $H_{d,c}=H_{b,a}$ (A_2)

$\Rightarrow d:c=b:a$, d.h. $H_{b,d}=H_{a,c}$ (A_1^{-1})

$\Rightarrow d:b=c:a$, d.h. $H_{c,d}=H_{a,b}$ (A_2^{-1})

Bei all' diesen Umformungen der Ausgangsproportion handelt es sich, wie man bei der Aut.-Schreibweise sofort sieht, nur um zwei wesentlich verschiedene Zuordnungen A_1 und A_2. Der Übergang von einer zur anderen erfolgt stets mit Hilfe der Kommutativität der Aut.-Multiplikation (S.89), d.h. über den Vertauschungssatz S.40.

S.42 $(a+b):b=(a'+b'):b' \Rightarrow (a-b):b=(a'-b'):b'$,
d.h. $b'=Hb \wedge a'+b'=H(a+b) \Rightarrow a'-b'=H(a-b)$.

Beweis: I. $a'+b'=H(a+b)$ (Vor.)

$=Ha+Hb$ (13)

$\Rightarrow a'+b'=Ha+b'$ (Vor.)

$\Rightarrow a' \quad =Ha$ (S.6)

II. $a'-b'=Ha-Hb$ (I, Vor.)

$=H(a-b)$. W.z.b.w.   (13a)

S.43 (*Satz 17*): $a:b=a':b' \Rightarrow (a-b):b=(a'-b'):b'$,
d.h. $a'=Ha \wedge b'=Hb \Rightarrow a'-b'=H(a-b)$.

Beweis: Wie II. bei S.42.

S.44 $(a+b):b=(a'+b'):b' \Rightarrow a:b=a':b'$, d.h.
$b'=Hb \wedge a'+b'=H(a+b) \Rightarrow a'=Ha$.

Beweis: Wie I. bei S.42.

Die Sätze S.42—44 machen von der Aut.-Eigenschaft Gebrauch, daß auch die Subtraktion beim Übergang von M zu M' mittels H erhalten bleibt: $H(a-b)=Ha-Hb=a'-b'$.

S.45 $(a-b):b=(a'-b'):b' \Rightarrow (a+b):b=(a'+b'):b'$,
d.h. $b'=Hb \wedge a'-b'=H(a-b) \Rightarrow a'+b'=H(a+b)$.

Beweis: I. $a'-b'=H(a-b)$ (Vor.)

$=Ha-Hb$ (13a)

$\Rightarrow a'-b'=Ha-b'$ (Vor.)

$\Rightarrow a' \quad =Ha$.   (S.17)

II. $a'+b'=Ha+Hb$ (I. Vor.)

$=H(a+b)$. W.z.b.w.   (13)

S.46 (*Satz 18*): $a:b=a':b' \Rightarrow (a+b):b=(a'+b'):b'$,
d.h. $a'=Ha \wedge b'=Hb \Rightarrow a'+b'=H(a+b)$.

Beweis: Wie bei II. bei S.45.

S.47 $(a-b):b=(a'-b'):b' \Rightarrow a:b=a':b'$, d.h.
$b'=Hb \wedge a'-b'=H(a-b) \Rightarrow a'=Ha$.

Beweis: Wie I. bei S.45.

Diese drei Sätze sind also unmittelbare Folgen des Hom.-Charakters von H.

S.48 *(Satz 19)*: $\quad c:d = a:b \Rightarrow (a-c):(b-d) = a:b$,

d.h. $\quad a = Hc \wedge b = Hd \Rightarrow a = H'(a-c) \wedge b = H'(b-d)$.

Beweis: Wir beweisen den mit Hilfe von S.40 umgeformten Satz:

$c:a = d:b \Rightarrow (a-c):a = (b-d):b$,

d.h. $\quad \overline{H}c = d \wedge \overline{H}a = b \Rightarrow \overline{H}(a-c) = b-d$.

$\overline{H}) -c) = \overline{H}a - \overline{H}c\ (13\,\mathrm{a}) = b-d$ (Vor.). W.z.b.w.

Auch in Euklids *Satz 19* wird *Satz 16* (unser S.40) zum Beweis benutzt.

S.49 *(Satz 20)*: $\quad a:b = a':b' \wedge b:c = b':c' \wedge a \gtreqqless c \Rightarrow a' \gtreqqless c'$, d.h.

$a' = Ha \wedge b' = Hb \wedge c' = Hc \wedge a \gtreqqless c \Rightarrow a' \gtreqqless c'$.

Beweis: $a \gtreqqless c \Rightarrow Ha \gtreqqless Hc\ (15) \Rightarrow a' \gtreqqless c'$ (Vor.). W.z.b.w.

Der Satz folgt also sofort aus dem ordnungserhaltenden Charakter der Abbildung H.

S.50 *(Satz 21)*: $\quad a:b = b':c' \wedge b:c = a':b' \wedge a \gtreqqless c \Rightarrow a' \gtreqqless c'$, d.h.

$b' = Ha \wedge c' = Hb \wedge a' = \overline{H}b \wedge b' = \overline{H}c \wedge a \gtreqqless c \Rightarrow a' \gtreqqless c'$.

Beweis: A) Umformung der 2. Voraussetzung mit S.9 liefert:

$b' = Ha \wedge c' = Hb \wedge b = \overline{H}^{-1}a' \wedge c = \overline{H}^{-1}b' \wedge a \gtreqqless c$.

Damit ist $\quad \overline{H}^{-1}b' = \overline{H}^{-1}(Ha) = (\overline{H}^{-1}H)a = c$,

und $\quad Hb = H(\overline{H}^{-1}a') = (H\overline{H}^{-1})a' = c'$.

Die Anwendung von S.89 (pag. 127) ergäbe nun als Formulierung für S.50: $a \gtreqqless (\overline{H}^{-1}H)a \Rightarrow a' \gtreqqless (\overline{H}^{-1}H)a'$, was aber sofort aus der Ordnungsmonotonie (D.33) unserer Abbildungen folgen würde. — Die Sache hat jedoch einen Haken, den man sofort sieht, wenn man sich klarmacht, daß H Elemente von M in M' überführt, $\overline{H}^{-1}$ jedoch solche von M' in M. Ein Produkt $\overline{H}^{-1}H$ ist dementsprechend nur dann auf a' anzuwenden, wenn $M' = M$. Unser obiger Beweis gilt also — wie immer bei Anwendung des kommutativen Gesetzes — nur für gleichartige Größen. Da der Satz aber diese schärfere Bedingung nicht erfordert (s.d.), bringen wir noch einen allgemeinen Beweis:

B) Vorauss.: $H_{b',a} = H_{c',b} \wedge H_{a',b} = H_{b',c} \wedge a \gtreqqless c$;

Damit ergibt sich:

$$
\begin{aligned}
a \gtreqqless c &\Rightarrow H_{a,b'} \gtreqqless H_{c,b'} && \text{(D.37; D.30)}\\
&\Rightarrow (H_{b',a})^{-1} \gtreqqless (H_{b',c})^{-1} && \text{(D.42)}\\
&\Rightarrow H_{b',a} \lesseqqgtr H_{b',c} && \text{(S.99; S.9)}\\
&\Rightarrow H_{c'b} \lesseqqgtr H_{a',b} && \text{(Vor.; S.36/37)}\\
&\Rightarrow c' \lesseqqgtr a' && \text{(D.37; S.12)}
\end{aligned}
$$

d.h. $a' \gtreqqless c'$. W.z.b.w.

S.51 *(Satz 22)* $\quad a:b = a':b' \wedge b:c = b':c' \Rightarrow a:c = a':c'$,

d.h. $\quad a' = Ha \wedge b' = Hb \wedge c' = Hc \Rightarrow a' = Ha \wedge c' = Hc$.

Beweis: Wir sehen, abbildungstheoretisch ist die Folgerung trivial, ebenso wie die Proportionen $b:a = b':a'$, $c:a = c':a'$ und $c:b = c':b'$ sofort aus den Voraussetzungen folgen.

Im übrigen könnte so die Proportionenbildung auf ganz $H(M)$, d.h. auf die gesamte Bildmenge von M mittels H, ausgedehnt werden.

S.52 (*Satz 23*) $a:b=b':c' \wedge b:c=a':b' \Rightarrow a:c=a':c'$,

d.h. $b'=H_1 a \wedge c'=H_1 b \wedge a'=H_2 b \wedge b'=H_2 c \Rightarrow a'=H_3 a \wedge c'=H_3 c$.

Beweis: A) $H_2^{-1} b' = H_2^{-1}(H_1 a) = (H_2^{-1} H_1) a = c$,

$$H_1 b = H_1(H_2^{-1} a') = (H_1 H_2^{-1}) a' = c'.$$

Bei Kommutativität folgt wegen $H_2^{-2} H_1 = H_1 H_2^{-1} = H'$ sofort $H'a=c$ und $H'a'=c'$, d.h. $a:a'=c:c'$.

Erst S.40 liefert nach Vertauschung die Behauptung $a:c=a':c'$, weshalb (wie in EUKLIDs Beweis) Gleichartigkeit der Größen vorausgesetzt werden muß.

B) Auch hier wird die Gleichartigkeit wie bei S.50 vom Satz selbst her nicht gefordert. Wir geben dazu (neben der Beweisart von S.50) eine zweite Beweismethode, die ebenfalls wie S.50 ohne die Kommutativität, d.h. ohne $M=M'$, auskommt:

Wir benutzen die nach A.15 existierende 4. Proportionale d zu b', c', c, d.h. $H_{c,b'} = H_{d,c'}$ $(b':c'=c:d)$ oder nach S.9 $H_{b',c} = H_{c',d}$. Damit erhalten wir unter Verwendung der Voraussetzungen $H_{b',a} = H_{c',b}$ und $H_{a',b} = H_{b',c}$ folgenden Beweis:

$$H_{c,b'} = H_{d,c'} \Rightarrow H_{c,b'} H_{b',a} = H_{d,c'} H_{c',b} \qquad \text{(s.o.)}$$
$$\Rightarrow H_{c,a} = H_{d,b}. \qquad \text{(S.10)}$$

Da es sich jetzt um eine Abbildung von M auf sich handelt $(a:b=c:d)$, kann ich nun das kommutative Gesetz ohne Konsequenzen für M' anwenden:

$$\Rightarrow H_{b,a} = H_{d,c}. \qquad \text{(S.40)}$$
$$H_{a',b} = H_{b',c} \wedge H_{b',c} = H_{c',d} \qquad \text{(s.o.)}$$
$$\Rightarrow H_{a',b} = H_{c',d} \qquad \text{(S.51)}$$
$$\Rightarrow H_{a',b} H_{b,a} = H_{c',d} H_{d,c} \qquad \text{(s.o.)}$$
$$\Rightarrow H_{a',a} = H_{c',c}. \qquad \text{(S.10)}$$

Mit $H_{a',a} = H_{c',c} = H_3$ ist das aber gerade unsere Behauptung $a'=H_3 a$ und $c'=H_3 c$. W.z.b.w.

Unter Verwendung einer Hilfsabbildung $\overline{H}$ mit $\overline{H} b' = b$ ergibt sich:

$$H_1 b = H_1(\overline{H} b') = H_1(\overline{H}(H_2 c)) = (H_1 \overline{H} H_2) c = c', \qquad \text{(Vor.)}$$
$$H_2 b = H_2(\overline{H} b') = H_2(\overline{H}(H_1 a)) = (H_2 \overline{H} H_1) a = a'. \qquad \text{(Vor.)}$$

Das aber hat wegen $H_{a',a} = H_{c',c}$ (s.o.) und der Eindeutigkeit dieser Abbildung zur Folge: $(H_1 \overline{H} H_2) = (H_2 \overline{H} H_1)$. Bei der Abbildung eines Bereichs in einen anderen und zurück gilt also eine modifizierte „Kommutativität", was aber nicht heißt, daß auch $\overline{H} H_1 = H_1 \overline{H}$ oder $H_2 \overline{H} = \overline{H} H_2$ gültig wäre; dies hätte sofort wieder $M'=M$ zur Voraussetzung.

S.53 (*Satz 24*): $a:c=a':c' \wedge b:c=b':c' \Rightarrow (a+b):c=(a'+b'):c'$,

d.h. $Hc=c';\ Ha=a',\ Hb=b' \Rightarrow H(a+b)=a'+b'$.

Beweis: $H(a+b)=Ha+Hb$ (13) $=a'+b'$ (Vor.)

Das folgt sofort aus dem Hom.-Charakter von H.

S.53a $a:c=a':c' \wedge b:c=b':c' \Rightarrow (a-b):c=(a'-b'):c'$,

    d.h. $Hc=c'$; $Ha=a'$, $Hb=b' \Rightarrow H(a-b)=a'-b'$.

    Beweis: Wie bei S.53, aber mit (13a): $H(a-b)=Ha-Hb$.

S.54   (*Satz 25*): $a:b=c:d \wedge a>b, c, d \Rightarrow a, b, c>d \wedge a+d>b+c$,   d.h.

    $c=Ha$, $d=Hb$, $a>b$, $Ha, Hb \Rightarrow a, b, Ha>Hb \wedge a+Hb>b+Ha$.

Wegen der vorausgesetzten Gleichartigkeit der Größen ist die hier durchgeführte Verknüpfung zwischen Urbildern und Bildern durchaus möglich. Daß dieser auch für die End.-Theorie interessante Satz zwanglos in unsere Überlegungen paßt, zeigt sein

    Beweis: I.   Aus der Ordnungsmonotonie (D.33) folgt:

        $a>Ha$ (Vor.) $\Rightarrow b>Hb$;

        aus der Ordnungserhaltung (D.34) folgt:

        $a>b$ (Vor.) $\Rightarrow Ha>Hb$.

        Zusammen mit $a>Hb$ (Vor.) liefert das:

        $a, b, Ha>Hb$, d.h. den ersten Teil der Behauptung.

    II.   Aus der Ordnungsmonotonie folgt weiter:

$$
\begin{aligned}
a-b \quad &> H(a-b) & &(a-b \in M;\ \text{vgl. t.a.} 16)\\
\Rightarrow a-b \quad &> Ha-Hb & &(13\,a)\\
\Rightarrow (a-b)+b &> (Ha-Hb)+b & &(A.12)\\
\Rightarrow a \quad &> (Ha-Hb)+b & &(S.17)\\
\Rightarrow a+Hb &> ((Ha-Hb)+Hb)+b & &(A.12;\ A.9/10)\\
\Rightarrow a+Hb &> Ha+b & &(S.17)\\
\Rightarrow a+Hb &> b+Ha. \quad \text{W.z.b.w.} & &(A.10)
\end{aligned}
$$

Damit haben wir *alle* unsere Proportionalsätze (erst recht also alle entsprechenden Sätze des V. Buches) aus unserem abbildungstheoretischen Ansatz heraus bewiesen, und zwar — wie man wohl kaum bestreiten wird — in einer Weise, die an Kürze und Eleganz kaum zu überbieten ist. Noch erstaunlicher aber ist es, wie wenig wir uns dabei von der Euklidischen Konzeption entfernt haben. Darf man da nicht — wie es Krull einmal formulierte — mit einem gewissen Recht sagen, unser Ansatz „stände schon bei Euklid" (im Sinne der Feststellung, „es steht alles bei Dedekind", die Emmi Noether oft bei ihren idealtheoretischen Untersuchungen machte)?

3. Schluß

Damit sind wir am Ende unserer Betrachtungen zur Euklidisch-Eudoxischen Proportionenlehre angekommen. Doch wir wollen nicht schließen, ohne noch einen Blick auf die Möglichkeiten der Verallgemeinerung des aus dieser Arbeit erwachsenen Krullschen Ansatzes geworfen zu haben:

Wir haben im letzten Teil der Untersuchungen an unserem Spezialfall (pag.130) gesehen, daß der Satz

Bei jeder Eudoxischen Halbgruppe M bildet die Menge aller ordnungserhaltenden Aut. einen total geordneten Halbkörper $\mathfrak{M}$, der als additive Halbgruppe zu M kanonisch isomorph ist.

so rasch und einfach aus den klassischen Sätzen folgt, daß wir mit gutem Recht die Krullsche Behauptung zitieren können: „Der genannte Satz ist für den aufmerksamen Leser bereits im V. Buch EUKLIDs zu finden, vorausgesetzt allerdings, daß dieser Leser mit dem modernen, den Griechen noch fremden Automorphiebegriff vertraut ist.“

Weiter überzeugt man sich mühelos, daß jede Eudoxische Halbgruppe M bzw. jeder total geordnete Halbkörper $\mathfrak{M}$ sofort zu einer Eudoxischen Gruppe G bzw. einem total geordneten Körper $\mathfrak{K}$ erweitert werden können derart, daß M bzw. $\mathfrak{M}$ gerade die Menge aller positiven Elemente von G bzw. $\mathfrak{K}$ darstellen. Es ist also auch vom axiomatischen Standpunkt aus ganz unwesentlich, wenn wir EUKLID folgend, der — wie wir gesehen haben — weder eine Null noch negative Elemente kannte, mit Halbgruppen und Halbkörpern statt mit Gruppen und Körpern operieren.

Die Konsequenz liegt auf der Hand: „Es ist auch heute noch durchaus nicht abwegig zu überlegen, wie sich der Aufbau der Analysis gestaltet, wenn man so weit wie möglich dem Vorbild der Griechen folgt, für die es (bei den uns interessierenden Fragen) nur ganze Zahlen und „Größen“, aber jedenfalls keine reellen Zahlen gab. Die Größen, mit denen sich die Griechen beschäftigten, waren durchweg der Geometrie entnommen. Nichts hindert uns aber, auch Beispiele aus der Physik heranzuziehen: Die Betrachtung geometrischer und physikalischer Größen und der dort auftretenden Additivität und Ordnung führt durch Abstraktion zwanglos zum Begriff der total geordneten Abelschen Gruppe. (Man wird im Gegensatz zu den Griechen nicht bei der Halbgruppe stehen bleiben, da in der Physik auch Null- und negative Größen auftreten.)

Die Plausibilität des Archimedischen Axioms ist leicht aus Beispielen klar zu machen. Es fragt sich nur, wie es in dieser Hinsicht mit dem Zusatzaxiom steht, durch das wir die Eudoxischen Gruppen gekennzeichnet hatten (Existenz der 4. Proportionale). Hier ist anzuknüpfen an die Vorstellung, daß man Größen durch Vergleich mit einer Maßgröße erfaßt, daß aber in einem „homogenen“ Größensystem die spezielle Wahl der Maßgröße gleichgültig sein muß.

Diese Überlegung führt durch Abstraktion zur Auszeichnung derjenigen total geordneten Abelschen Gruppen, bei denen zu $a \neq 0$, $c \neq 0$ stets ein Aut. A mit $A\,a = c$ existiert. Bei dem Versuch, derartige Gruppen näher zu charakterisieren, kommt man schließlich, wie gezeigt, zum Proportionalitätsbegriff und zur axiomatischen Einführung der Eudoxischen Gruppen. Das heißt also:

Sieht man es als eine Grundaufgabe der Mathematik an, eine Theorie zu entwickeln, die als Grundlage für die Behandlung geometrischer und physikalischer Größensysteme dienen kann, so ist es durchaus plausibel, eine systematische Untersuchung der Eudoxischen Gruppen an den Anfang zu stellen!“ (KRULL)

Literatur

I. EUKLID-Ausgaben, Scholien und Kommentare

1. AUSTIN, W., An Examination of the First Six Books of Euclid's Elements 1781 (s. Lit. bei HEATH 13B.).
2. BARROW, Is., Lectiones math. habitae in scholis publ. Acad. Cantabrigiensis. London 1684. Lect. III of 1666; Lect. IV of 1666.
3. BORELLI, G., Euclides restitutus. Pisa 1658.
4. CAMERER, J. G., Euclidis Elementorum libri sex priores graece et latine edidit Joannes Guilelmus Camerer Berolini 1824; Tom. I: Complecteus Libr. I—III; Tom. II: Complecteus Libr. IV—VI.

5. Camerer, J. G., Excursus ad Elementorum Lib. V et maxime ad Def. 5 et 7 (aus Bd. II von Lit. 4).

6. Clavius, Chr., Euclidis Elementa. 4. Aufl. Frankfurt 1607.

7. Commandino, F., Euclidis Elementorum libri XV. Una cum scholis antiquis. A Frederico Commandino Urbinate nuper in latinum conversi, commentariisque quibusdam illustrati. Pisauri 1572.

8. de Morgan, A., Supplementary Remarks on the First Six Books of Euclid's Elements. London 1849.

9. Dijksterhuis, E. J., De Elementen van Euclides. Deel I: Groningen 1929; Deel II: Groningen 1930.

10. Enriques, F., Eucl. Elementi. Rom/Bologna 1925—37.

11. Heath, T. L., Euclid in Greek. Book I with Introduction and Notes. Cambridge 1920.

12. Heath, T. L., The Thirteen Books of Euclid's Elements. Translated from the Text of Heiberg. 3 Volumes. 2nd ed. Cambridge 1926 (s. a. Dover Publications NY. 1956).

13. Heiberg, J. L., Euclidis elementa. 5 Bände. Leipzig (Teubner) 1883—88.

14. Pfleiderer, Chr. Fr., Scholien zu Euclid's Elementen. 4. Heft: Scholien zum 5. Buche der Elemente. Stuttgart 1827.

15. Proklos Diadochos, Kommentar zu Euklid, Elemente I. Dtsch. v. L. Schönberger, ed. M. Steck, Halle 1945 (gr. ed. S. Grynaeus, Basel 1533).

16. Saccheri, G., Euclides ab omni naevo vindicatus. Mediol. 1733.

17. Savile, H., Praelectiones tresdecimae in principium elementorum Euclidis. Oxford 1621.

18. Simon, M., Euklid und die sechs planimetrischen Bücher (Abh. zur Gesch. der math. Wiss. XI). Leipzig 1901.

19. Simpson, Th., Elements of Geometry. London 1800.

20. Simson, R., The Elements of Euclid (Lat. u. engl. Euklid-Ausgabe von 1756: Bücher 1—6, 11, 12; Text nach Commandinus). 15th ed. London 1811.

21. Smith & Bryant, Euclid's Elements of Geometry. 1901.

22. Thaer, Cl., Die Elemente von Euklid. Nach Heibergs Text aus dem Griechischen. Ostwald's Klass. Leipzig 1933—37.

23. Todhunter, Is., Euclid's Elements. London 1933.

II. Geschichte der Mathematik

24. Allman, G. J., Greek Geometry from Thales to Euclid. Hermathena X, Vol. V. Dublin.

25. Becker-Hofmann, Geschichte der Mathematik. Bonn 1951.

26. Becker, O., Grundlagen der Mathematik in geschichtlicher Entwicklung. Freiburg/München 1954.

27. Bretschneider, C., Die Geometrie und die Geometer vor Euklides. Leipzig (Teubner) 1870.

28. Cantor, M., Vorlesungen über Geschichte der Mathematik I. Band. Leipzig/Berlin (Teubner) 1922.

29. Cantor, M., Beiträge zur Geschichte der Mathematik. Halle/S. 1863.

30. Cantor, M., Euklid und sein Jahrhundert. Leipzig 1867.

31. Chasles, M., Geschichte der Geometrie (deutsch von L. A. Sohncke). Halle/S. 1839.

32. Diels, H., Die Fragmente der Vorsokratiker. 1. Aufl. 1903; 6. Aufl. 1951/52 Berlin.

33. Fladt, K., Euklid. Ma-Na-Te-Bücherei Bd. 8. Frankfurt 1927.

34. Günther, S., Geschichte der Mathematik von den ältesten Zeiten bis Cartesius. Leipzig 1927.

35. Hankel, H., Zur Geschichte der Mathematik im Altertum und Mittelalter (Anhang: Euklid-Fragment). Leipzig 1874.

36. Hauser, G., Geometrie der Griechen von Thales bis Euklid. Luzern 1955.

37. Heath, Th. L., A History of Greek Mathematics. 2 Vol. Oxford 1921.

38. Heiberg, J. L., Geschichte der Mathematik des Altertums. Leipzig 1925.

39. HEIBERG, J. L., Naturwissenschaften und Mathematik im klassischen Altertum Leipzig 1912.
40. HOFMANN, J. E., Geschichte der Mathematik I. Teil. Samml. Göschen 226/226a. Berlin 1963.
41. HOPPE, E., Mathematik und Astronomie im klassischen Altertum. o.O. 1911.
42. KOWALEWSKI, G., Große Mathematiker. München/Berlin 1938.
43. MICHEL, P. H., De Pythagore à Euclide. Contribution à l'histoire de mathématiques préeuclidiennes. Paris 1950.
44. NESSELMANN, G. H. F., Versuch einer kritischen Geschichte der Algebra. I. Teil: Die Algebra der Griechen. Berlin 1842.
45. NEUGEBAUER, O., Vorl. über Gesch. der Ant. Math. Wiss. I. Band: Vorgriechische Mathematik. Berlin 1934.
46. OFTERDINGER, L. F., Beiträge zur Geschichte der griechischen Mathematik. Ulm 1860.
47. PAULY-WISSOWA, Real-Enzyklopädie der klass. Altertumswissenschaft. Stuttgart seit 1839.
48. REIDEMEISTER, K., Die Arithmetik der Griechen. Leipzig/Berlin 1940.
49. SIMON, M., Geschichte der Mathematik im Altertum. Berlin 1909.
50. SUTER, H., Geschichte der mathematischen Wissenschaften. Zürich 1871.
51. TANNERY, P., La géométrie grecque, essai critique, I. Paris 1887.
52. TIMERDING, H., Die Verbreitung math. Wissens u. math. Auffassung. Berlin 1914.
53. TROPFKE, J., Geschichte der Elementarmathematik (7 Bde). III. Bd.: Proportionen. Gleichungen. 3. Aufl. Berlin 1937.
54. V. D. WAERDEN, B. L., Erwachende Wissenschaft. Basel/Stuttgart 1956.
55. V. D. WAERDEN, B. L., Die Arithmetik der Pythagoreer. Math. Ann. 120. Berlin 1947/49.
56. WIELEITNER, H., Geschichte der Mathematik. Sammlung Göschen Leipzig/Berlin 1922.
57. ZEUTHEN, H. G., Die Mathematik im Altertum und Mittelalter. Leipzig 1912.

III. Abhandlungen, Aufsätze usw.

58. ARISTOTELES, Nikomachische Ethik u. a. Schriften (s. Einzelhinweise im Text).
59. BECKER, O., Eudoxos-Studien I—V. Studien zur Geschichte der Math., Astr. und Physik. Abt. B: Studien. Berlin 1932. I. 2. Bd. 4. Heft, S. 311—333; II. 2. Bd. 4. Heft, S. 369—388; III. 3. Bd. 2. Heft, S. 236—244; IV. 3. Bd. 3. Heft, S. 370—388; V. 3. Bd. 3. Heft, S. 389—410.
60. BECKER, O., Das mathematische Denken der Antike. Göttingen 1957.
61. BERNAYS, P., Über die Verwendung der Polygoninhalte an Stelle eines Spiegelungsaxioms in der Axiomatik der Planimetrie. Elem. der Math. Bd. VIII, Heft 5, 1953 (S. 102).
62. BLASCHKE, W., Griechische und anschauliche Geometrie. München 1953.
63. DE MORGAN, A., Artikel „Verhältnis" und „Proportion" in der Penny Cyclopaedia Bd. XIX. 1841.
64. DEDEKIND, R., Ges. math. Werke III. Braunschweig 1932. Daraus: „Stetigkeit und irrationale Zahlen", „Aus Briefen an R. Lipschitz".
65. FRANK, E., Plato und die sog. Pythagoreer. Halle/S. 1923.
66. GARTZ, Artikel „Eudoxus" in der Allg. Enzyklopädie der Wissensch. und Künste von Ersch und Gruber. Leipzig 1842 (S. 457—466) (Erste Section; 38. Theil, 1843).
67. HASSE/SCHOLZ, Die Grundlagenkrisis der griechischen Mathematik. Kant-Studien XXXIII. Bd. Berlin 1928.
68. HEIBERG, J. L., Litterargeschichtliche Studien über Euklid. Leipzig 1882.
69. HEIBERG, J. L., Philol. Studien zur griechischen Mathematik. Leipzig 1880.
70. HULTSCH, FR., Artikel über Eudoxos in Pauly's Real-Encyclopädie der classischen Altertumswissenschaft, 6. Bd. (S. 930—950). Stuttgart 1909.

71. Ideler, Chr., Zwei Vorlesungen über Eudoxos. Abhandl. der Königl. Akademie der Wissenschaften zu Berlin (Hist.-phil. Klasse) aus den Jahren 1828 (Berlin 1831, S. 189—212) und 1830 (Berlin 1832, S. 49—88).
72. Krull, W., Über die Endomorphismen von total geordneten Arch. Abelschen Gruppen. Vortrag in Oberwolfach am 9. III. 1961.
73. Künssberg, H., Der Astronom, Mathematiker und Geograph Eudoxos von Knidos. Dinkelsbühl 1888/90.
74. Lense, J., Vom Wesen der Mathematik und ihren Grundlagen. München 1949.
75. Letronne, A., Über Eudoxos … Sur Eudox. Drei Artikel im Journal des Savants von 1840 bzw. 41: 1ᵉʳ article: XII. 1840 (S. 741—750); 2ᵉ article: II. 1841 (S. 65—78); 3t et dernier article: IX. 1841 (S. 538—547).
76. Meier, L., Proklos über die Petita und Axiomata bei Euklid. Tübingen 1875.
77. Milhaud, G., Les philosophes-géomètres de la Grèce. Platon et ses prédécesseurs. Paris 1900.
78. Mössel, E., Die Proportion in Antike und Mittelalter. München 1926.
79. Ofterdinger, L. F., Über den Zusammenhang der eukl. Lehre von den geom. Verhältnissen mit den Anfängen der Exhaustionsmethode. Sonderdruck Ulm 1889.
80. Reidemeister, K., Das exakte Denken der Griechen. Hamburg 1949.
81. Sachs, E., Die fünf platonischen Körper. Berlin 1917.
82. Schmidt, J. A., De Eudoxo mathematico, medico et legislatore disquisitio. Helmstadii 1715 (Sammelband 113 der Münchener Hof- u. Staatsbibliothek).
83. Scholz, H., Warum haben die Griechen die Irrationalzahlen nicht aufgebaut? (Anhang zu Lit. 67).
84. Speiser, A., Klassische Stücke der Mathematik. Zürich/Leipzig 1925.
85. Speiser, A., Die mathematische Denkweise. Basel 1952.
86. Steck, M., Das Hauptproblem der Mathematik. Berlin 1942.
87. Stenzel, J., Zahl und Gestalt bei Plato und Aristoteles. Leipzig 1924.
88. v. d. Waerden, B. L., Zenon und die Grundlagenkrise der griech. Mathematik. Math. Ann. 117, Berlin 1939 (S. 141—161).
89. Weyl, H., Philosophie der Mathematik und Naturwissenschaft. München 1928.

IV. Lehrbücher

90. Behnke-Fladt-Süss, Grundzüge der Mathematik. I. Arithm., Algebra, Göttingen 1958; II. Geometrie, Göttingen 1960; III. Analysis, Göttingen 1962.
91. Haupt, O., Einführung in die Algebra I. Leipzig 1956.
92. Hilbert, D., Grundlagen der Geometrie. 8. Aufl. Stuttgart 1956.
93. Klein, F., Elementarmathematik vom höheren Standpunkte aus II. 3. Aufl. Berlin 1925.
94. Krull, W., Elementare und klassische Algebra vom modernen Standpunkt. 2 Bde. Samml. Göschen. 930/33. Berlin 1952/59.
95. Pickert, G., Einführung in die Höhere Algebra. Göttingen 1951.
96. v. d. Waerden, B. L., Moderne Algebra I (3. Aufl.). Berlin-Göttingen-Heidelberg: Springer 1950.

Namenverzeichnis

Abel, Niels Henrik (1802—1829): 121, 142
Allman, George Johnston (1824—1904): 140
Archimedes von Syrakus (287?—211): 8, 11, 41
Archytas von Tarent (428—365): 8
Aristoteles von Stagira (384—322): 5, 10, 20, 23, 32, 79, 141, 142
Austin, William (1754—1793): 88, 139

Barrow, Isaac (1630—1677): 11, 27, 36, 38, 139
Becker, Oskar (1889—1964): durchgehend
Behnke, Heinrich (1958/62): 31, 142
Bernays, Paul (1953): 26, 141

BLASCHKE, Wilhelm (1885—1962): 141
BOETIUS, Anicius, Manl. Torqu. Sev. (480?—524): 60
BORELLI, Gianalfonso (1608—1679): 139
BOURBAKI, Nicolas (Deckname franz. Mathematiker): 1, 2
BRETSCHNEIDER, Carl A. (1808—1878): 4, 7, 8, 140
BRYANT, ? (1901): wie SMITH

CAMERER, Johann Wilhelm (1763—1847): 139, 140
CAMPANUS, Johannes von Novara (um 1260): 85
CANTOR, Moritz: (1829—1920): 2, 8/9, 11, 19, 29, 38, 93, 140
CARTESIUS: s. DESCARTES
CHASLES, Michel (1793—1880): 140
CLAVIUS, Christoph (1537—1612): 85, 114, 140
COMMANDINO, Federigo (1509—1575): 140

DEDEKIND, Richard (1831—1916): 2, 38—40, 48, 138, 141
DESCARTES, René (1596—1650): 140
DEMOKRITOS von Abdera (460?—370?): 8
DIELS, Hermann (1848—1922): 140
DIJKSTERHUIS, Eduard Jan (1892—1965): durchgehend

ENRIQUES, Federigo (1871—1946): 140
ERSCH, Johann Samuel (1766—1828): 141
EUDOXOS von Knidos (408?—355?): durchgehend
EUKLID von Alexandria (365?—300?): durchgehend

FLADT, Kuno (1927): 56, 60, 85, 140, 142
FRANK, Erich (1883—1949): 7—11, 18, 22, 30, 141

GARTZ, ? (1843): 141
GRUBER, Johann Gottfried (1774—1851): 141
GÜNTHER, Sigmund (1848—1922): 140

HANKEL, Hermann (1839—1873): durchgehend
HASSE, Helmut (1928): wie SCHOLZ
HAUPT, Otto (1956): 142
HAUSER, G. (1955): 5, 8, 10/11, 18, 32, 36, 39, 140
HEATH, Sir Thomas Little (1861—1940): durchgehend
HEIBERG, Johann Ludwig (1854—1928): 4, 6, 57, 65, 75, 140, 141
HILBERT, David (1862—1943): 6, 23, 26, 142
HIPPOKRATES von Chios (um 440 v. Chr.): 8
HOFMANN, Joseph Ehrenfried (1951): 10—12, 18, 31, 41, 140
        (1963): 8, 141
HOPPE, Edmund (1854—1928): 8, 141
HULTSCH, Fr. (1883—1906): (1909): 141

IDELER, Christian Ludwig (1766—1846): 142

KLEIN, Felix (1849—1925): 142
KRULL, Wolfgang (1961): 108, 123, 129, 138/39, 142
KOWALEWSKI, Gerhard (1876—1950): 141
KÜNSSBERG, Hans (1888/90): 8, 10, 18, 20, 142

LENSE, Josef (1949): 142
LETRONNE, Antoine Jean (1787—1848): 142
LIPSCHITZ, Rudolf Otto (1832—1903): 2, 38, 48

MEIER, L. (1875): 142
MICHEL, P. H. (1950): 141
MILHAUD, Gaston (1858—1918): 142
MORGAN, Augustus de (1806—1870): 29, 42, 56, 60, 71, 113, 140, 141
MÖSSEL, E. (1926): 142

Nesselmann, Georg Heinrich Ferdinand (1811—1881): 141
Neugebauer, Otto (1934): 141
Nikomachos von Gerasa (um 100 n. Chr.): 60
Noether, Emmy (1882—1935): 138

Ofterdinger, L. F. (1860): 141, (1889): 8, 142

Pappos von Alexandria (um 320 n. Chr.): 9
Pauly, August (1796—1845): 141
Pfleiderer, Christoph Friedrich von (1736—1821): (1827): 4, 12, 23/24, 27, 29/30, 37,
        60—63, 87, 140
Philolaos (gest. um 390 v. Chr.): 93
Pickert, Günter (1951): 115, 142
Platon (427—347): 5, 9, 12, 41, 141, 142
Proklos Diadochos (410—485): (1873/1945): 8, 13, 31, 140
Pythagoras von Samos (580?—500?): 8, 9

Ramus, Petrus (1515—1572): 28
Reidemeister, Kurt Werner Friedrich (1940): 5, 8, 19, 34, 141
        (1949): 8, 19, 142

Sachs, Eva (1917): 142
Saccheri, Girolamo (1667—1733): 42, 87/88, 140
Savile, Henry (1549—1622): 6, 140
Schmidt, Johann Andreas (1652—1726): 142
Scholz, Heinrich (1884—1956): 23, 27—30, 34, 36, 38, 41, 60, 70, 85, 87/88, 95, 141, 142
Simon, Max (1844—1918): 8, 13, 26, 38/39, 56—58, 60, 63, 71, 85, 88, 92, 101, 140, 141
Simpson, Thomas (1710—1761): (1800): 60, 140
Simson, Robert (1687—1768): 27, 71 (1811): 34, 63, 68/69, 76/77, 87, 90, 99, 101, 104,
        140
Schönberger, Leander (gest. 1943): (1945): 140
Smith, David Eugene (1860—1944): 80/81, 88, 140
Speiser, Andreas (1925): 5—7, 39, 142 (1952): 142
Steck, Max (1942): 6, 142 (1945): 140
Stenzel, Julius (1883—1935): 142
Suter, Heinrich (1848—1922): 141

Tannery, Paul (1843—1904): 9, 141
Taylor, Brook (1685—1731): 41
Thaer, Clemens (1933/37): durchgehend
Thales von Milet (624?—548?): 140
Theaitet von Athen (410?—368): 7, 18, 34
Theon von Alexandria (um 370 n. Chr.): 27, 66
Timerding, Heinrich (1873—1945): 5, 6, 8, 25, 141
Todhunter, Isaac (1820—1884): (1933): 88, 140
Tropfke, Johannes (1866—1939): 8, 13, 19, 87, 141

Van der Waerden, Bartel L. (1939): 11, 142 (1947/49): 9, 29, 92, 141
        (1950): 1, 2, 59, 142 (1956): durchgehend

Weierstrass, Karl Theodor (1815—1897): 2
Weyl, Hermann (1885—1955): 9, 38/39, 142
Wieleitner, Heinrich (1874—1931): 141
Wissowa, Georg (1859—1931): 141

Zenon von Elea (ca. 490—430): 9, 142
Zeuthen, Hieronymus Georg (1839—1920): 5/6, 10, 13, 18, 20, 31, 38/39, 93, 100, 141

Leopoldinum II
493 Detmold D.B.R.

(Eingegangen am 5. Mai 1966)